煤矿机电设备管理

（第 2 版）

主　编　李正祥

副主编　王　政

重庆大学出版社

内 容 简 介

本书是国家示范性高等职业院校重点建设专业——机电一体化技术专业及专业群教材之一。全书共分8个学习情境,内容包括:煤矿机电设备的资产管理、煤矿机电设备的安装使用、维护与润滑管理、煤矿机电设备的安全运行管理、煤矿机电设备的检修管理、煤矿机电设备的备件管理、煤矿机电设备的改造、更新与新产品开发管理、煤矿机电设备的全面质量管理和技能实训等。每一学习情境中包含多个工作任务,每一工作任务设"相关知识""任务描述""任务分析""任务实施""任务考核"。难度主要根据煤炭生产企业基层技术及管理人员能力需求来确定,内容突出了管理理论与管理实践的联系以及管理理论的实践操作性,力求探索一种教、学、练、干于一体的新型教学模式,使理论紧密联系实际,拉近理论与实践的距离。

本书适合于煤炭高等职业技术学院矿山机电、矿山机械、电气自动化技术(煤矿方向)、采矿工程技术等专业的教材,亦可作为中等职业技术学校和企业职工培训相关专业的教材,同时也可供煤炭企业相关技术人员参考。

图书在版编目(CIP)数据

煤矿机电设备管理/李正祥主编.--2 版.--重庆:
重庆大学出版社,2019.7(2025.1 重印)
机电一体化技术专业(矿山方向)系列教材
ISBN 978-7-5624-5186-0

Ⅰ.①煤… Ⅱ.①李… Ⅲ.①煤矿—机电设备—设备
管理—高等职业教育—教材 Ⅳ.①TD6

中国版本图书馆 CIP 数据核字(2019)第 149099 号

煤矿机电设备管理
(第 2 版)

主 编 李正祥
副主编 王 政

责任编辑:周 立   版式设计:周 立
责任校对:邬小梅   责任印制:张 策

*

重庆大学出版社出版发行
出版人:陈晓阳
社址:重庆市沙坪坝区大学城西路 21 号
邮编:401331
电话:(023) 88617190   88617185(中小学)
传真:(023) 88617186   88617166
网址:http://www.cqup.com.cn
邮箱:fxk@ cqup.com.cn(营销中心)
全国新华书店经销
重庆新生代彩印技术有限公司印刷

*

开本:787mm×1092mm   1/16   印张:16   字数:401 千
2010 年 1 月第 1 版   2019 年 8 月第 2 版   2025 年 1 月第 10 次印刷
印数:18 501—19 000
ISBN 978-7-5624-5186-0   定价:48.00 元

编 写 委 员 会

编委会主任　张亚杭

编委会副主任　李海燕

编委会委员　唐继红
黄福盛
吴再生
李天和
游普元
韩治华
陈光海
宁望辅
粟俊江
冯明伟
兰　玲
庞　成

第2版前言

　　煤矿机电设备管理是高职高专矿山机电类专业非常重要的专业课程，是矿山机电技术领域管理人员、技术人员必备的核心技能。由于课程的技术性、工程性、实践性很强，在教材编写过程中根据国家对高职高专人才培养的目标要求，通过广泛而深入的行业调研，并参考大量的企业管理理论研究成果及企业管理实践经验的基础上编写而成。

　　本教材按照"双证融通，产学合作"的人才培养模式改革要求，编写了这本理论实践一体化教材。教材编写过程中，根据煤矿机电设备管理这一典型工作任务对知识和技能的需要，对该课程的内容选择作了根本性改革，打破以知识传授为主要特征的传统学科课程模式，以完成典型工作任务来驱动，通过利用视频、情境模拟、案例分析、技能实训、在线测试和课后拓展作业等多种手段，以企业基层管理与技术人员岗位工作过程的工作顺序和所需知识的深度及广度来组织编写。选用构成煤矿机电设备的资产管理、设备的安装与使用、维护与润滑管理、设备的安全运行管理、设备的检修管理、设备的备件管理、设备的技术改造、更新与新产品开发管理、设备的全面质量管理等为载体来设计基于工作过程学习情境。在内容编排上，按照设备的寿命周期规律，系统介绍了设备各阶段的管理内容、方法及手段，强调煤矿机电设备的安全运行管理；在理论上，理论知识以必需、够用为原则，注重设备管理方式方法的分析比较，强调企业 ISO 9000 认证和矿用产品安全标志取证知识；在实践能力培养方面，加强设备管理制度、计划及图表编制训练和技能实训。

通过本课程的学习,学生应具备以下职业行动能力:熟悉国家在煤矿机电设备管理方面的各项经济、技术政策,掌握《煤矿安全规定》、《煤矿矿井机电设备完好标准》、《煤矿安全质量标准考核评级办法》和《生产安全事故报告和调查处理条例》等文件的有关规定;能编制设备的投资规划、选型、购置与验收;能编制设备的资产台账,建立设备的编号、账卡、图牌板,会运作设备的租凭工作;能编制设备安装计划,会制定设备的安装施工预算;能编制设备的检修计划,会制定设备检修工时及材料消费定额;能编制设备的操作规程、管理制度,会检查设备的安全隐患;能掌握矿用产品安全标志及取证程序,能组织完成现场评审工作及正确使用、科学管理设备的职业能力。

全书内容分 8 个学习情境。每个学习情境均有多个任务,每个任务均包括知识点、技能点、相关知识、任务描述、任务分析、任务实施、任务考核等部分,每个任务完成后均要进行考核或技能训练及扩展性思考题。

本书的参考学时为 45 学时,各院校可根据专业教学要求进行取舍选用,并尽可能创造条件开展技能实训。

本书由重庆工程职业技术学院李正祥任主编,王政任副主编,陈建国、彭敏参编。具体编写分工如下:陈建国、彭敏编写内容简介、前言、目录;王政编写课程导入、学习情境一,负责图表、视频制作及校对工作;李正祥编写学习情境二、三、四、五、六、七、八,并对全书进行统稿及修改。

本书在编写过程中,得到了重庆工程职业技术学院范奇恒老师的大力支持,他给教材编写提供了大量参考资料和很多宝贵意见,编者在此表示感谢。

由于编者水平有限,书中难免有不足和疏误,恳请广大读者批评指正。

编　者

2019 年 4 月

目录

课程导入

知识点：◆ 煤矿机电设备
　　　　◆ 设备综合管理
　　　　◆ 设备管理的任务

技能点：◆ 设备综合管理的内容
　　　　◆ 设备管理在煤矿企业中的地位

一、任务描述

现代企业要求工作人员具有综合能力,既懂专业技术又懂管理方法。人们在生产生活中,都不可避免地涉及设备管理问题。对于煤炭生产企业,设备的好坏,不仅直接影响煤炭产量和生产任务,还有可能造成重大事故,危及人员生命。因此,设备管理工作在煤矿企业管理中占有重要地位。明确设备管理的任务、目的,是搞好企业设备管理工作的基本要求;设置必要的、合理的组织机构,配备胜任工作的人员、明确职责分工,是搞好企业设备管理工作的必要条件;建立必要的规章制度,实行标准化管理是搞好企业设备管理工作的重要前提。学习和掌握设备管理科学技术对降低成本、保证安全生产、提高企业经济效益、建设资源节约型和环境友好型社会、保持企业可持续发展都具有十分重要的意义。

二、任务分析

(一)设备管理的任务、目的和意义

1.设备管理的基本任务

设备管理的基本任务是,通过一系列的技术、经济、组织措施,对企业主要生产设备进行的规划、购置、安装、使用、维修、改造更新直至报废的全过程进行综合管理,从而达到设备寿命周期费用最低、综合效率最高的目标,也就是要做到全面规划、合理选购、正确使用、精心维护、科学检修、及时改造更新。

设备综合管理是在总结我国建国以来设备管理实践经验的基础上,吸收了国外设备综合工程学等观点而提出的设备管理模式。其内容是:坚持依靠技术进步、促进生产发展和以预防为主的方针;在设备全过程管理工作中,坚持设计与使用相结合;维护与计划检修相结合;专业管理与群众管理相结合;技术管理与经济管理相结合的原则。运用技术、经济、法律的手段管

好、用好、修好、改造好设备,不断改善和提高企业技术装备水平,充分发挥设备效能,以达到良好的设备投资效益,为提高企业经济效益和社会效益服务。

2.设备管理的主要目的

设备管理的主要目的是,用技术上先进、经济上合理的装备,采取有效措施,保证设备高效率、长周期、安全、经济地运行,进而保证企业获得最好的经济效益。

3.设备管理的重要意义

设备是国家的宝贵财富,是进行现代化生产的物质技术基础。设备管理是保证企业生产和再生产的物质基础,是现代化生产的基础,是一个国家现代化程度和科学技术水平的标志。搞好设备管理不仅是一个企业保证简单再生产必不可少的一个条件,并且对提高企业生产技术水平和产品质量、降低消耗、保护环境、保证安全生产、提高经济效益、推动国民经济持续、稳定、协调发展都有极为重要的意义。

(二)煤矿机电设备管理的范围和内容

1.设备管理的范围

煤矿机电设备管理的范围主要是指煤炭生产企业所拥有的、符合设备定义条件的所有机电设备。主要可分为7类:

①煤矿固定设备。

②煤矿运输设备。

③煤矿采掘设备。

④煤矿支护设备。

⑤煤矿供电与电气设备。

⑥煤矿安全监测仪器设备。

⑦煤矿机械设备修理与装配设备。

2.设备管理的内容

设备管理的内容主要包括:设备的前期管理、设备的资产管理、设备的使用维护与保养管理、设备的检修管理、设备的润滑管理、设备备件管理、设备安全运行管理、设备的改造与更新管理和设备的操作、使用、管理人员的培训等。要贯彻设备综合管理的"一个方针"、"五个原则",要充分发挥计划、组织、指挥、监督、协调和控制的功能,要做好标准化工作、定额工作、计量工作、信息传递、数据处理和资料储存工作,坚持以责任制为核心的规章制度。要加强设备管理创新,促进企业可持续发展,构建资源节约型、环境友好型企业。

3.设备管理的组织机构

为保证企业生产经营活动能够正常进行,贯彻企业方针,实现企业目标,必须建立一个统一的、强有力的、高效的生产指挥和经营管理系统,即设置必要的、合理的组织机构,并且配备胜任工作的人员,明确职责分工,建立必要的规章制度。

(1)组织机构的设置原则

企业组织机构的设置,在考虑企业的生产规模、特点、技术装备水平、经营管理水平等因素的情况下,通常应遵循以下原则:

①分工协调原则。

②管理幅度原则。

③责权利相符原则。

④统一指挥原则。

⑤精干高效原则。

（2）企业组织机构的形式

企业的组织机构由于行业、生产规模和生产能力水平不同，采用的形式也不同。目前常用的组织机构形式有直线职能制、事业部制、矩阵结构等。

（3）煤炭生产企业机电管理组织

煤炭生产企业机电管理组织，一般实行局（公司）、矿（厂）、区（分厂、队、车间）三级管理，矿务局设置机械动力处，煤矿设置机电科。现代大型或超大型煤矿机电管理均设置机电管理科。图0.1为集权型煤矿机电管理组织机构图。

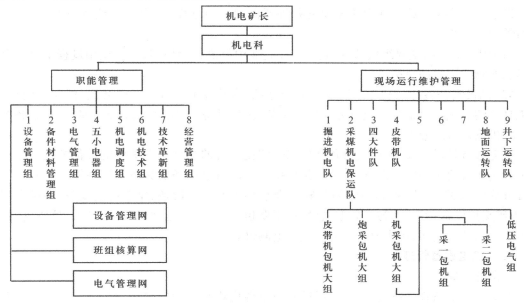

图0.1　集权型煤矿机电管理组织机构图

（4）煤矿机电管理组织的几项基本工作

①目标管理。目标管理的基本内容是企业根据市场调查、预测和决策确定年度或某一时期的生产经营总目标，包括计划目标、发展目标、效益目标等。然后将企业总目标展开，从上到下，层层分解为部门、车间、班组和个人目标。过程中有监督、检查和评比。

②标准化管理。标准是对技术经济活动中具有多样性、相关性特征的重复事务，以特定的程序和特定形式颁发的统一规定；或者说是衡量某种事物或工作所应达到的尺度和必须遵守的统一规定。标准按使用范围可分为国家标准（GB）、专业标准（ZB）、企业标准（QB）和国际标准；按标准性质可分为技术标准和管理标准两大类。

国家煤矿安全监察局煤安监行管2017年颁布的《煤矿安全生产标准化》，包括通风、采煤、掘进、机电、运输、安全风险分级管控、事故隐患排查治理、地质灾害防治与测量、安全培训和应急管理、调度和地面设施、职业卫生等十一个方面的标准，其中煤矿机电包含：设备与指标、煤矿机械、煤矿电气、基础管理、岗位规范、文明生产等方面的标准。2017年7月1日起《煤矿安全生产标准化基本要求及评分方法》正式实施。煤矿安全生产标准化体系的内涵是：矿井的采煤、掘进、机电、运输、通风、防治水等生产环节和相关岗位的安全质量工作，必须符合法律、法规、规章、规程等规定，达到和保持一定的标准，使煤矿始终处于安全生产的良好状态，以适应保障矿工生命安全和煤炭工业现代化建设的需要。

③建立健全各项规章制度。规章制度是用文字的形式，对各项管理工作和劳动操作的要求所作的规定，是企业职工行动的规范和准则。煤矿企业机电设备管理主要有机电设备管理制度、机电事故管理制度、防爆电气设备管理制度和岗位责任制度等。

三、相关知识

（一）机电设备

1. 设备的含义

设备是人类生产或生活上所需的各种器械用品的总称。《设备管理名词术语》中对设备给予两点定义：

（1）固定资产的主要组成部分，它是工业企业中可供长期使用，并在使用过程中基本有实物形态的物质资料的总称。

（2）国民经济各部门和社会领域的生产、生活物质技术装备、设施、装置、仪器、试验和检验机具等的总称。设备按行业可分为化工设备、医疗设备、工控设备、通讯设备、采矿设备等。

2. 机电设备的分类

机电设备是机械设备、电气设备和机电一体化设备的总称。煤矿机电设备主要是指在煤炭生产企业所使用的机电设备，其特点是煤矿井下的机电设备要具备防爆性能。煤矿机电设备可分为两大类，一类为煤矿机械设备，主要包括煤矿固定设备、煤矿运输设备、煤矿采掘设备、煤矿支护设备；另一类为煤矿电气设备，主要包括变压器、电动机、高压电器、低压电器、矿用防爆型高低压电器、矿用成套配电装置和电测仪表。

（二）机电设备管理

1. 设备管理

设备管理是随着工业企业生产的发展、设备现代化水平、科学技术的不断提高，以及管理科学、环境保护、资源节约而发展起来的一门学科，是将技术、经济和管理等因素综合起来，对设备进行全面研究的科学。设备管理是以企业生产经营目标为依据，通过一系列的技术、经济、组织措施，对设备的规划、选型、购置、安装、使用、维护、修理、改造、更新直至报废的全过程进行科学的管理。它包括设备的物质运动和价值运动两个方面的管理工作。设备管理是企业管理的重要组成部分。

2. 设备管理的发展

设备管理是随着工业企业生产发展而产生的，其发展过程经历了三个阶段：

（1）设备事后维修阶段

事后维修就是机器设备发生了事故或出现了损坏以后才进行修理。

（2）设备计划预修和预防维修阶段

预防维修就是在机械设备发生故障前，对易损零件或容易发生故障的部位，事先有计划的安排维修或换件，以预防设备事故发生。

（3）设备综合管理阶段

随着科学技术的进步，企业生产装备现代化水平不断提高，设备逐渐向大型化、高速化、电子化方面发展。在使用和管理现代化设备中，传统设备管理已愈来愈显示出它的局限性与不适应性,因此,要求对现代化设备进行系统管理、综合管理。

20 世纪 70 年代,英国的丹尼·派克斯(Dennic Parkes)提出设备综合工程学,其基本观点是:用设备寿命周期费用作为评价设备管理的重要经济指标,以追求寿命周期费用最佳为目标(寿命周期费用包括设备研究、设计、制造、安装、使用、维修直到报废为止全过程所发生的费用总和)。要求对设备进行工程技术、财务经济和组织管理三方面的综合管理和研究。重点研究设备的可靠性和维修性,提出"无维修保养"设计的概念,将设备管理扩展到设备整个寿命周期,对设备的全过程进行系统研究处理,以提高每一环节的机能。对设备工作循环过程信息(设计、使用效果、费用信息)进行反馈。这一观点成为现代设备综合管理理论的基础。

3. 我国机电设备管理的发展

解放前的旧中国工业落后,机器设备较少,设备管理很差,基本上是设备坏了才修,修完再用,既没有储备的配件备件,也没有设备档案和操作规程等技术文件。解放初期,在设备管理方面,差不多都是学习前苏联的工业管理体系。

1973 年燃化部颁发《煤矿矿井机电设备完好试行标准》。1987 年,煤炭部颁发《煤矿机电设备检修质量标准》、《煤矿机电设备完好标准》和《煤矿施工设备完好标准》。1990 年能源部颁布了《煤炭工业企业设备管理规程》,作为煤炭工业企业设备管理的规范性文件。《煤炭工业企业设备管理规程》结合煤炭工业的特点,在设备的前期管理、设备更新和技术改造管理、设备质量标准化、推广现代设备管理方面做了大量工作。如综采设备建立"四检制度",推行设备的"点检"制度,编制设备完好标准和机电设备质量标准,试点设备状态监测与故障诊断技术等。依照国家发改委《煤矿机电设备技术规范》(以下简称《规范》)的标准项目计划,2006 年中国煤炭工业协会设备管理分会对《规范》初稿进行了修订。《规范》的编写要求体现以下几点精神:

(1)贯彻以人为本、和谐社会、节约社会的基本理念。

(2)贯彻安全第一的预防方针,对煤矿关键安全设备,要百分之百完好,百分之百防爆。

(3)贯彻《煤炭法》、《国有资产管理法》、《煤矿安全规程》、《煤矿质量标准化标准》、《煤矿主要设备检修资质管理办法》等法制法规要求。

(4)贯彻环保、节能、节约等设备维修要求。

(5)鼓励采用新技术、新工艺、新材料、新设备。

(6)体现安全性、先进性、时代性、行业性和可操作性等特点,要能适应煤炭全行业的设备现状。

2016 年,国家发改委、国家能源局联合发出通知,公布了《煤炭工业发展"十三五"规划(2016—2020 年)》。值得注意的是《规划》提出了高效:煤矿采煤机械化程度达到 85%,掘进机械化程度达到 65%,建成一批先进高效智慧煤矿。这是以科学发展观统领设备管理工作的纲领性文件。提出了全国设备管理工作的奋斗目标、指导思想、工作任务和保障措施,与政府和企业的可持续发展息息相关,为各地区、行业协会和企业明确提出了今后五年设备管理工作的主要任务和奋斗目标。在《全民所有制工业交通企业设备管理条例》基础上,经全国设备管理工作者、专家进行 6 次修订,现已形成《中华人民共和国设备管理条例》(2014 年已颁布),进一步加强了我国设备管理的立法工作。

无数企业成功的事例表明,要解决企业效益与生产手段落后的矛盾,要发展生产力,就必须有先进的、现代化的技术设备。要最大限度地发挥设备的效能、使设备寿命周期费用最经济,就必须有有效的、科学的设备管理方法。尤其是随着现代科学技术的飞速发展,企业生产系统及装备已经向系统化、高速化、自动化、机电一体化的方向迈进,对设备管理工作的要求越来越高。这也极大地促进了设备管理实践与理论的发展,使设备管理逐步形成了完整的理论体系。

四、任务实施

在我国现代化煤矿中,都配备着大量的、先进的的机电设备和设施。这些设备是煤矿企业从事煤炭生产活动的工具,是煤矿生产的物质技术基础。因此,设备管理工作在煤矿企业管理中占有重要地位。它为实现煤矿安全生产、提高经济效益起着关键性的作用。

(一)机电设备管理是煤矿企业安全生产的重要物质基础

安全生产的内涵是通过人、设备、环境的协调运作,使社会生产活动中危及劳动者生命安全和身体健康的各种事故风险和伤害因素,始终处于有效的控制状态。设备管理工作与企业安全生产密切相关,是确保企业生产正常运行的重要物质基础和技术保障,是生产力发展水平、社会公共管理水平和工业技术进步的综合反映。要根本扭转安全生产的严峻形势,必须坚持标本兼治,从设备管理入手,努力探寻和采用治本之策。

安全生产事关广大人民群众的根本利益,事关改革发展和稳定的大局,历来受到党和国家领导的高度重视。"安全第一、预防为主、综合治理"是安全生产工作的基本方针。煤矿的通风、排水、供电等大型设备一旦发生故障,将会使整个矿井的安全受到威胁;而生产过程各环节机电设备的完好状况都直接关系到煤炭生产和井下职工的人身安全。根据有关统计,井下瓦斯和煤尘爆炸事故有40%是由电火花引起的;井下重大火灾事故80%以上是由机电方面的原因造成的。

(二)机电设备管理是煤矿企业实现高产稳产的基本保证

目前,我国大部分现代化煤矿都是建井十几年、投产几年的矿井,随着矿井的延伸和特殊煤层的不断出现,一大批技术含量高、安全性能好的装备陆续引进、安装、投入使用。如新型轴流式大功率主扇风机、新型智能化采煤机系统、安全生产数字化实时监测监控系统、KSJ型矿用大型固定设备监测预警系统等。

在现代化煤矿的生产人员中,约有1/6是机电人员。机电系统中,各类设备操作人员及维修人员在工作中的任何疏忽,都可能导致机电设备出现故障而造成矿井局部甚至全部停产。

(三)机电设备管理是煤矿企业实现节能与环保的重要途径

当前,我国正处于国民经济高速增长的时期,我国的经济增长还是建立在高消耗、高污染、低效率的粗放型传统发展模式之上。虽然我国工业取得快速发展,但是资源、环境与经济发展的矛盾日益突出。如果继续沿袭传统的发展模式,不从根本上解决日益严峻的经济发展与资源节约、环境保护的矛盾,资源将难以为继,环境将不堪重负,直接危及全面建设小康社会奋斗目标的实现。《煤炭工业发展"十三五"规划》提出了绿色:生态文明矿区建设取得积极进展,最大程度减轻煤炭生产开发对环境的影响。到2020年,煤矸石综合利用率75%左右;矿井水综合利用率80%;煤矿稳定沉陷土地治理率80%以上,排矸场和露天矿排土场复垦率达到90%以上;瓦斯综合利用水平显著提高,煤层气(煤矿瓦斯)抽采量达到240亿立方米,利用率67%左右;新增沉陷土地面积6.56万公顷,复垦面积约3.91万公顷,土地复垦率60%左右。这是针对资源和环境压力日益加大的突出问题而提出的,是现实和长远利益的需要,体现了建设资源节约型社会、环境友好型社会的要求。

我国煤矿固定资产总额中,有55%~65%是机电设备和设施。在设备和设施上所花费的工资、能源、油脂、配件消耗、维修费用的总和要占煤炭生产成本的40%以上。可见,充分发挥机电设备的效能,提高设备利用率,降低设备在生产中的各种消耗,消除跑冒滴漏和有害物质排放,对提高企业经济效益、建设资源节约型和环境友好型社会、保持企业可持续发展将产生积极的影响。

五、任务考评

有关任务考评的内容见表0.1。

表0.1 任务考评内容及评分标准

序 号	考评内容	考评项目	配 分	评分标准	得 分
1	设备管理	设备管理的任务和内容	20	错一项扣5分	
2	设备管理的组织机构	设置组织机构遵循的原则	25	错一项扣5分	
3	煤矿机电管理组织	煤矿机电管理组织机构	15	错一项扣5分	
4	煤矿机电设备管理	设备管理在煤矿企业管理工作中的地位	15	错一项扣5分	
5	煤矿机电设备技术规范	煤矿机电设备技术规范体现的精神	25	错一项扣5分	
合 计					

复习思考题

0.1 名词解释

设备、煤矿机电设备、设备管理。

0.2 设备管理的任务、目的和意义是什么?

0.3 煤矿机电设备管理的范围包括哪些内容?

0.4 煤矿安全质量标准化的内涵是什么?

0.5 煤矿机电管理组织的基本工作是什么?

0.6 简述煤矿机电设备管理的地位和作用。

学习情境 **1**
煤矿机电设备的资产管理

任务1 煤矿机电设备的选型、购置与验收

知识点：◆ 设备投资规划
◆ 设备选型的经济评价
◆ 设备购置流程
技能点：◆ 设备的选型
◆ 设备的购置
◆ 设备的验收

一、任务描述

设备从规划开始到选型、购置、验收的这一阶段的管理,是整个设备管理的基础阶段,属于设备的前期管理。它不仅决定了企业的技术装备水平和设备综合效能的发挥,同时也关系到企业战略目标的实现。对设备前期阶段实行有效管理,将为设备后期使用、维修保养管理创造良好的条件。设备前期管理的主要内容有:

1.设备规划方案的调研、制定、论证和决策。

2.设备市场货源的调查和信息收集、整理和分析。

3.设备投资计划和经费预算的编制。

4.设备的选型与购置。

5.设备的验收。

6.设备使用初期的管理。

7.设备投资效果分析、评价和信息反馈等。

设备前期管理的工作程序可分为规划、实施和评价三个阶段,详见图1.1所示。

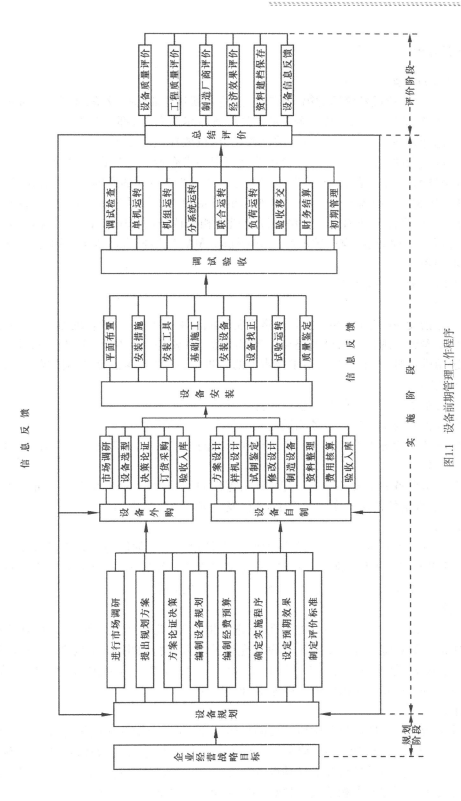

图1.1　设备前期管理工作程序

二、任务分析

(一)设备的选型

选择设备,是企业设备管理的第一环节。无论是新建企业选择设备,还是老企业购置新设备和自行设计、制造设备,以及新老企业从国外引进技术装备等,都要首先遇到设备的选择问题。合理地选择设备,可以使企业有限的设备投资,投放在生产必需而适当的设备方面,从而保证投资获得最大的生产经济效益。设备综合管理要求企业在选择设备时,必须以投资规划为依据,遵循技术上先进、经济上合理、生产上适用和安全上可靠的原则。通过技术经济分析,评价和比较,从满足相同需要的多种规格、型号的设备中作出最佳选择,选定的设备必须是正规厂家生产、有生产许可证和产品合格证以及通过相关认证(如 3C 认证)的产品。对于煤矿机电产品(设备)必须通过"煤矿矿用产品安全标志(MA)"认证,方可购买使用,为企业生产提供最佳技术装备。

1. 选型时应考虑的技术因素

(1)生产性

生产性是指设备的生产效率,它是衡量设备性能的主要指标,一般表现为功率、行程、速率等一系列技术参数。现代机器设备提高生产率的途径主要是向大型化、高速化、自动化方向发展。但在选用设备时,不能只盲目追求技术上的先进性,还要从本企业具体情况出发,考虑以下几个方面的问题:

①新选设备要适应企业的具体生产条件。

②选用设备要与承担生产任务相适应。

③选用设备要考虑工人的技术操作水平和干部的管理水平,并对职工进行针对性培训。

(2)可靠性

可靠性是指设备的精度、准确度的保持性、零件的耐用性、安全可靠性等。可靠度是在规定的时间内,在规定的使用寿命内能稳定运行,发生突发故障概率小。

(3)安全性

安全性是指设备对生产安全的保障性能,也就是预防事故的能力。煤矿机电设备的安全性必须符合《煤矿安全规程》的有关规定,安全保护装置必须齐全,产品必须取得"MA 标志"认证,优先选用"本安型"设备,以保证设备正常运行时的安全。

(4)节能性

节能性是指设备对节约能源的可能性,要选择能耗低、效率高的设备,设备能耗指标要符合国家有关部门的规定。煤矿主要生产设备允许的最低运行效率:水泵为 70%、排水系统为 55%、主要通风机为 65%、局部扇风机为 80%、空气压缩机(风压 0.8 MPa)的功率低于 5.9 kw/(m³·min)、锅炉(蒸发量为 4~6.5 t/h)为 65%。

(5)耐用性

耐用性是指设备在使用过程中所经历的自然寿命期限,即设备在使用过程中保持固有性能时间长,减少年折旧费和维修费,降低生产成本。就煤矿机电设备而言,零部件的寿命要与设备的寿命、生产特点相协调,井下移动设备尽可能减少回厂维修的机会,大型固定设备的使用寿命要与使用场所的要求相适应,以减少更换设备停产的时间。

(6)维修性

维修性是指设备的可维性和易维性,即设备维修的难易程度。考虑到井下作业环境和维修人员的技术水平,应该选择结构简单、零件组合合理、易于拆卸和检修、通用化、标准化程度高的设备,以降低维修量和维修费用。

(7)环保性

环保性是指用噪声、排放污染物(即"三废":废气、废水、废渣)对环境的污染程度来衡量,必须低于国家的有关规定。如工业企业的生产车间,作为场所的噪声标准为 85 dB,最高不能高于 115 dB;市区、郊区、工业区的锅炉烟尘排放浓度最大允许值为 400 mg/m³ 等。有的设备只有噪声一种指标,如通风机、压风机等,有的则以排放污染物为主,如锅炉、选煤厂洗选设备等。

(8)成套性

成套性是指设备的配套程度,即设备本身与其密切有关的设备之间的配套水平。设备成龙配套是形成设备生产能力的重要条件,成套设备有功能配套全、施工快捷、不需要增加另外投资等优点。设备的配套包括以下三类:

①单机配套,指一台设备中各种随机工具、附件、部件配套。

②机组配套,指主机、辅机、控制设备等相互配套。

③项目配套,指投资项目所需的各种设备配套。

(9)通用性

通用性是指设备本身以及配套设备的辅机、零部件标准化程度高,通用、互换性强,这样可减少配件的品种,降低备件库存,进而降低生产成本。

(10)适用性

适用性是指所选井下设备的性能、结构、外型尺寸、重量、强度是否适合井下使用条件和作业环境。

2.设备选型的经济评价

设备的评价,是指在设备选型时,通过几种方案的对比分析,选择理想的设备,即选购经济性最优的设备。但人们在选购设备时,往往对"价格"和"性能"这两个参数顾此失彼,正确的做法应当是二者兼顾,对设备进行综合评价,选择"性价比"高的设备。常用的有以下几种方法:

(1)投资回收期法

投资回收期法是从资金周转角度来评价设备的经济性,这种方法是以设备的投资费用和年产出效益的比值作为投资回收期。以财务的观点,资金周转愈快,投资后回收期愈短,投资效益愈好。一般计算公式为:

$$投资回收期(年) = \frac{设备的投资额(元)}{年度收益(元/年)}$$

在进行设备选型评价时,年度收益可采用新设备投入使用后增加的收益,如增加了产量,提高了产品质量和生产效率等因素而增加的收入,节约能源和降低原材料消耗所形成的节约费用等。在实际工作中,应针对具体情况进行计算。

①采用新设备后产量不变时,投资回收期按下式计算:

$$T = \frac{P}{C_1 - C_2} \tag{1.1}$$

式中　T——设备投资回收期,年;

　　　P——设备的投资额,元;

　　　C_1、C_2——分别为新设备投产前后的生产费用,元。

②采用新设备后产量、成本都发生变化时,投资回收期按下式计算:

$$T = \frac{P}{\left(\dfrac{C_1}{Q_1} - \dfrac{C_2}{Q_2}\right) \times Q_2} \tag{1.2}$$

式中　Q_1、Q_2 分别为采用新设备前后的年产量。

（2）设备生命周期费用法

设备生命周期费用（$L \cdot C \cdot C$）是指设备生命周期内所花费的总费用,由设备设置费和维持费两部分构成。设备的设置费（原始投资）对于自制设备,包括调研、设计、试制、制造、安装调试等费用;对于外购设备,包括售价、运输、安装调试等费用。设备维持费（使用费）是与设备使用有关的费用,包括操作人员的工资、能源消耗费、维修费、因事故发生的停工损失费、保险费等。因此,在选择设备时,不仅要考虑初期设置费的高低,还要估算不同设备在投产使用后,平均每年必须支出的使用费用。进行设备经济评价时,要用设备生命周期内的设置费和维持费之和来比较,才能正确地评价设备的经济性。由于换算方法的不同,设备经济评价又可分为年费法和现值法两种。

①年费法。就是将不同方案的设备购置费用,依据设备的寿命周期,按复利换算成相当于每年的平均费用支出。然后加上每年的平均使用费用而得出各方案的设备寿命周期内平均每年支出的总费用。据此进行比较、评价,选择年总费用最低的设备。具体计算公式如下:

$$R = P \times F_{PR} + D \tag{1.3}$$

式中　R——设备的年总费用,元;

　　　P——设备的设置费,元;

　　　D——设备的年维持费,元;

　　　F_{PR}——资金回收系数,计算公式为

$$F_{PR} = \frac{i(1+i)^n}{(1+i)^n - 1} \tag{1.4}$$

式中　i——资金年利率,%;

　　　n——设备寿命,年。

【例1.1】　有甲乙两种设备,甲设备的最初投资费为 7 000 元,年维持费 2 500 元。乙设备最初投资费用为 10 000 元,年维持费 2 000 元。资金年利率为 6 %,使用寿命均为 10 年,试用年费法对甲乙两种设备进行评价。

解　$F_{PR} = \dfrac{i(1+i)^n}{(1+i)^n - 1} = \dfrac{0.06 \times (1+0.06)^{10}}{(1+0.06)^{10} - 1} = 0.135\ 87$

　　$R_{甲} = (7\ 000 \times 0.135\ 87 + 2\ 500)$ 元 $= 3\ 451$ 元

　　$R_{乙} = (10\ 000 \times 0.135\ 87 + 2\ 000)$ 元 $= 3\ 359$ 元

　　$R_{甲} > R_{乙}$,故乙设备优于甲设备。

②现值法。考虑资金的时间价值,将设备生命周期内各年的维持费换算成投资初期的费用,然后与设备设置费相加,得出总费用即为总现值,总现值最低的设备即为经济性好的设备,

这种方法称为现值法。计算公式为

$$W = P + D \times F_{RP} \tag{1.5}$$

式中　W——设备生命周期费用总现值,元;

　　　P——设备设置费,元;

　　　D——设备年维持费,元;

　　　F_{RP}——等额系列现值系数,计算公式为

$$F_{RP} = \frac{(1 + i)^n - 1}{i(1 + i)^n} \tag{1.6}$$

【例 1.1】　中采用现值法计算如下:

$$F_{RP} = \frac{(1 + 0.06)^{10} - 1}{0.06 \times (1 + 0.06)^{10}} = 7.36$$

$$W_{甲} = (7\ 000 + 2\ 500 \times 7.36)\ 元 = 25\ 400\ 元$$

$$W_{乙} = (10\ 000 + 2\ 000 \times 7.36)\ 元 = 24\ 720\ 元$$

因 $W_{乙} < W_{甲}$,故乙设备优于甲设备。

（3）费用效率法

费用效率法是以设备的生产效率与生命周期费用对比来进行决策的方法。生命周期费用是指设备生命周期内所花费的总费用,即由设备的设置费和维持费两部分构成。在选择设备时,以设备或系统的生产效率与生命周期费用的比值——费用效率作为设备选型方案的评价标准,更能反映出设备投资方案的综合效果。其计算公式为

$$E_C = \frac{E}{L \cdot C \cdot C} \tag{1.7}$$

式中　E_C——设备费用效率;

　　　E——设备或(系统)生产效率,t/d;

　　　$L \cdot C \cdot C$——设备生命周期费用,万元。

【例 1.2】　现有 A、B、C 3 种设备,有关数据资料见表 1.1,试进行选择评价分析。

表 1.1　3 种设备数据资料

设备名称	设置费/万元	维持费/万元	生命周期费/万元	设备生产效率/(t·d⁻¹)
A	150	30	180	4 000
B	100	25	125	3 000
C	45	60	105	2 000

解　A 设备:$E_C = \dfrac{4\ 000\,t/d}{180\ 万元} = 22.22\ t/(d \cdot 万元)$

　　　B 设备:$E_C = \dfrac{3\ 000\,t/d}{125\ 万元} = 24\ t/(d \cdot 万元)$

　　　C 设备:$E_C = \dfrac{2\ 000\,t/d}{105\ 万元} = 19.05\ t/(d \cdot 万元)$

根据上述计算结果,设备 B 费用效率最高,设备 C 费用效率最低。但采用哪种设备有"成本优先、效率优先"等原则,企业应根据具体情况进行决策:

①从初期投资来看,设备 C 成本最低。如果企业目前资金困难,可选择 C 设备。

②从设备的维持费用来看设备 B 最低,但从设备生命周期总成本费用来看,仍是设备 C 最低。因此单从费用角度出发,仍应选择 C 设备。

③从设备的生产效率来看,A 设备生产效率为日产 4 000 t,如果要急于提高产量,扩大生产规模。则以选择 A 设备为宜。

④如果考虑到成本和效率 2 个因素,则应选择 B 设备,因为它的费用效率最高。

(二)设备的购置

设备购置是保证设备质量、进行设备管理的关键环节。其主要工作是根据市场资源调查选择供应厂家,签订订货合同,设备到货验收等。在计划经济时代,煤炭系统的物质设备基本是主管部门直接调拨。在市场经济条件下,煤矿机电设备采购方式也发生了根本变化,一是货源市场发生变化,有国际国内两个市场;二是订货方式发生变化,出现了"招标采购、设备超市、保税仓库"等设备采购模式。

1. 设备购置的一般程序

(1)市场货源调查和供货商的选择

企业在进行设备购置时,要广泛收集市场的货源信息,通过网络、各种媒体广告、展销会、博览会、订货会、企业上门推销等信息渠道,了解生产厂家和产品的技术、参数、生产能力、质量、价格、供货时间等方面的情况,初步确定几个厂家。在此基础上,再进一步调查生产厂家装备水平、技术水平、质量保证体系、检测手段、售后服务等情况,进行分析比较,确定一个或几个各方面条件较好的供货商。

(2)订货

①设备采购部门在对市场货源进行广泛调查的基础上,提出所购设备的规格、型号、质量、数量、交货期等要求。采购要尽可能采用询价、竞争性谈判、邀请招标、公开招标等"阳光采购"方式。对于市场供应不充分的煤矿特有设备,可以采用询价和竞争性谈判等方式;对于市场供应充分的物货设备,应采用公开招标的方式;对于采购金额不是很大的,企业可自己组织招标;对于大批量、资金数额大的物资设备,要委托政府专门的招标机构来进行,按照规范的程序进行,避免"暗箱操作"。

②由于煤矿专用设备的特殊性,对选定的制造厂商(供货商)还要就某些具体问题进行磋商。

(3)签订购销合同

购销合同是约束供需双方购销行为的法律文件,是供需双方权益实现的保障。合同一旦签订,就具有法律效力,供需双方必须履行。煤矿机电产品买卖合同样式如图 1.2 所示。签订合同时,应注意以下几个问题:

①合同的主体必须符合要求,要审查供货方的合法资格和履约能力(如果是公开招标,在招标之前就要对竞标单位进行资格审查),避免受骗上当和无效合同。

②合同的标的物名称、数量、质量要求要逐项填写清楚,计算单位要准确。对成套供应的产品要提出成套供应清单,如主机、辅机、附件、配件和专用工具等。

③合同中必须写明执行的检验标准代号、编号、名称、检验方式、方法等。有特殊要求的,按双方商定的补充条款或样品附在合同中。

④明确付款方式。如货到付款、分期付款、是否需要缴订(定)金、预付款、扣质保金等,都要以书面形式签订。

GF—2000—OIOS

买受人编号：

煤矿机电产品买卖合同

煤炭

合同编号：

设备（配件）名称		计量单位		数量		要求交货期		合同价格/万元	单价：	合同交货期
									总价：	
无骡机型号规格：		买　受　人						出　卖　人		
		定货单位					供货单位			
		单项工程					通讯地址			
		通讯地址					邮政编码		委托代理人	
		邮政编码		受托代理人			电话		传　真	
		电话		传　真			开户银行			
		开户银行					账号			
		账　号					质量标准；质量保证期；质量检验合格证号；验收方法及期限；运众费用承担；包装费用承担。			
运输方式		验收方式			核算方式					
交(验)货地址	包装方式			列　站	装车：	零担：				
违约责任										
提货厂家		争议解决方式	本合在履行过程中发生的争议，由双方当事人协商解决；协商不成的，按下列第　　种方式解决：(一)提交仲裁委员会仲裁；(二)依法向人民法院起诉。				签(公)证意见：签(公)证机关(章)经办人年　　月　　日			
其他约定事项										
承包单位(章)				本合同一式　　份，出卖人　　份，买受人　　份，签(公)证机关　　份。						

说明：本合同未尽事宜按《中华人民共和国合同法》有关规定制行。

合同签订地址：_____　　　　　　　　合同签订时间：_____年_____月_____日

　　监制部门：国家工商行政管理员　　印制单位：中国煤炭物产集团公司　电话：(010)64214195

图1.2　煤矿机电产品买卖合同样式

　　⑤合同要填写清楚。如供需双方的主管部门、通信地址、结算银行全称、运输方式、交货地点、签定日期，不要漏填误填。最后，双方加盖单位公章或规定的合同章才能生效。

　　⑥合同中要明确违约责任、违约行为的处理规定、解决合同纠纷的方式等，以保证合同如期履行。

　　⑦合同的变更和解除。任何一方不得单独变更合同的内容或私自解除合同，变更和解除合同必须经双方当事人协商，否则按违约处理。

　　(4)设备自选超市

　　"设备自选超市"是近几年出现的新事物，它集物流、资金流、信息流于一体，是市场经济发展到一定阶段的产物，它的前提条件是货源充足，供大于求，市场为买方市场。

　　大型煤炭企业集团利用自己原来的仓储作为超市场地，由物资采购供应部门负责，向国内煤矿机电设备制造企业、配套厂家以及供应商发出邀请，然后经过资格审查，让符合要求的厂商进驻超市。超市提供一定的场地、柜台让厂商摆放设备、零配件样品。物资采购供应部门在超市内设立结算中心和配送中心，集团内的各个煤矿物资采购部门在超市内自选设备和配件，

然后到结算中心签单,由结算中心负责和供应商结算货款,配送中心负责把设备和零配件配送到各个煤矿。设备自选超市有以下优点:

①不占用自己的资金。一般煤炭企业每年都有几千万到上亿元的采购量,需要时采购,不占用资金,降低了企业生产成本。

②不需要仓储场地。煤炭生产企业需要设备或配件,可随时到超市采购,不需要自己的仓储,也无需仓库管理人员,节省经费开支。

③方便购买。各个煤矿需要什么物资,可自由挑选,买到适用满意的产品。由于生产企业和供货商面对面,这种供货方式更有利于新技术和新产品的推广。

④物流便捷。煤矿传统的供货方式是从供应处调拨设备,手续烦琐,供货时间长。超市采购,配送中心很快就将物资送到购方,方便便捷。

⑤辐射面广。一般大型煤炭生产集团周边都有许多小型煤炭企业或煤炭相关企业,设备超市也可为这些企业供货,为中小企业提供了方便,产生了社会效益。

⑥预防腐败。集中供货,集中采购,价格透明,质量有保证。避免了企业单独采购而滋生出的许多腐败行为。

(5)保税仓库

为提高企业的技术装备水平,许多煤炭生产集团大量进口发达国家的设备(特别是主副井提升设备),年进口额都在几亿到十几亿。进口设备必须完成报关、商检、报税等一系列手续,程序复杂。为简便企业报关手续,当地海关在矿业集团设立保税仓库,国外企业的产品从进口码头直接拉到保税仓库,放到指定位子,如 ABB 仓位、西门子仓位等。一般大型设备放在仓库一楼,零配件放仓库二楼货架上,为防止企业偷漏税,海关对仓库进行 24 h 远程监控。企业需要使用放在库中的进口产品时,就地报关,缴纳相关产品进口的费用。企业设立保税仓库的好处是大大简化了报关手续,减少资金占用量。

2. 自制设备

煤矿大部分设备是成套、成型设备,有定点生产厂家,还有部分设备只要提出技术要求,通过外协可由配套厂家提供。但并不是所有设备都能购买或外协,如一些专有设备和非标设备(如箕斗),就只能自制。我国目前大型的煤炭企业,都有自己的煤矿机电设备制造厂或大修厂,有一定的生产加工能力。设备自制通常考虑以下因素:

(1)设备成本。如果在同样的条件下生产,自制设备成本比较低,因为它不包括供应厂家的利润、运费和管理费等。

(2)设备的可获性。市场无处采购,则只能自制。

(3)设备质量。供应厂家若不能保证质量,则只能自制。

(4)技术保密性。如果生产某种设备或零件需要专门的技术,目前这种技术不能扩散,则应该自制。

由于煤矿机电设备的特殊性,自制设备要由主管部门同意批准,选定有生产能力的厂家,经过方案讨论、图纸设计、试制样机、修改设计、组织鉴定、制造设备、出厂检验、资料整理、费用核算、验收入库等环节。

三、相关知识

设备投资规划:设备投资规划是设备前期管理的首要环节,是企业进行设备选型和购置的依据、是企业设备投资方面的总体设想和计划。企业考虑到自身的生产发展,在新产品开发、节能和环保等方面,均应制定设备投资的中长期规划,它是企业生产经营总体规划的重要组成部分。

(一)投资规划的类型

为明确投资目的,提高设备的投资效益,在编制设备投资规划时,必须分清设备投资规划的类型。根据企业设备投资目的、重要程度、影响时间来分,企业设备投资规划一般可分为以下几个方面。

1.更新规划

更新规划是指企业对原有设备进行更换的投资规划,即以同类型设备或以先进的、高效能、高精度的设备代替磨损报废或技术落后、效率低、安全性能差的设备,具有原型更新和技术更新的双重性质,其目的是满足维持企业简单再生产或提高生产效率和经济效益的需要。

2.扩张规划

扩张规划是指基本建设、挖潜、改造、革新等扩大再生产方面的设备投资规划,其目的是扩大生产规模,提高企业的经济效益。

3.新产品开发规划

新产品开发规划是指开发新产品或改造老产品必须新增设备的投资规划,它同时具有更新规划和扩张规划的综合效果。如煤炭企业为做长产业链,向前一体化(如煤层气开发、煤矿机电设备制造)、后向一体化(如煤炭洗选、煤化工)扩展,就必须新增设备投资。

(二)投资规划的内容

设备投资规划一般包括单项设备投资计划和建设项目设备投资规划两个方面,对于已投产的企业主要的是设备更新、改造和零星设备购置的单项投资计划。其主要内容包括:进行市场调研收集信息;提出设备投资计划方案;对方案的可行性进行技术和经济论证并决策;编制设备投资计划和经费预算;确定方案的实施程序;制定评价标准,对设备投资计划方案预期效果进行评价和预测等。

(三)投资规划编制的主要依据

设备投资规划应满足企业生产经营总体规划的要求,要为企业生产经营总体目标服务。规划编制的主要依据有:

(1)满足生产发展的要求。依据企业生产经营战略规划、年度生产计划、科研技改新产品试制计划等计划大纲要求,围绕提高产品质量、增加品种、产品更新换代和技术升级、增强企业竞争力和出口创汇能力等目标,考虑到技术引进和技术改造等对设备的要求。

(2)要考虑现有设备状况。要从现有设备状况出发,考虑到设备的有形磨损和无形磨损、运行费用、故障率及停工损失等情况,提出更新和改造要求。

(3)满足安全生产、节能环保和改善劳动条件的要求。

(4)考虑设备的可靠性、适用性、通用性、成套性、维修性和经济性。

(5)国内外新技术、新工艺、新设备的发展动态。

(四)投资规划的组织和工作程序

设备投资规划的组织和工作程序是设备投资规划工作顺利进行的保证。只有进行科学组织、遵循管理的工作程序,才能做好设备投资规划工作,其具体组织程序如图 1.3 所示。

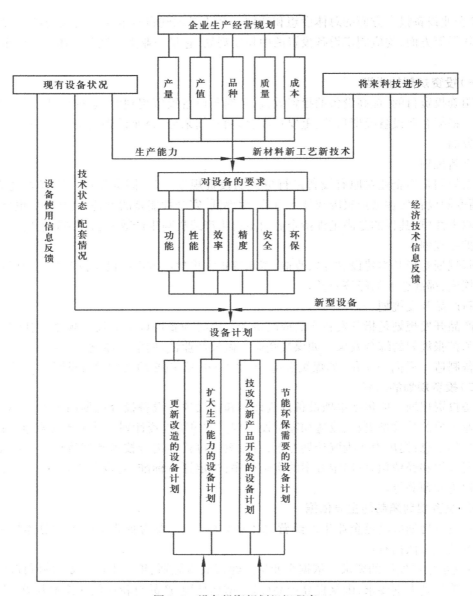

图1.3 设备投资规划组织程序

1. 提出投资项目

提出投资项目是把企业生产发展规划中所列出的生产经营目标,分解给企业各有关单位,各单位根据所承担任务的需要,提交增加设备或改造设备项目申请,由设备规划部门汇总。

2. 确认项目

确认项目是设备规划部门将收到的申请汇总后,根据企业生产发展规划和各申请单位(部门)的装备能力,结合企业资金、市场现有设备等方面的情况,提出初步设备投资方案,会同有关部门(如生产、财务、计划等)对投资方案的项目进行评估,重大投资项目要组织专家进行可行性研究论证,按规定的程序审批,一般项目由企业主要经营者作出决策,经批准确认后才能立项。

　　3.编制设备投资规划方案

　　编制设备投资规划方案是将已确认的项目汇总,由设备规划部门会同相关部门,依据生产项目进度要求、资金状况、配套工程情况等因素,设计出投资规划的实施方案,列出实施规划的顺序和进度,使用资金的时间和额度,经企业主要经营者批准后,作为企业生产经营规划的一个组成部分下达实施。

　　4.制定投资效果的评价标准

　　制定投资效果的评价标准是要制定一个科学的评价标准,对投资项目进行客观评价,并将评价结果作为验收和设备运行时的考核依据。

　　四、任务实施

　　(一)设备的验收

　　设备到货验收是保证设备数量、质量、型号、规格是否符合合同规定,分清双方责任的有效手段。为保证设备投资效果、维护企业的合法权益和预防腐败,生产企业必须建立严格的货物验收制度。设备到货后务必在规定的索赔期限内组织完成验收工作,对验收中发现的问题应以验收记录为依据及时向供货单位提供赔偿、退货等要求。

　　1.验收依据

　　设备验收是以订货合同为依据,分自提自交、厂(商)家送货、进口设备3种情况进行。

　　(1)品种、规格、数量方面的验收依据主要有订货合同、提货单、发货单、装箱单、运输部门的运单等。

　　(2)自己提货、自己运输的设备出厂验收依据主要有主管部门批准的出厂检验技术标准、设计图纸和出厂验收技术条件、验收计划等。

　　(3)厂家送货、到货验收的主要依据有国家标准、部颁标准、企业标准规定的产品质量、检验方法、验收规则、标志、包装、运输和保管技术标准;需要有特殊要求的,按合同规定的技术条件;制造厂商应提供的产品合格证、说明书和其他验收所需要的技术资料等。

　　(4)进口设备必须通过我国的商品进出口管理部门的进口检验、办结海关报关手续,验收有国际标准的按国际标准、没有国际标准按买方国标准、买方国没有标准按卖方国标准或合同约定的标准进行。

　　2.验收内容

　　订购的设备到期交货,购货单位应按其提货方式和设备的重要程度采用不同的验收方式。对于自提自运的设备,验收可在出厂前进行;对于厂(商)家送货的设备可采用到货验收;大型、关键性的专用设备,在生产厂装配前购货方应到厂进行中检,对各部件(包括外协配套件)的质量及关键装配尺寸进行检验,对生产中不符合有关技术文件规定的,可向厂家提出意见并要求整改。装配后,应参加生产厂的出厂检验,验收合格后才能发货。设备验收工作主要内容包括数量验收和质量验收。

　　(1)数量验收

　　数量验收一般由仓库保管员在设备入库前按合同逐台清点,包括合同和说明书中规定的随主机的辅机、备件和安装检修工具、使用说明书和安装图纸等。自提自交设备出厂前当面点清,供方送货设备货到现场清点。

（2）质量验收

质量验收包括受检设备的产品合格证及技术文件，查看设备包装、设备外观检验、解体检验、组装测试和试运等内容，外观检验由仓库保管人员进行，需要进行解体检验或技术测定时，由专门验收机构或专门检验部门进行。

对包装质量应进行全部检验，以查清储运过程中包装的损坏情况。本体外观检验，对入库量在 10 台以内的设备，要全部开箱查看设备有无锈损、浸水、老化、缺件、残损，资料是否齐全，以及标准规定不允许有的表面尺寸偏差和缺陷。10 台以上 100 台以内的设备，外观缺陷抽验一般不少于 10 台；100 台以上的外观抽验率一般不少于 10%；成套设备主要检验其配套完整程度，检验率为 100%。如果在抽验中发现问题，必须扩大抽验比例，甚至全部开箱检验。重要的设备还要逐台对主要性能和参数组织检测，要试运行，在质保期内组织质量性能方面的考核。

设备的验收工作要有详细记录，在完成验收任务后，请有关部门和人员签字盖章，一方面作为资料存档，另一方面如果货物存在缺陷，以此作为向供货单位交涉的依据。下面介绍矿用单体液压支柱的验收细则：

（1）总则

①用户验收应遵循原煤炭工业部标准 MT 112—93《矿用单体液压支柱》，单体液压支柱试验所规定的检验项目执行。

②为了避免验收过程中用户与厂方在试验数据、试验方法、测试时间及判定合格与否而发生不必要的争执，特制定本细则。

（2）外观质量和整机检验项目

①如果支柱和阀的清洁度不符合规定，应加倍抽查该项。加倍后仍不符合要求，则该批支柱（或阀）可不予验收。待该批支柱（或闽）全部清洗后再进行检验。

②检验清洁度的清洗方法：用油（煤油、汽油或 5 号液压油即可，用户与厂方商定）或乳化液倒入带有底座的油缸和带有活塞的活柱体中，涮洗两次后（不允许用刷子刷）再用 120 目滤网（相当于 0.125 mm 精度）过滤残留物。三用阀（内注式为安全阀和活塞）解体后用油或乳化液涮洗两次再用 120 目滤网过滤残留物，烘干并称重。

③检查"手把体能够转动"一项的方法是：支柱在小于最大高度时，打初撑，使支柱呈中心加载受力状态。然后用手转动手把体，如可以转动应判定为该项合格。

（3）支柱（或阀）的性能试验

支柱性能试验及判定合格的原则按试验中有关条文执行，对密封试验判定方法作如下规定：

①用户验收时，对长时密封（包括高压、低压）是否渗漏难以判断时，可采用延长密封时间数小时，必要时甚至数天。如压降一直持续，则判定为渗漏（即高或低压密封不合格）；如压力时升时降（或恒定不变）则为温度和柱体内液体含气等因素影响，应判定为密封合格。

②用户检查短时密封（密封时间为 2 min 的高、低压密封）时，应增压至密封压力 1 min 后再开始记录密封压力和时间。

（4）零部件拆检测量的规定

①用户要求作零部件拆检时，除表所列项目外，有权检测其他认为需要检测的项目。

②项目合格率应超过 85% 方为合格品。一些直接影响性能、强度的项目（如高压焊缝试

验等），若有不合格者(包括影响性能尺寸的超差)应加倍抽查该项。若仍不合格,则此批产品判定为不合格品,不准出厂。

（5）支柱和阀外观质量和整机检验

支柱和阀外观质量和整机检验标准及方法见表1.2。

表1.2　支柱和阀外观质量和整机检验标准及方法

试验项目	标准要求指标	试验方法及工具	抽检数量	检验结果	备注
装配质量	支柱所有零件应齐全,三用阀、顶盖、弹性圆柱销装配位置正确	目测	2%		
外观质量	1. 支柱外表无剥落的氧化皮,油缸表面无加工运输过程中产生的凹坑; 2. 焊接处焊缝成形美观不允许有裂缝、弧坑、焊缝间断等缺陷,除尽焊渣和飞溅物; 3. 手把体用手可以转动,表面无飞刺; 4. 手把体、底座连接钢丝应全部打入槽中,弯头允许外露高度4 mm,槽口用腻子或火漆封严	目测 目测 在刚性架子上进行目测	2%		按图纸规定要求 内注式无此项
支柱最小高度和行程	允许误差为额定高度和行程的±20 mm	直尺	2%		不同顶盖、底座额定高度不同
手摇把操作力矩的测定	内注式单体支柱: 1.2 m以下支柱初撑力达到50 kN; 1.4 m以上支柱初撑力达到70 kN时,手摇把操作力矩不大200 N·m	手摇把、压力机或带有油压测力计刚性架	2%		外注式单体支柱无此项
装配后的密封性能	1. 支柱全行程升柱时,手把体、底座处不应漏液; 2. 外注式支柱注液时,与注液枪配合处不得漏液; 3. 内注式支柱低压腔各密封处不得漏液; 4. 支柱水平放置1 h以上不应从通气装置处漏液	目测 目测 目测 目测	2%		外注式单体支柱无此项
清洁度	1. 平均每根支柱清洗残留物重不大于60 mg,其中最高1根残留物重不大于70 mg; 2. 三用阀(内注式为安全阀、活塞)清洗残留物不大于10 mg	相当于0.125 mm精度的滤网、烘干机、天平	5件 5件		清洗方法见细则
注液枪的操作性能	能顺利插入注油阀体,注液枪注液后能顺利摘下	目测	5件		内注式单体支柱无此项

（6）支柱和阀性能检验

支柱和阀性能检验标准及方法见表1.3。

表 1.3　支柱和阀性能检验标准及方法

试验项目	标准要求指标	试验方法及工具	抽检数量	检验结果	备 注
支柱初撑力的测定	1.4 m 以上内注式支柱初撑力应能达到70 kN； 1.2 m 以下内注式支柱初撑力应能达到50 kN	手摇把、压力机或带有油压测力计刚性架	2%		外注式支柱无此项试验
操作试验	1. 外注式单体液压支柱升柱无卡阻，限位装置可靠。	泵站、液压枪	2%		用户验收测试前，可全行程降柱两次
	2. 内注式单体液压支柱操作手柄全行程摇动一次活柱升高量： 1.2 m 以下支柱不小于 12 mm； 1.4 m 以上支柱不小于 20 mm。	操作手柄和直尺	2%		
	3. 外注式支柱降柱速度： ϕ10 mm 缸径支柱不小于 35 mm/s； ϕ100 mm 缸径支柱不小于 40 mm/s； ϕ80 mm 缸径支柱不小于 50 mm/s。	秒表、直尺	2%		
	4. 内注式支柱降柱速度： 1.4 m 以上支柱不小于 30 mm/s； 1.2 m 以下支柱不小于 20 mm/s	秒表、直尺	2%		
压力流量特性曲线	1. 曲线波动值≤0.1 pH； 2. 曲线最高压力值≤1.1 pH，最低压力值≤0.9 pH； 3. 曲线溢流总量≥1 L	压力传感器、函数记录仪、专用试验台或材料试验机	5 件		可以与支柱整体试验，也可以与三用阀单独试验
安全阀开启压力的测定	在溢流量为 20～30 mL/min 时，安全阀开启压力值不小于0.9倍额定工作压力，不大于1.1倍额定工作压力	支柱试验台或材料试验机	2%		放置3个月以上，安全阀允许重调
安全阀关闭压力的测定	在溢流量为 20～30 mL/min 时，突然停止对阀加载，阀的关闭压力不应小于0.9倍的额定工作压力	支柱试验台或材料试验机	2%		

续表

试验项目	标准要求指标	试验方法及工具	抽检数量	检验结果	备　注
安全阀的高、低压密封	1. 在不小于 0.9 倍额定工作压力下进行高压密封时,2 min 不允许有压降,4 h 不允许有渗漏; 2. 在 2 MPa 压力下进行密封时,2 min 不允许有压降,4 h 不允许有渗漏	支柱试验台	2%（长时间密封只做 5 件）		
单向阀与卸载阀高、低压密封	1. 在不小于 0.9 倍额定工作压力下进行高压密封时,2 min 不要允许有压降,4 h 不允许有渗漏; 2. 在 2 MPa 压力下进行密封时,2 min 不允许有压降,4 h 不允许有渗漏	支柱试验台	2%（长时间密封只做 5 件）		1. 外注式支柱的单向阀、卸载阀和安全阀一起做密封试验; 2. 内注式支柱的卸载阀、安全阀和支柱一起整体做试验
支柱高、低压密封	1. 支柱伸出 1/2 ~ 1/3 行程,在不小于 0.9 倍额定工作压力下进行高压密封,2 min 不得有压降,4 h 不允许有渗漏; 2. 支柱伸出 1/2 ~ 2/3 行程,在 2 MPa 压力下密封,2 min 不允许有压降,4 h 不允许有渗漏	支柱试验台	2%（长时间密封只做 5 件）		外注式、内注式支柱都可以和阀一起做密封试验也可单独做试验
注液枪的高、低压密封	1. 注液枪不操作时,进液腔加载至泵站额定工作压力,进行密封时 2 min 不允许有压降,4 h 不允许有渗漏; 2. 注液枪不操作时,进液腔在 2 MPa 压力下进行时,2 min 不允许有压降,4 h 不允许有渗漏	支柱试验台	5 件 5 件		

3. 防爆电器的验收

防爆电器是煤矿井下使用十分普遍的机电设备,常用的有防爆开关、防爆电机和防爆变压器等,防爆电器对设备外壳的强度、接线盒(接线喇叭口)、防爆结合面等都有严格的要求,防爆电器的验收分一般检查和性能试验两部分。下面介绍矿用隔爆型真空馈电开关的验收方法:

(1)一般检查

23

①表面无毛刺,喷漆表面不能有色差,厚度要均匀,漆层无损伤,接线喇叭口密封完好;

②所有紧固件必须紧固;

③焊接件不能有脱焊、虚焊;

④所有标记必须清晰,不得有误;

⑤凡属转动的零件必须转动灵活,但不能过分松动;

⑥保护接地端子应装配完整,防止锈蚀;

⑦壳体内不能有金属异物;

⑧隔爆面不得有油污、漆污、擦伤、凹陷、孔洞、缺损、裂纹等现象;

⑨主回路、控制回路接线正确、牢固;本安电路的所有接线用蓝线,并与非本安电路导线分开布置;

⑩主腔、接线腔电气间隙、爬电距离符合要求。

（2）性能试验

①在额定控制电源电压的75%～110%范围内,起动器能可靠吸合,在额定控制电源电压的10%～60%起动器能可靠断开;

②隔离换相开关与接触器之间应有电气联锁和机械联锁,保证只有当接触器控制电路断开时,隔离换相开关才能转换位置,隔离换相开关的手柄在闭合和断开位置应有清晰指示和可靠的定位;

③起动器在合闸位置时,按动门盖上相应的控制按钮对 DSP 智能综合保护器进行各种保护功能试验,在显示屏上显示相应的内容;

④主电路必须承受 4 200 V/min(1 140 V)或 3 000 V/min(660 V)工频耐压试验,应无击穿或闪烙现象,控制回路必须承受 1 000 V/min 工频耐压试验,应无击穿或闪烙现象。

（二）设备验收中问题的处理

设备交货验收中涉及供需双方及运输部门的问题,必须有一个科学合理的解决办法。在目前买方市场的条件下,本着"有利原则",购方在签订合同时,就要考虑运输风险,尽可能选择厂家送货、到货验收,将损失由供方或第三方承担。主要包括以下几个方面:

（1）对于设备已经到位但手续不全的,应按待检验设备处理。放到待检验区内保管,待手续齐全后再进行验收。

（2）对于供方代办托运的设备,如发现包装破损或有异状,或因潮湿、产品放置不当、野蛮装卸等运输事故,致使设备数量短缺或设备损坏时,购货方按规定向运输部门索赔。如包装无损坏,而设备整箱件数短缺,需要在卸车时由承运部门证明并编写记录,以此为据拒付短缺部分的货款,并在规定的期限(一般为 15 d)内通知供方;如果件数相符,而是装箱内件数短缺,购货方凭单位验收书面证明,拒付短缺部分货款。供货方在合同规定日期(一般为 10 d)内答复处理,否则视为少交。

（3）供方多交的,需方可以拒付多交部分货款,并代为保管,同时将详细情况和处理意见在一个月内通知供方,代保管期间的费用由供方负责;少交的在承付期内,购货方可按国家有关规定拒付少交部分的货款,并将详细情况通知供方,供方应在规定的期限内补交,并承担延期交货造成的损失。另外,购货方不得中途退货,如必须中途退货时,应经供需双方协商同意,并承担因此而造成的损失和中途退货的罚金。

（4）在有规格、质量、包装不合要求或错发情况存在时,先将合格品验收。不合格品与错发部分要分开存放并进行查对核实,将查对核实结果做好记录,由购货方决定退货或向供方交涉。交涉达成协议后,按协议处理,由此造成的损失由供货方承担。

五、任务考评

有关任务考评的内容见表1.4。

表 1.4   任务考评内容及评分标准

序 号	考评内容	考评项目	配 分	评分标准	得 分
1	设备的选型	设备选型的经济评价方法	25	错一项扣5分	
2	设备的购置	设备购置的一般程序	25	错一项扣5分	
3	设备投资规划	投资规划编制的主要依据	20	错一项扣4分	
4	设备的验收	设备验收的内容	10	错一项扣5分	
5	设备的验收	设备验收中问题的处理	20	错一项扣5分	
合 计					

复习思考题

1.1 设备前期管理主要内容包括哪些内容?

1.2 设备选型时应考虑哪些技术因素?

1.3 设备选型的经济评价方法有哪几种?

1.4 购置设备一般经过哪些程序?

1.5 签订设备购销合同应注意哪些问题?

1.6 设备投资规划编制的主要依据有哪些?

1.7 设备验收中出现的问题如何处理?

任务 2　煤矿机电设备的资产管理

知识点：◆　设备的固定、流动资产管理
　　　　◆　设备的编号、账卡、图牌板管理
　　　　◆　井下移动设备的管理
技能点：◆　设备的折旧计算
　　　　◆　设备的租费计算
　　　　◆　设备的封存与闲置处理

一、任务描述

设备资产管理是以属于固定资产的机械及动力设备为研究对象,追求设备综合效率与寿命周期费用的经济性,应用一系列理论、方法,通过技术、经济、组织措施,对设备的物质运动和价值运动进行全过程的科学管理。固定资产是指企业使用期较长、单位价值较高、并且在使用过程中保持原有物质形态的资产。正确地确定固定资产价值,不仅是固定资产管理和核算的需要,也关系着企业收入与费用的配比。在固定资产的核算中,一般采用的计价标准有 3 种,即原始价值、净值和重置完全价值。固定资产折旧是指固定资产在使用过程中由于损耗而转移到产品成本或经营费用中的那部分价值。固定资产的损耗分为有形和无形 2 种,计算折旧的方法有直线法、工作量法、加速折旧法。设备资产管理工作主要是指设备的分类与资产编号、设备的账卡设置与登记、图牌板管理、设备的资料、档案管理;封存是对企业暂时不需用的设备的一种保管方法,封存分原地封存和退库封存;设备租赁是将机电设备在较固定的时间内,出租给使用单位(用户)的业务,设备租赁方式一般可分为两大类,即社会租赁和企业内部租赁。

移动设备是指在使用过程中工作地点经常变动的设备。煤矿井下的大部分生产设备均属于移动设备,管理要点在于跟踪设备的移动过程,明确各环节的责权利问题,及时调整相关账卡管理资料,必要时要建立设备移动情况目视牌板,并通过专门的联系方式和组织对设备状况进行监管,制定相应的措施和移动方案,确保设备的使用效率和完好。利用计算机网络技术和强大的数字化管理技术,结合先进的设备管理思想和方法,可使企业更有效地配置资产,提高生产设备的可利用率及可靠性,满足生产设备对现代生产组织的要求。

二、任务分析

(一)设备资产管理的主要任务和内容

1. 设备资产管理的主要任务

设备资产管理的主要任务是为掌握设备的动态和现状,及时正确地登记好资产卡片;按规定正确地计算折旧费和大修理费,以保证设备的更新和改造资金;充分利用设备,减少闲置,提高设备的投资效益;最终达到设备寿命周期最长、最经济、综合效率最高的目的。

2.设备资产管理的主要内容

设备资产管理的主要内容包括:设备的分类与编号;账卡物、图牌板管理;设备档案管理;移动设备管理;设备的租赁管理;设备的封存与闲置设备的处理等。

（二）设备资产管理的部门分工与职责

设备资产管理是企业设备管理的一项基础工作,不仅是设备管理部门的主要任务,还涉及到企业的财务部门、设备使用单位及其他有关部门。因此,要做好设备资产管理工作,在各有关部门同心协力的基础上,必须进行明确的分工,建立相应的责任制。一般情况下,设备管理部门主要负责设备资产的验收、保管、编号、移装、调拨、出租、清查盘点、报废清理、更新等管理工作;使用单位主要负责设备资产的正确使用、妥善保管和精心维护及检修,并对设备资产保持完好和有效利用负直接责任;财会部门主要负责组织制定资产管理的责任制度和相应的凭证审查手续,协助各部门、各单位做好固定资产的核算工作。

（三）设备资产的管理

设备资产的管理主要是指设备的分类与资产编号、设备的账卡设置与登记、图牌板管理、设备的资料、档案管理等工作。

1.设备的分类与编号

为了对设备资产实行有效地管理,实现标准化、科学化和计算机化,满足企业生产经营管理的需要和企业财务、计划、设备管理部门及国家对设备资产的统计、汇总、核算的要求,对企业所使用设备必须进行科学地分类与编号,这是设备资产管理的一项重要的基础工作。也是掌握固定资产的构成、分析企业生产能力、开展经济活动的关键。

设备的分类编号主要依据是由国家技术监督局于 1994 年 1 月 24 日批准发布的《固定资产分类与代码》国家标准(GB/T 14885—94)。该标准设置了土地、房屋及构筑物,通用设备等10 个门类,基本上包括了现有的全部固定资产。同时,该标准还兼顾了各行业、部门固定资产管理特别是设备资产管理的需要,各部门、各行业还可在该标准目录下补充、细化本部门本行业使用的目录,但高位类必须与国家标准相一致。

该标准适用于固定资产(包括设备资产)的管理、清查、登记和统计核算工作。具体的分类编号方法分述如下:

（1）本标准设置的 10 个门类,以"一、二、三、…、十"表示,不列入编号。

（2）将固定资产分为大类、中类、小类、细类 4 个层次,采用等长 6 位数字层次代码结构。第一、四层以两位阿拉伯数字表示;第二、三层以一位阿拉伯数字表示;其具体分类编号结构如图 1.4 所示。

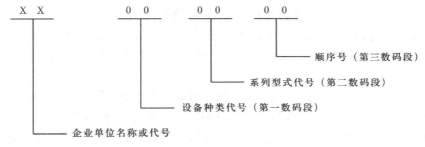

图 1.4　固定资产分类编号结构图

（3）各层次留有适当的空码，以备增加或调整类目时使用。

（4）第一、二、三层的分类不再细分时，在其代号后补"0"直至第六位。

（5）本标准各层分类中均设有收容项，主要用于该项尚未列出的固定资产。

以联合采煤机的代码"254105"为例，"25"表示探矿、采矿、选矿设备；"4"表示采煤及支护设备；"1"表示采煤机；"05"表示联合采煤机。具体各类设备资产的编码详见《固定资产分类与代码》国家标准 GB/T 14885—94；机械工业企业设备编号可参阅 1965 年原第一机械工业部颁发的《设备统一分类及编号目录》及补充规定。

设备资产有了编号，在固定资产账和设备台账上就有了确定的位置，可以作到登录有序。设备的编号牌应有企业的名称或代号，使账、卡、物编号相符，便于设备清查与管理。

2.设备的账卡、图牌板管理

（1）设备的账卡管理

设备账卡的建立是设备管理工作的基础，是掌握设备数量和动态变化的主要手段。设备账卡不仅记载着每台在籍设备的详细规范和制造厂名，而且记录每台设备从购入、使用到报废为止的整个情况。主要账卡有设备明细台账、设备数量台账、主要设备技术特征卡、设备保管手册、矿井移动设备动态卡片等。

①设备明细台账。设备明细台账是对企业全部在籍设备设置的。台账的排列次序应依照设备的分类编号。按系列型号、分规格从大到小进行排列，不同设备名称及型号规格均应分页建账。台账内容记载每台设备的主要技术特征、制造厂名、出厂时间、编号，同时还要记录设备自购入、安装、使用、调动、改造直到报废整个技术动态和价值变化情况；

②设备数量台账。设备数量台账是企业机电设备在籍数量分系列型号的统计台账，是设备明细台账在数量上的汇总；

③主要设备技术特征卡。主要设备技术特征卡是专门为反映企业生产系统主要设备的技术特征而设置的，其内容记载着设备的技术特征、技术参数，以便随时查阅。

④设备保管手册。设备保管手册是为车间、区队和其他部门使用设备而设置的，其内容、范围可由各单位自定。

⑤矿井移动设备动态卡。采矿工业企业设备的移动频繁，对移动设备应建立移动设备动态卡，是用来记录井下移动设备情况的卡片。卡片记录的内容主要是设备的技术特征、制造厂名、设备的移动情况。

（2）设备的图牌板管理

设备的图牌板管理是根据不同的用途制做各种图牌，将标有设备名称、编号的小牌挂在图板不同的位置上，可以直观地了解设备的数量、分布情况、利用情况等。当设备有变动时，可移动或变换小牌的位置，简捷方便。企业设备管理部门可设置生产设备、修理设备、库存设备牌板、生产供电系统牌板、统计指标牌板等。车间、区队也应设置本部门管理范围内的设备牌板。矿井一般有以下几种图牌板：

①井下机电设备图牌板。井下机电设备图牌板是掌握全矿井下采煤、掘进、支护、运输设备使用情况的总牌板。板上按设备的使用单位不同挂有设备小牌，设备如有变动，应根据设备的调动、安装、拆除和交换手续随时变换小牌的位置。设备牌板由设备管理部门的专职管理员管理；

②井下供电系统图牌板。井下供电系统图牌板是标明井下供电系统的图板。板上不但反

映出井下供电系统,而且反映出从井下中央变电所到各采区、采掘工作面和各用电地点的各种电气设备的名称、容量、负载、电缆长度、规格及继电保护的整定值等;

③采掘运区(队)的设备图牌板。采掘运区(队)的设备图牌板是在采、掘、运区(队)设置。板上有设备名称、型号和编号。小牌两面用不同符号标明设备完好和不完好,小牌随同设备走;

④设备修理图牌板。设备修理图牌板是反映设备修理情况的牌板。板上按设备的修理地点挂牌;

⑤小型电器设备管理图牌板。小型电器设备管理图牌板是用来统一掌握全矿各种小型电器设备的牌板。板上记载着各种小型电器设备的在籍、使用、备用和待修数量及使用、存放地点等情况;

⑥库存机电设备图牌板。库存机电设备图牌板是反映企业机电设备在库房存放、未使用的牌板,它包括备用、停用、待修、闲置等设备,在板上按设备状态分类挂牌;

⑦矿井设备"四率"统计图牌板。矿井设备"四率"统计图牌板是设备管理部门掌握设备的使用率、完好率、待修率、事故率的统计牌板。牌板上记载各种设备的在籍、使用、带病运转、待修和事故记录。

除上述图牌板外,还可根据具体情况设置电缆管理牌板、轨道管理牌板等。

3.设备的档案管理

设备档案是指设备从规划、安装、调试、使用、维修、改造、更新直至报废的全过程中形成的图样、方案说明、凭证和记录等文件资料。它是设备寿命周期内全部情况的历史记录。一般包括设备前期与设备投产后 2 个时间积累的资料。属于设备档案的资料有:

(1)设备前期主要资料

设备前期主要资料有设备选型和技术论证、设备购置合同(副本)、设备购置技术经济分析评价、自制专用设备设计任务书和鉴定书、外购设备的检验合格证及有关附件、设备装箱单及设备开箱检验记录(包括随机备件、附件、工具及文件资料)、设备安装调试记录、精度检验记录和验收移交书等。

(2)设备投产后主要资料

设备投产后主要资料有设备登记卡片、设备使用初期管理记录、开动台时记录、使用单位变动情况记录、设备故障分析报告、设备事故报告、定期检查和监测记录、定期维护与检修记录、大修任务书与竣工验收记录、设备改装和改造记录;设备封存(启用)单、修理和改造费用记录、设备报废记录等。

由于矿井机电设备种类繁多,规格型号复杂,因而只能有重点地选择主要生产系统中对生产和安全有较大影响的关键设备及相关系统建立设备服役档案。例如,煤矿的固定设备、综采和综掘设备、矿井变电所设备及系统、大型运输设备等。

(3)设备档案管理

设备档案管理,就是对设备的资料进行收集、鉴定、整理、立卷、归档和使用的管理。设备的档案资料应按每台设备整理,存放在档案袋内,档案编号应与设备编号一致,设备档案袋由设备管理和维修部门负责管理,保存在档案柜内,按顺序编号排列,定期进行登记和资料入袋工作。具体应做到:

①设备档案要有专人负责管理,不得处于无人管理状态。

②明确纳入设备档案各项资料的归档路线。

③明确定期登记的内容和负责登记的人员。

④制定设备档案的借阅管理办法,防止丢失和损坏。

⑤对重点管理设备的档案,做到资料齐全、登记及时、准确。

4. 设备的清查

企业要对设备进行定期的清查,这是因为企业在生产经营过程中,由于设备的调入、调出、内部变动、报废清理,以及使用、维修、更新、改造等,使设备在数量、质量、地区分布上都会发生变化,为了解设备的实际情况,必须对设备进行定期或不定期清查盘点。

设备清查盘点一般在年终进行,若有特殊情况发生,则要进行特别清查盘点。通过盘点实物,及时调整有关账面记录,以保证账物相符。清查盘点时,要求有关清查人员和使用或保管人员同时在场,并要编制清查盘点表和设备盘盈、盘亏报告表。在清查盘点中,如果有需要报废清理的设备,须按报废清理的有关程序进行。

设备的盘盈、盘亏必须及时入账,并按规定报有关部门审批。对盘盈设备除查明原因外,还应将该设备的有关资料,如制造厂家、出厂时间、主要技术特征、结构、性能、附属设备、磨损程度等了解清楚,并编号建立账卡,对于盘亏的设备必须追查原因,针对不同情况分别处理。盘亏原因不清或没有处理结果的,不准上报核销。

三、相关知识

我国《企业会计准则》指出:"资产是企业拥有或者控制的能以货币计量的经济资源,是以资金的物质表现形式反映资金存在的状况。"资产具有的特征为:由企业实际支配;作用于企业生产经营活动中;提高企业的经济效益;具有不同的物质形态。

资产可依据不同标准分类:按流动性质分,可分为流动资产、长期投资、固定资产、无形资产、递延资产、市场倍增资产和其他资产;按货币性质分,可分为货币资产和非货币资产;按实物形态分,可分为有形资产和无形资产。

(一)流动资产管理

流动资产是指可以在一年或者超过一年的一个营业周期内变现或者耗用的资产,主要包括现金及各种存款、短期投资、应收及预付款项、存货等。流动资产主要具有周转速度快、变现能力强、且在生产过程中不断改变其资金占用形态从而产生增值等特点。流动资产管理的目的是在保证生产经营所需资金的前提下,尽量减少资金占用,提高资金的周转速度及闲置资金的获利能力。

要正确进行流动资产管理,首先必须明确流动资产的概念,正确区分流动资产与固定资产的界限。在实际工作中,应根据具体情况加以划分。比如,某种固定资产其剩余使用年限不到一年,但也不能算作流动资产。又如某库存商品或库存材料等存货,为了储备的需要,虽然存货期一年以上,但也不应作为固定资产,只能作为流动资产。所以,要将资产的性质和使用时间等因素综合起来加以分析确定。

(二)固定资产管理

1. 固定资产概述

固定资产是指使用期限超过一年,单位价值在规定标准以上,并且在使用过程中保持原有物质形态的资产,包括房屋及建筑物、机器设备、运输设备、工具器具等。《企业财务通则》、

《工业企业财务制度》对固定资产标准作了具体规定。

（1）固定资产的分类

固定资产按经济用途和使用情况进行综合分类,可分为:

①生产经营用固定资产。

②非生产经营用固定资产。

③租出固定资产。

④不需用固定资产。

⑤未使用固定资产。

⑥土地:指已经估价单独入账的土地,企业取得的土地使用权不能作为固定资产管理。

⑦融资租入固定资产:以融资租赁方式租入的固定资产,在租赁期内视同自有固定资产进行管理。

（2）固定资产的特点

①固定资产的使用时间较长,并能多次参与生产过程而不改变其实物形态。

②固定资产的价值补偿和实物更新是分别进行的。固定资产的价值补偿是随固定资产的使用,每月提取折旧逐渐完成的;而固定资产的实物更新则是在原有固定资产不能或不宜再继续使用时,用折旧积累的资金完成的。

③固定资产一次投资,分次收回。

2.固定资产管理的目的与要求

（1）固定资产管理的目的

固定资产管理的目的是在不增加或少增加投资的条件下提高固定资产的利用效果,提高企业的生产能力。

（2）固定资产管理要求

①正确预测固定资产需要量。

②做好固定资产投资预测与决策工作。

③正确计提折旧,合理安排固定资产价值的补偿速度。

④加强固定资产的日常管理,提高固定资产的利用效果。

3.固定资产的价值

正确确定固定资产价值,不仅是固定资产管理和核算的需要,也关系着企业收入与费用的配比。在固定资产的核算中,一般采用的计价标准有原始价值、净值和重置完全价值。

（1）原始价值

原始价值又称原值,是指企业在建造、购置或以其他方式取得某项固定资产达到可使用状态前所发生的全部支出。固定资产来源渠道不同,其原始价值的组成也不同。一般应包括建筑费、购置费和安装费等。固定资产的原值,是计提折旧的依据。企业由于固定资产的来源不同,其原始价值的确定方法也不完全相同。从取得固定资产的方式来看,有调入、购入、接受捐赠、融资租入等多种方式。下面分这几种情况进行说明。

①购入固定资产是取得固定资产的一种方式。购入的固定资产同样也要遵循历史成本原则,按实际成本入账,记入固定资产的原值。

②借款购置的固定资产计价有利息费用的问题。为购置固定资产的借款利息支出和有关费用,以及外币借款的折算差额,在固定资产尚未办理竣工决算之前发生的,应当计入固定资

产价值,在这之后发生的,应当计入当期损益。

③接受捐赠的固定资产的计价,所取得的固定资产应按照同类资产的市场价格和新旧程度估价入账,即采用重置价值标准;或者根据捐赠者提供的有关凭据确定固定资产的价值。接受捐赠固定资产时发生的各项费用,应当计入固定资产价值。

④融资租入的固定资产的计价租赁费中包括了设备的价款、手续费、价款利息等。为此,融资租入的固定资产按租赁协议确定的设备价款、运输费、安装调试费等支出计账。

（2）净值

固定资产的净值是指固定资产原始价值或重置完全价值减去累计折旧后的余额。固定资产净值可以反映企业实际占用固定资产的数额和企业技术装备水平。主要用于计算盘盈、盘亏、毁损固定资产的溢余或损失等。

（3）重置完全价值

重置完全价值又称现实重置成本,是指在当时的生产技术条件下,重新购置同样固定资产所需的全部支出。它主要用于清查财产中确定盘盈固定资产价值或根据国家规定对企业固定资产价值进行重估时用来调整原账面的价值。

（4）残值与净残值

残值是指固定资产报废时的残体价值,即报废时拆除后余留的材料、零部件或残体的价值。净残值是指残值减去清理费用后的余额。现行财务制度规定,各类固定资产的净残值比例按固定资产原值的3%~5%确定。

（5）增值

增值是指在原有固定资产的基础上进行改建、扩建或技术改造后增加的固定资产价值。增值额为由于改建、扩建或技术改造而支付的费用减去过程中发生的变价收入。

4.固定资产折旧

固定资产折旧是指固定资产在使用过程中由于损耗而转移到产品成本或经营费用中的那部分价值。固定资产的损耗分为有形和无形两种,在固定资产折旧中不仅要考虑它的有形损耗,而且要适当考虑它的无形损耗,其目的在于将固定资产的取得成本按合理而系统的方式,在它的估计有效使用期间内进行分摊。

（1）计算提取折旧的意义

折旧是为了补偿固定资产的价值损耗,正确计算提取折旧可以真实反映产品成本和企业利润,有利于科学评价企业经营成果,可为社会总产品中合理划分补偿基金和国民收入提供依据,有利于安排国民收入中积累和消费的比例关系。

（2）确定设备折旧年限的一般原则

①统计历年来报废的各类设备的平均使用年限,作为确定设备折旧年限的参考依据;

②设备制造业采用新技术进行产品换型的周期,也是确定折旧年限的重要参考依据之一。目前,工业发达国家设备折旧年一般为8~12a,我国一般为15~20a;

③对于精密、大型、重型稀有设备,由于其价值高而一般利用率较低,且维护保养较好,故折旧年限应大于一般通用设备;对于铸造、锻造及热加工设备,其折旧年限应比冷加工设备短些;对于产品更新换代较快设备,其折旧年限要短,应与产品换型相适应;

④设备生产负荷的高低、工作环境条件的好坏,也影响设备使用年限。实行单项折旧时,应考虑这一因素。

（3）影响折旧的因素

影响折旧的因素主要有以下 3 个方面,第一是折旧基数,一般为取得固定资产时的原始成本;第二是固定资产净残值,即固定资产报废时预计可回收的残余价值扣除预计清理费用后的余额,一般为固定资产原值的 3% ~ 5%;第三是固定资产的使用年限,也就是提取折旧的年限。煤矿企业常用设备资产折旧年限见表 1.5。

表 1.5　煤矿企业常用设备折旧年限表

设备名称	使用年限/a	设备名称	使用年限/a
液压支架	8	井下架线电机车	10
采煤机	7 ~ 10	1.6 m 及以上提升机	25
掘进机	8	主要扇风机	18
装煤机	7	工业排水泵	10
装岩机	7	洗选设备	10 ~ 15
刮板输送机	4 ~ 6	胶带输送机	10

（4）计算折旧的方法

计算折旧的方法选用,国家历来有比较严格的规定,因为计算折旧的方法直接影响到企业成本、费用的计算。常用计算折旧的方法有:

①直线法。这种方法是在设备的使用年限内,平均地分摊设备的价值。计算公式为:

$$年折旧率 = \frac{1 - 预计净残值率}{规定的折旧年限} \tag{1.8}$$

$$月折旧率 = 年折旧率 \div 12 \tag{1.9}$$

$$月折旧额 = 固定资产原值 \times 月折旧率 \tag{1.10}$$

②工作量法。工作量法是根据实际工作量计提折旧的一种方法。计算公式为:

$$每一工作量折旧额 = \frac{固定资产原值 \times (1 - 净残值率)}{规定的总工作量} \tag{1.11}$$

$$某项固定资产月折旧额 = 该项固定资产当月工作量 \times 每一工作量折旧额 \tag{1.12}$$

③双倍余额递减法。双倍余额递减法是在不考虑固定资产残值的情况下,根据每期期初固定资产账面余额和双倍直线折旧率计算固定资产折旧率的一种方法,计算公式为:

$$年折旧率 = \frac{2}{规定折旧年限} \times 100\% \tag{1.13}$$

$$月折旧率 = 年折旧率 \div 12$$

$$月折旧额 = 固定资产账面净值 \times 月折旧率$$

实行双倍余额递减法计提折旧的固定资产,应当在其固定资产折旧年限到期以前两年内,将固定资产净值平均摊销。

④年数总和法。又称合计年限法。这种方法是将固定资产原值减去净残值后的净额乘以一个逐年递减的分数计算每年的折旧额。计算公式为:

$$年折率 = \frac{折旧年限 - 已使用年限}{折旧年限 \times (折旧年限 + 1) \div 2} \times 100\% \tag{1.14}$$

$$月折旧率 = 年折旧率 \div 12$$

$$月折旧额 = (固定资产原值 - 预计净残值) \times 月折旧率 \tag{1.15}$$

5. 固定资产的日常管理

固定资产日常管理的目的,一是确保固定资产的安全完好,二是不断提高固定资产的利用效果,主要抓好以下几方面的工作:

(1)建立固定资产管理责任制

固定资产管理应按归口分级管理,层层落实责任,责任到人,用管结合的原则制定相应的管理制度,包括保管、使用、维修、保养、清查、报废等制度,并监督使用单位和个人遵守执行。

(2)确定各职能部门的责任

设备管理部门应负责制订设备的保管、使用、维修、保养、安全生产等管理制度并监督实施;生产或使用部门应严格执行设备管理的相关制度,以确保设备在安全、良好的状态下运行;财务部门应严格按照财务管理的规定做好固定资产的验收交接、重点清查、报废清理、利用效果分析等管理工作。

(3)确定各使用者的责任

按责任到人的原则实行定机、定人、定岗、定责、定奖、定罚管理。使用人必须严格遵守设备操作规程和维修保养条例,定期清洁润滑,防止超负荷运转,一旦发生故障应及时报告处理。

(三)计算机在设备资产管理中的应用

设备资产管理信息化是利用计算机网络技术和强大的数字化管理技术,优化设备资产管理流程,形成动态的设备管理工作平台,利用对设备资产管理信息流与工作流的控制,使企业更有效地配置资产,提高生产设备的利用率及延长设备生命周期,满足生产设备对现代生产组织的要求。

煤矿企业机电设备管理的基础工作是一项复杂繁琐的工作,占用了大量的人力、物力,特别是设备资产台账管理更为突出。对于一个企业要使每台设备技术数据齐全,状态清楚,及时掌握各单位设备的购入、调出、报废、使用和地点的变动情况,按设备的不同规格型号进行分类登记,并做到迅速准确,只有采用计算机技术才能得以实现。设备资产台账管理计算机程序框图如图1.5所示。

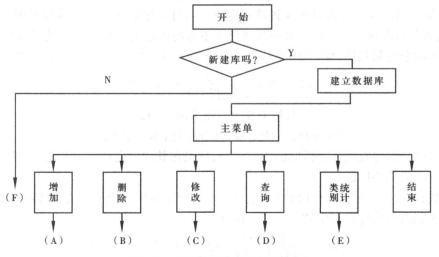

图1.5 设备资产台账管理程序框

1. 系统功能设计要求

设备资产台账管理要求计算机管理系统具有设备台账录入、新设备的增加、删除、修改、查询、类别统计和结束功能。

2. 设备资产台账管理系统

设备资产台账的计算机管理系统主要由设备资产台账管理系统引导程序、工作主程序、增加子程序、删除子程序、修改子程序、查询子程序、类别统计子程序、各类报表子程序、设备资产台账数据库等程序组成。

3. 系统中各模块功能

（1）设备资产台账的录入和新设备增加

设备资产台账录入和新设备增加这个模块用于新建数据库的录入或增加原始数据。在录入和增加数据过程中，为确保录入数据的准确性，程序设计了可随时修改当前录入的记录和以前录入的某个记录，整个过程可反复进行。

（2）删除

删除这个模块用于删除满足指定条件的一批或某个记录。完成删除后由主菜单引导用户继续完成其他工作。

（3）修改

修改这个模块用于修改满足指定条件的某类或某台设备。其处理方法是按用户输入的指定条件将该记录在屏幕上显示出来，用户通过移动光标可以修改该记录的任意一个字段内容。既可重复修改本类设备的记录内容，也可重复修改其它类设备的记录内容。整个过程都是由计算机提示来完成。

（4）查询

查询这个模块用于查询设备的名称，按用户选择将查询到的记录逐次地显示在屏幕上，也可用硬拷贝拷到打印纸上。整个查询过程可反复进行，直至用户选择其他项目。

（5）类别统计

类别统计这个模块具有以下几个主要功能，即按设备名称、规格型号分类统计；按规格型号统计某类某些设备状态；按使用状态及调出单位统计台数。

同时根据需要可分别输出使用、备用、封存、可供外调、待修、待报废设备的明细报表，还可打印出某些地点的设备明细。

四、任务实施

（一）设备租赁

设备租赁是将某些设备出租给使用单位（用户）的业务。企业需要的某种或某些设备，可不必购置，而是向设备租赁公司申请租用，按合同规定在租期内按时交纳租金，租金直接计入生产成本，设备用完后退还给租赁公司。这样可以减少企业固定资产投资，降低成本；可以加速提高设备的技术水平，减少技术落后的风险，促进企业加强经济核算，改善设备管理。

1. 设备租赁方式

设备租赁方式一般可分为两大类，即社会租赁和企业内部租赁。

（1）社会租赁方式

依据现代设备管理的社会特征，依靠和借用社会力量来解决企业需用的设备，是使企业获得良好经济效益的重要途径之一。社会租赁就是由社会上的专业租赁公司将机电设备租赁给需用设备的单位。我国常用的是经营租赁和融资租赁。

①经营租赁:经营租赁是指只出租设备的使用权,而所有权仍为出租企业的租赁。经营租赁方式主要是为解决企业生产经营中临时需要的设备。承租企业的责任是按租赁合同的规定按时支付租金,保证租入设备的完好无损,对租入的设备不计提折旧;承租企业对租入的设备支付的租金和进行修理所发生的费用均作为制造费用计入产品成本。

②融资租赁:融资租赁既出租设备的使用权,又出租设备的所有权,在承租企业付清最后一笔租金后,设备的所有权就转移到承租企业。融资租赁实质上是以实物资产作为信贷,租金是对信贷资产价值的分期偿还。融资租赁方式,一般主要用于中小型企业的主要生产设备,可以解决企业资本金不足的问题。从某种意义上说,融资租赁方式也是企业筹集资金的重要方式之一。

(2)企业内部租赁方式

内部租赁是在大型联合企业内部实行的一种租赁制度。目的是为了加强设备管理,充分发挥设备资产的使用效益,防止积压浪费,把基层企业的全部或部分机电设备由设备租赁公司(站)租给基层企业。目前煤炭行业内部租赁方式可归纳为维修租赁和承包租赁两种。

①维修租赁:维修租赁是指租赁设备的单位对租入设备只负责使用和日常维护、保养,修理工作由租赁站负责。目前我国煤炭生产和基建企业大多采用这种方式。具体做法是:

a. 在一个公司内,各矿将需要租赁的设备在年度计划内确定,由矿设备动力部门与局设备租赁站签订租赁合同。合同格式各地虽有所差别,但其主要内容和格式是一致的(合同的具体格式见表 1.6);

表 1.6　设备内部租赁合同书

甲方:　　　　乙方:　　　　　　年　　月　　日　　　　　　合同编号:

设备编号		设备名称		型号、规格	
		月折旧率		月折旧金额	
资产原值		月大修提存率		月预提大修费	
双方协议内容:(包括起止日期、设备技术状况说明、维修及大修费用支付等)					
公证单位		租入单位设备动力部门		设备租赁站	
负责人　　经办人		负责人　　经办人		负责人　　经办人	
备注:实际终止合同日期		财会部门签收一份		财会部门签收一份	

说明:此表一式四份,原在单位、租赁单位、技术部门、设备动力部门和财会部门各一份。

b. 设备租赁站按合同要求将设备送到矿上或由矿自行提运;

c. 自设备到矿之日起计算租金,设备使用完毕,由矿负责收回放到指定地点后,即停止计算租金,由租赁站派车(或委托运输部门)将设备运回租赁站,经技术鉴定后,需要进行修理的送修理厂进行修理,修好后验收入库待租。

②承包租赁:承包租赁有两种形式,即自带设备承包工程、租赁设备并配备司机。这种方式主要适用于基建企业、运输企业等。其收费办法按承包项目或台班计费。

2. 设备内部租赁范围

由于煤炭企业的生产特点,内部租赁设备的范围主要是井下移动设备,特别是采掘运输设备技术进步快,寿命短,实行内部租赁,集中维修,可降低维修费用,并有利于设备的改造和更新。

3.设备内部租赁租费的计算、安排和使用

(1)设备内部租赁费的计算

对于设备的租赁费标准,目前尚无统一规定。煤炭工业企业内部租赁一般由矿务局自定。主要费用项目应包括基本折旧费、大修费、维修费(中小修)、运输费和管理费等。具体可采用下述公式计算:

$$月租赁费 = 1/12 \times (P/n + P \times k + M_{修} + C_{运} + C_{管})\qquad(1.16)$$

式中　P——租赁设备的原值;

　　　n——设备规定的使用年限;

　　　k——租赁设备大修年提存率;

　　　$M_{修}$——租赁设备年平均修理费(中小修);

　　　$C_{运}$——设备年平均运输费(往返于矿—租赁站);

　　　$C_{管}$——租赁应分摊的租赁站的管理费。

需说明:外部租赁时要加税收。

(2)设备租赁费的安排和使用

设备租赁费是维持设备正常运转、进行技术改造和更新的主要资金来源,一般按月计算(国外有按日计算的),由财务部门或租赁站统一核收。基本折旧费和大修费应纳入局财务计划统一安排使用,中小修理费、运输费、管理费统一由租赁站安排使用。使用的原则是先提后用、量入为出、以租养机、专款专用、收支平衡。对于修理费用多数是按实际支出进行决算,实行多退少补的办法。设备维护保养得好,修理费就会比计划低,剩余的退给矿上冲减成本。修理费用超支的由矿上补交,这样就可以促使矿上加强设备管理。设备使用完毕,应及时回收,尽量减少丢失和损坏现象。

(二)设备的封存与闲置处理

1.设备封存

封存是对企业暂时不需用的设备的一种保管方法。《煤炭工业企业设备管理规程》第四十六条规定:对于企业暂不需用或需要连续停用 6 个月以上的设备应进行封存。经企业设备管理部门核准封存的设备,可不提折旧。封存分原地封存和退库封存,一般以原地封存为主。

(1)设备封存的基本要求

①对于封存的设备要挂牌,牌上注明封存日期。设备在封存前必须经过鉴定,并填写"设备封存鉴定书"作为"设备封存报告"的附件,"设备封存报告"格式见表1.7;

②封存的设备必须是完好设备,损坏或缺件的设备必须先修好,然后封存;

③设备封存后,必须做好设备防尘、防锈、防潮工作。封存时应切断电源,放净冷却水,并做好清洁保养工作,其零、部件与附件均不得移做他用,以保证设备的完整;严禁露天存放;

④设备的封存和启用必须由使用部门向企业设备主管部门提出申请,办理正式审批手续,经批准后生效。

表 1.7 设备封存报告

设备编号		设备名称		型号规格		
用　途		上次修理类别日期		封存地点		
封存开始日期		年　月　日	预计启封日期		年　月　日	
设备封存理由						
技术状态						
随机附件						
	财务部门签收	主管厂(矿)长总工批示		设备动力部门意见	生产计划部门意见	
封存审批						
启封审批						
启用日期及理由						

使用、申请单位　　　　主管　　　　　经办人　　　　　　　　年　月　日

说明:此表一式四份,使用和申请单位、生产计划部门、技术发展部门、设备动力部门、财会部门各一份。

(2)设备封存范围

在煤炭工业企业中,需要封存的设备一般包括以下几类:

①由于生产、基建、地质勘探任务变更、采煤方法的改变、勘探施工地点的变动等原因暂时停用的设备。

②经清产核资、设备清查等暂时停止使用的,停用在6个月以上的设备(不包括备用或因季节性生产、大修理等原因而暂时停止使用的设备)。

2.闲置设备的处理

(1)闲置设备的概念及闲置设备处理的意义

①闲置设备的概念。《煤炭工业企业设备管理规程》中第四十六条明确指出,企业闲置设备是指企业中除了在用、备用、维修、改装、特种储备、抢险救灾所必须的设备以外,其他连续停用1年以上的设备,或新购进的2年以上不能投产的设备;

②闲置设备处理的意义。企业闲置设备不仅不能为企业创造价值,而且占用生产场地、资金,消耗维护保管费用,因此,企业应及时积极地做好闲置设备的处理工作。企业除应设法积极调剂利用外,对确实长期不能利用或不需用的设备,要及时处理给需用单位。

(2)闲置设备的处理方式

①设备出租。设备出租是指企业将闲置、多余或利用率不高的设备出租给需用单位使用,并按期收取租金。企业在进行设备出租时,需与设备租用单位签订合同,明确出租设备的名称、数量、时间、租金标准、付费方式、维修保养责任和到期收回设备的方式等。

设备出租可以解决设备闲置,充分发挥设备效能,并收回部分资金,提高效益。租入设备的企业也可用少量的资金解决生产需要。

②设备有偿转让。设备有偿转让是指企业将闲置设备作价转让给需用设备的单位,从而收回设备投资。企业在转让设备时,应按质论价,由双方协商同意,签订有偿转让合同,同时应连同附属设备、专用配件及技术档案一并交给接收单位。

国家规定必须淘汰的设备,不许扩散和转让。待报废的设备严禁作为闲置设备转让或出

租。企业出租或转让闲置设备的收入,应按国家规定用于设备的技术改造和更新。

（三）**煤矿井下移动设备的管理**

移动设备是指在使用过程中工作地点经常变动的设备。煤矿井下的大部分生产设备均属于移动设备。煤矿企业的特点之一就是作业场所不断变更,采掘设备经常处于移动状态。设备经常移动带来最突出的问题就是管理困难,容易丢失和损坏,因此必须采取有效措施,加强移动设备的管理。移动设备管理流程如图1.6所示。

图 1.6　移动设备管理流程图

1.采掘工作面机电设备的移动过程与管理要点

（1）采掘工作面生产设备的移动过程

采掘工作面生产设备的移动过程是:准备工区根据生产安装任务领出并进行安装,经运转验收后,交给采掘工区使用,当采掘工作面结束后,再由准备工区拆除运至地面机修厂(或机修车间)进行检修,检修完入库待用。

（2）采掘工作面机电设备管理要点

采掘工作面机电设备管理要点是:跟踪设备的移动过程,明确各环节的责权利问题,及时调整相关账卡管理资料,必要时要建立设备移动情况目视牌板,并通过专门的联系方式和组织对设备状况进行监管,制定相应的措施和移动方案,确保设备的使用效率和完好。

2.移动设备的管理措施

煤矿企业移动设备主要是采掘设备,为最大限度地发挥设备的效能和保持资产的完整性,防止丢失和损坏,在管理上应采取以下措施:

（1）加强移动设备的领用管理

设备管理部门要根据生产任务的需要和设备使用地点的条件,确定配置生产所需设备的型号、规格和数量。具体要求是要保证每台设备能得到充分的利用,防止设备在生产部门的积压浪费,建立完善的领用手续和使用台账。

（2）加强移动设备的图牌板管理

随时掌握设备的使用(或存放)地点和利用情况,以及设备的在用、修理、停用或闲置的变化情况,做到数量清、状态明。

（3）加强设备运输过程的管理

由于煤矿生产是地下作业,设备在井下的运输过程中容易损坏或丢失,必须由责任心强的人负责,建立严格的交接验收制度。

（4）加强移动设备的维修管理

移动设备的使用地点分散,且经常变动,其日常维修工作由使用单位负责,设备的中修和大修一般由设备修理部门(机修车间或修理厂)负责。设备管理部门应加强对设备的操作人员和维修人员的技术指导和技术培训工作,以保证设备的检修质量和正常运转。

（5）加强移动设备的安全管理

移动设备一般安装在空间窄小、安全条件较差的采掘工作面,安全装置的功能状况一旦出现事故,直接影响工人的生命安全。因此,必须把安全管理工作放在首位,经常检查各种设备的安全装置是否齐全和正常运行,发现问题及时处理。

（6）加强移动设备的回收工作

井下采区和工作面生产结束后,必须及时回收各种设备,建立专门的设备回收队伍,尽量减少不必要的丢失。

五、任务考评

有关任务考评的内容见表1.8。

表1.8　任务考评内容及评分标准

序　号	考评内容	考评项目	配　分	评分标准	得　分
1	设备资产的管理	设备的账卡管理	20	错一项扣4分	
2	设备资产的管理	设备的图牌板管理	30	错一项扣4分	
3	设备资产的管理	移动设备的管理	20	错一项扣3分	
4	固定资产折旧	计算折旧常用的方法	20	错一项扣5分	
5	设备租赁	设备租赁方式	10	错一项扣5分	
合　计					

复习思考题

1.8　设备资产管理的主要任务和内容是什么?

1.9　简述设备账卡管理的作用,账卡管理包括哪些内容?

1.10　矿井图牌板有哪几种类型?

1.11　做好设备档案管理工作应注意哪些问题?

1.12　确定设备折旧年限有哪些原则?

1.13　固定资产折旧有哪些计算方法?

1.14　煤矿移动设备在管理上应采取哪些措施?

学习情境 **2**

煤矿机电设备的安装使用、维护与润滑管理

任务1 煤矿机电设备的安装与使用管理

> 知识点：◆ 设备安装施工物资管理
> ◆ 设备安装施工技术管理
> ◆ 设备安装施工安全管理
> ◆ 设备的管理制度
>
> 技能点：◆ 编制设备的安装工程计划
> ◆ 编制设备的安装工程费用预算
> ◆ 编制煤矿固定设备的管理制度

一、任务描述

现代煤炭生产企业的机械化程度越来越高，机电设备的正常运行对企业生产的影响也越来越大，要使设备充分发挥作用，提高经济效益，就必须使之长期保持良好的性能和精度，减少磨损，延长寿命。设备使用寿命的长短，生产效率的高低，在很大程度上取决于设备的安装质量和合理使用，因此，设备的安装质量和合理使用就成为设备管理中的一个重要环节。

保证设备的安装质量，必须做好设备安装的计划编制，施工费用预算和施工期间的组织管理。编制设备安装工程计划应事实求事、客观、准确，采用的编制依据应准确、真实可靠；计算施工费用时应采国家最新定额，设备安装工程施工费用由直接费、间接费、计划利润、材料价差和税金五部分组成；施工组织管理包括施工前期准备工作、安装施工管理、设备调试与试运转和交接验收。前期准备主要是技术准备、物资准备和施工现场准备。施工管理主要包括技术管理、组织管理、物资管理和安全管理。交接验收应注意交接时资料齐全。

设备的正确使用，主要由设备操作规程、对操作人员的严格要求、开展技术培训、合理使用设备等制度和措施来保证。操作规程必须简洁、明确，具有可操作性和针对性，同一设备在不同的使用环境下可能会有不同的操作程序，编制时不能千篇一律。操作规程必须认真贯彻，让

每一个操作人员都熟练掌握,并严格遵照执行。对操作人员的要求,要做到"三好"、"四会"和"五项纪律"。

二、任务分析

(一)设备安装工程计划的编制

煤矿机电设备安装工程主要是基本建设(新建或扩建)的设备安装和生产准备(如新采区、新工作面)的设备安装。无论哪类工程,在施工前都要编制设备安装工程计划。设备安装工程计划编制的步骤是:

(1)要根据企业生产经营总体计划要求和设备到货情况,确定设备安装工程项目,了解工程概况。

(2)要计算出设备安装工程的工程量、人员的需要量、机具和材料的需要量,并做出安装工程费用预算。

(3)安排施工顺序,进行工程排队,编制安装作业进度图表(复杂的工程可以采用网络计划技术)和劳动组织图表。

(4)编制物资供应计划。

(5)作计划的综合平衡,以保证计划的实施。

设备计划的编制应由企业设备主管部门、计划部门、生产技术部门、设备材料供应部门、财务部门和施工部门共同完成。

(二)工程施工费用预算

工程预算是在施工设计图提交后,以每一单位工程为对象,以各种费用定额为依据,由施工部门或设计单位编制的工程费用总造价的施工文件,它是设备订货、材料加工、施工单位签订承包合同、办理工程拨款和施工结算的依据,是确定工程进度计划和统计工作、建设单位和施工企业经济核算的基础。

1. 设备安装工程预算的组成

单位安装工程预算文件主要由以下几部分组成:

(1)预算文件封面

预算文件封面是按一定格式填写单位工程名称、编号及所隶属单项工程名称、编制单位和负责人签章,注明批准的概算总值、技术经济指标、编制审核日期等内容。具体形式如图 2.1。

×××(单位)

施工图预算

单项工程名称＿＿＿＿＿＿＿	批准概算金额＿＿＿＿＿＿＿
单位工程名称＿＿＿＿＿＿＿	批准预算金额＿＿＿＿＿＿＿
批　准　单　位＿＿＿＿＿＿＿	编　制　单　位＿＿＿＿＿＿＿
负　　责　　人＿＿＿＿＿＿＿	负　　责　　人＿＿＿＿＿＿＿
审　　核　　人＿＿＿＿＿＿＿	编　　制　　人＿＿＿＿＿＿＿
批　准　日　期＿＿＿＿＿＿＿	编　制　日　期＿＿＿＿＿＿＿

图 2.1 预算文件封面格式

（2）工程预算编制说明

把预算表格不能反映以及必须加以说明的一些事项,用文字形式予以表述,以供审批及使用时能对其编制过程有全面的了解。主要内容包括工程概况及技术特征说明;编制预算的依据,如施工图号、采用的定额、材料预算单价、各种费率等;预算编制中存在的问题;预算总值及技术经济指标计算等。

（3）单位工程预算总表

单位工程预算总表是一个汇总表,它把单位工程中的各个分部、分项工程计算的结果,按直接费、施工管理费和其他费用的明细项目统计累加在一起,构成预算总值,并计算出相应的技术经济指标,从而清晰地看出预算费用的结构组成,以便于审批及分析。

（4）单位工程预算表

单位工程预算表是单位工程预算文件的主要组成部分,具体反应了单位工程所属各预算项目(即分部、分项工程或安装项目),预算单价及总价的计算过程,包括计算依据的定额编号,耗用的人工、材料、机械台班等,是编制预算总表的基础,具体格式见表2.1。

表 2.1　单位工程施工图预算表

单项工程名称＿＿＿＿＿＿＿＿＿＿＿＿＿＿＿＿

单位工程名称＿＿＿＿＿＿＿＿＿＿＿＿＿＿＿＿　　　　　　　　　　　　　　　　　　　元

序号	定额编号	分部分项工程名称(技术特征及设备材料规格、型号)	单位	数量	单　价				总　价			
					人工	材料	机械	小计	人工	材料	机械	合计
1	2	3	4	5	6	7	8	9	10	11	12	13
一 1 2 3 二 ⋮												

（5）工程量计算表

工程量计算表主要用于计算各预算项目的工程量,以确定并复核施工图纸提供的工程量数据,从而准确地计算工程造价。对于安装工程而言,其工程量确定一般都很简单,大部分不需要计算,因而通常只在复核管线工程、金属结构工程及二次灌浆工程量时,才用此表。

（6）人工及主要材料汇总表

把完成本单位工程所需分工种、工日数和分类别的材料量汇总在一起,用作备工、备料、供应部门控制拨料及班组核算用料的依据。

在安装工程中还要补充定额外材料计算表,补充定额编制表,补充单价估价表等。

2. 单位工程预算费用组成

设备安装工程的造价(费用)一般可分为直接费用、间接费用、计划利润、材料价差和税金五大类。具体计算及构成见表2.2。

表 2.2　设备安装工程造价计算表

费用名称	取费基础	
	直接费	人工费
一、直接费		
(一)基本直接费		
1. 直接定额费	根据定额计算	根据定额计算
(1)人工费		
(2)材料费		
(3)机械费		设计图用量×(1+定额损耗率)
2. 安装工程定额外材料费	根据定额计算	
3. 井巷工程辅助费	基本直接费×综合费率	人工费×综合费率
(二)其他直接费	直接费×(施工管理费率+其他间接费率)	人工费×(临时设施费率+劳保支出费率)
二、间接费		
其中:临时设施及劳保支出	(直接费+间接费)×计划利润率	安装工程:人工费×计划利润率
三、计划利润		
四、材料价差	根据材料价差计算办法计算	根据材料价差计算办法计算
五、税金	(直接费+间接费+计划利润+材料价差-其他)×综合税率	(直接费+间接费+计划利润+材料价差-其他)×综合税率
工程造价	直接费+间接费+计划利润+材料价差+税金	直接费+间接费+计划利润+材料价差+税金

3. 安装工程费用预算编制的依据

在编制机电设备安装工程预算时,必须以国家主管部门统一颁发制定的一系列文件、标准及有关单位提供的大量基础资料为依据。在一般情况下,主要有矿井建设单位统一名称表;批准的总概算书中规定的单位工程投资限额;设备安装工程图;安装工程预算定额;施工部门安装工人平均工资水平;施工管理及其他费用的取费标准;材料预算价格;施工组织设计及其他。

(三)建立设备使用管理制度

要做到正确使用设备,用好设备,首先必须从管理入手,没有一套良好的、合理的、切实可行的管理方法和规章制度,就不可能真正管好用好设备。建立设备管理制度是管好用好设备的基础,煤矿机电设备常用的管理制度有以下几种:

1. 操作规程

操作规程就是设备的操作方式和操作顺序,是保证设备正常起动、运行的规定。严格按照操作规程操作是正确使用设备、减少设备损坏、延长设备寿命、防止发生设备事故的根本保证。在煤矿生产中发生的事故,往往就是没有严格执行操作规程而造成的,如斜坡运输发生跑车事故,常常就是因超拉超挂,提升负荷超过提升机的提升能力而造成。

2. 岗位责任制

岗位责任制就是对在某一岗位上的人员应该承担的责任、义务及所具有的权力的规定。它明确规定了操作人员或值班人员的工作范围和工作内容,应遵守的工作时间和职权范围,是正确使用设备、防止事故发生的有力保证。现以井下中央变电所变电工岗位责任制为例,说明怎样制定岗位责任制。

井下中央变电所值班人员岗位责任制

（1）坚守工作岗位,坚持八小时工作制,自觉遵守劳动纪律和各项规章制度。

（2）严格执行手上交接班,接班人员应提前到工作岗位接班,如因故不到,交班人员未经许可,不得自行离开工作岗位或托人代替交班。

（3）严格执行保安规程和安全操作规程,上班前不准喝酒,交班人员如发现接班人员有醉酒或精神恍惚现象,交班人员有权拒绝交班,并将情况报告矿调度室或队领导。

（4）熟悉所内的设备性能及运行方式,经常观察变压器、高低压开关和检漏继电器是否运行正常,如发现有异常情况,应立即报告矿调度室,不得擅自行动。

（5）严格执行停送电制度,高压系统的停送电必须有电调人员的书面或电话通知,低压系统的停送电必须由与工作相关的电工申请,并经请示电调人员或矿调度室同意后方可执行。

（6）经常保持设备、硐室清洁、整齐。

（7）严禁非工作人员进入变电所。

（8）有权拒绝非电调人员对电气设备操作的指挥。

（9）严格执行设备巡回检查并认真、准确填写各种记录。

3. 设备运行、检修记录

设备运行记录是反映设备的运行状况,为设备检修提供根据的重要依据。通过分析设备的运行记录,可以发现设备性能的变化趋势,便于提早发现设备存在的隐患,及时安排设备检修,防止设备性能恶化,从而延长设备的使用寿命。设备运行记录的内容主要是设备运行中的各种参数,如电流、电压、温度、压力等,也包括设备运行中出现的异常情况。运行记录一般采用表格形式,表格中应有设备编号、安装地点、记录时间等项和记录人员的签字。

检修记录为技术人员和管理人员对设备性能及状况的了解提供依据,便于及时安排设备的大修或更新。这里所说的检修记录主要是指临时检修、事故检修或不定期检修的记录,对于定期检修和大修,应有专门的记录。无论是临时检修还是事故检修,记录中都应载明所检修设备的编号、损坏情况、检修部位、更换的元件、检修后的参数等主要内容,必要时可提出对设备的后续处理意见,同时还应载明检修日期和检修人员并签名。

4. 设备定期检修制度

设备定期检修是保证设备正常运行的一项重要措施,它是一种有计划、有目的的检修安排。检修间隔的长短,主要根据设备的运行时间、设备的新旧程度、设备的使用环境等因素确定,检修周期有日检、周检、旬检、月检、季检、年度检修等。煤矿机电设备种类繁多,有固定安装设备,有移动设备,有临时设备,有的设备如主通风机为长时间连续运行,有的是短时频繁起停,因此,科学、合理安排检修周期就显得极为重要。目前煤矿常用的检修周期,对固定设备有周检、月检、季检和年度检修,对于移动设备,则主要是根据采煤工作面的情况确定。

编制设备定期检修计划,必须明确所检修设备的部位、要达到的检修质量、检修所需时间、检修进度、人员安排、备品配件计划等内容。对于大型设备的检修,应编制专门的施工安全技术措施,经相关部门和领导审签后方可施工。

5. 设备包机制度

设备包机制度是加强设备维护、减少设备故障的一种有效方法,它是将某些设备指定由专人负责维护和日常检修,将设备的完好率、故障率与承包人的收入挂钩,有利于加强维护人员的责任心,从而降低设备的事故率。

6.电气试验制度

电气试验制度是针对供配电设备制定的,是保证供配电系统正常运行,防止发生重大电气事故的保障措施。它通过电气试验,及时发现并排除电气设备存在的隐患,防止问题恶化而导致重大设备或电气事故。目前煤矿生产中的电气试验,主要是指对高压系统如 6 kV 及以上变电所电气设备及电缆线路的试验,因试验时间长,影响范围宽,一般在年度停产检修时安排。

在进行电气试验讯息工期前,技术人员必须编制相应的技术安全措施,报经相关部门及负责人审签后,严格按措施贯彻执行。

7.事故分析追查制度

事故分析追查制度是煤矿机电设备管理的一项重要制度。不同企业对设备事故的定义不同,从广义来讲,是指无论由于设备自身的老化缺陷,还是操作不当等外因,凡是造成了设备损坏,或发生事故后影响生产及造成其他损失的,均为设备事故。例如电机过载、缺相或因操作不当造成电机烧坏,都属于设备事故。根据设备损坏情况和对生产造成的影响程度,将设备事故分为三类:一类为重大设备事故,设备损坏严重,对生产影响大,或修复费用在 4 000 元以上;二类为一般设备事故,设备主要零部件损坏,对生产造成一定的影响,或修复费用在 800 元以上;三类设备事故为一般部件损坏,没有或造成的损失很微小。无论事故大小,都应对事故原因进行必要的分析和追查,特别是对一些人为造成的重大事故要进行认真分析,找出造成事故的原因,以便采取相应的措施,防止类似事故的再次发生。

制定设备事故分析追查制度,应明确事故的类别和不同类别事故的处理权限,即哪一类事故由哪一级部门或组织规定事故分析追查的步骤和处理程序。对于设备事故的分析追查,必须写出事故追查报告,报告中应说明事故的时间、地点、事故原因、造成的损失,如果是责任事故,应明确相关人员应承担的主要责任、次要责任或一般责任,并根据责任的大小确定应承担的处罚,最后应提出防止类似事故重复发生的防范措施。

8.干部上岗查岗制度

无论再完善的制度,最终还是要落实到执行上,如果不能落到实处,不能得到严格的执行,再好的制度也是一纸空文。而制度的执行需要有人监督检查,所以,作为领导干部,上岗查岗就显得尤为重要。领导干部上岗查岗不是要去检查设备的运行情况,判断设备是否有异常,而是检查各项规章制度执行的情况,发现并制止违章操作的现象。

在制定干部上岗查岗制度时,应明确各级领导和技术管理人员查岗次数、检查内容。

三、相关知识

设备的安装管理,主要是对安装施工工艺过程的组织与管理。主要包括设备安装前的准备、设备安装工艺的制定和管理、设备调试和试运转的组织及竣工验收等。

(一)设备安装前的准备

矿井大型设备和一般设备在安装施工前都要进行充分的准备。它是保证设备安装工程顺利实施的前提。主要包括技术准备、物资准备和场地准备三个方面。

1.技术准备

技术准备主要是指各种技术资料的准备和有关施工技术文件、管理文件的编制和贯彻工作。技术资料主要包括各种图纸(如设备装配图、安装图、基础图、平面布置图、原理图、系统图及方框图等),设备清册及出厂合格证,安装指南,国家与企业规定的质量标准,试验报告,使用说明书,基础与环境要求等;编制的技术文件主要是设备安装工程施工组织设计,它是指导组织正常施工、选择施工方案、合理安排施工顺序、缩短工期、节约投资,保证施工安全和工程质量的重要技术文件,具体内容包括主要工程概况;施工现场平面布置;施工顺序排队(横道图或网络图)和劳动组织安排(劳动组织图表);施工技术工艺方法(也称施工技术组织措施);安全措施;有关计划图纸(主要包括安装调试所用的材料、仪器、物资计划、有关备件计划与图纸、设备安装施工图等)。

上述技术准备工作一般是由施工技术人员、管理人员和有经验的老工人共同完成。编制的有关技术管理文件需经有关上级审批后才能实施,并要组织有关人员进行培训,有关的材料计划交供应部门提前准备。

2. 物资准备

安装施工开始前,由施工领队组织落实以下物资准备工作,并在施工开始前 1～2 d 运至施工现场。主要包括施工前的物资检查与清点,设备、部件、随机辅件及有关材料准备,装配用具、材料和配件准备,吊装设备、安装调试工具等物资的准备。

3. 施工现场准备

施工现场准备主要是指设备安装基础的检查与处理、施工所需的动力、电力、风水管线的敷设、安装吊装空间的检查与处理、井下运输通道的检查与处理等项工作。

（二）施工管理

设备安装施工管理是对安装施工过程各环节、各工序及作业实施的管理活动。主要内容有施工技术管理、施工组织管理、施工物资管理及施工安全管理等。

1. 施工技术管理

施工技术管理主要是按照施工工艺安排顺序和各项技术质量要求组织施工。一般设备安装工艺包括基础的检查与处理,设备吊装定位,设备安装找平、找正、基础二次灌浆,隐蔽工程检查与记录等几个基本环节。隐蔽工程是指工程完工后不便检查或根本无法检查的工程。要求必须在工程隐蔽前,组织有关人员检查与验收,并做出详细的记录。

2. 施工组织管理

设备安装工程特别是井下设备安装工程涉及的环节、部门多,影响因素多,因此,必须进行科学的组织,以保证各环节、部门的活动协调统一,最大限度的降低各种因素的影响。主要应做好以下几项工作:

(1)按照施工计划合理的组织安装施工与物资、水电供应;

(2)建立各部门的经济责任制度,明确各部门和岗位工人的分工与职责;

(3)采用科学的作业方式和劳动组织,合理安排和使用劳动力;

(4)按照施工进度图标控制和调整施工进度,以保证如期完成安装任务。

3. 施工物资管理

施工物资管理的主要目的是保证供应,降低消耗,防止浪费。主要工作有建立合理的物资领用制度,完善领用手续,实行按计划发放,在保证供应的基础上,避免物资的积压、丢失及不合理损耗,对多余的物资要及时交回物资供应部门,实行物资消耗核算制度。

4. 施工安全管理

设备安装工程特别是井下的设备安装工程,施工的安全问题必须引起各级领导的足够重视。除必须严格执行《煤矿安全规程》要求外,对每一项设备安装工程都要制定具体的安全技术措施,并认真贯彻执行,及时发现和处理各种安全隐患,保证安全施工。

（三）设备的合理使用

合理使用设备包含两方面内容:一是指按照设备规定的性能使用设备,如变压器、电动机不能长期超负荷运行,提升机不能超负荷提升。二是指在有备用设备的情况下应合理均衡安排设备的运行时间,不能长期连续运行某一台设备,应给设备留出足够的维护保养时间。如矿井的主通风机、瓦斯抽放泵等,一般是一用一备或一用两备。要做到正确、合理使用设备,应作好以下两方面的工作:

1. 开展技术培训

随着科学技术的进步和企业自身的发展,煤矿使用的机电设备在不断更新,加之企业职工的流动现象加剧和新老职工的更替,为了满足生产的需要,保证设备的正常、安全运行,就必须不断加强对设备维护人员、操作人员的技术培训。

技术培训的方法很多,各企业可根据自身状况采用。对于大中型的煤矿企业,通常采用以下几种方式:一是企业自行培训,由企业的技术人员负责,这种培训方式的好处是技术员对企业人员的情况了解,培训时具有针对性,培训目的明确,组织培训方便灵活,培训费用低;二是委托培训,就是由企业委托某些学校,培训机构来完成,这种方式具有较强的系统性,了解的信息多,较适用于基础培训;三是由设备生产厂家的技术人员培训,这种培训只能针对某种设备,具有一定的局限性;四是相同或类似企业相互间的技术交流和学习,借鉴对方的一些好的技术管理方法;第五是企业内部开展技术岗位练兵、技能考核,这是促进人员提高设备维护使用技能的有效方法。

2. 操作人员应具备的基本素质

我国大多数企业设备管理的特点之一,就是采用"专群结合"的设备使用维护管理制度。这个制度首先是要抓好设备操作基本功培训,基本功培训的重要内容之一就是培养操作人员具有"三好"、"四会"和遵守"五项纪律"的基本素质。

（1）"三好"素质

①管好设备。操作人员应负责管理好自己使用的设备,未经领导同意,不允许其他人员随意操作设备。

②用好设备。严格执行操作规程和维护规定,严禁超负荷使用设备,杜绝野蛮操作。

③修好设备。操作人员要配合维修人员修理设备,及时排除设备故障,及时停止设备"带病"运行。

（2）"四会"素质

①会使用。操作人员首先应学习设备的操作维护规程,熟悉设备性能、结构、工作原理,正确使用设备。

②会维护。学习和执行设备维护、润滑规定,上班加油,下班清扫,保持设备的内外清洁和完好。

③会检查。了解自己所用设备的结构、性能及易损零件的部位,熟悉日常检查,掌握检查项目、标准和方法,并能按规定要求进行日常点检查。

④会排除故障。熟悉所用设备的特点,懂得拆装注意事项及鉴别设备正常与异常现象,会作一般的调整和简单故障的排除,要能够准确描述故障现象和操作过程中发现的异常现象。

自己不能解决的问题要及时汇报,并协助维修人员尽快排除故障。

(3)"五项纪律"素质

①实行定人定机、凭证操作和使用设备,遵守操作规程;

②保持设备整洁,按规定加油,保证合理润滑;

③遵守交接班制度,本班使用设备的情况,应真实准确记录在相应的记录表中,对重要情况应当面向接班人交待;

④发现异常情况立即停车检查,自己不能处理的问题,应及时通知有关人员到场检查处理;

⑤清点好工具、附件,不得遗失。

四、任务实施

(一)设备的调试与试运转

设备调试与试运转是保证设备安装质量和高效运行的重要措施,是设备安装工程中不可缺少的环节。

1.设备的调试

设备的调试是对装配和安装的设备元件、部件之间的配合状态进行调整,使其达到设计要求。其目的是使设备与系统获得最佳的运行状态。基本要求是要使最基本的元件误差允许值或系统中最基本环节的误差允许值为最小,使累计误差在允许范围内。

为做好设备调试工作,必须要进行严格地组织与管理,编制设备调试计划或程序,具体内容包括:确定调试的目的与要求;搜集有关数据,根据调试的要求确定经济合理地调整误差;确定必要的调整项目,列出明细,根据调整项目确定调试方法和程序;安排调试时间、人员、仪器和经费;调试与试验,使累计误差控制在允许范围内;整理数据,编写调试报告。

2.设备的试运转

为检查和鉴定设备安装质量和性能,以及设备与设备、设备与系统、系统与系统的相互联系和综合能力,在设备与系统调试合格后,要进行试运转与试生产。设备试运转是一项完整的系统工程,除必须制定具体的试运转细则外,更要精心组织,做到职责明确、措施有力、准备充分、认真检查、统一指挥、行动一致。

在设备试运转前,首先要检查通讯、电源、水源、风源、气源,核对无误后,先进行单机试运转,其主要目的是要检验设备的安装质量和性能,在此基础上,再进行机组试运转、分系统试运转、联合试运转,其目的是为了检验系统的综合能力及配合情况;最后进行加负荷试运转,以检验整个系统是否能达到生产的要求。

(二)交接验收

为了评定设备的安装质量,明确划分安装与使用及维修的责任,在设备安装工程竣工后,必须由主管部门组织施工单位、设计单位、使用单位和技术监督部门成立设备交接验收组,对设备及工程进行评定验收。

1.交接验收的程序与职责

交接验收必须按照一定的程序、明确的分工和职责组织进行,主要有以下几个方面:

(1)检查工程技术档案、隐藏工程记录、调试报告和设备清册等资料。

(2)对工程标准和安装质量进行抽检,对工程质量和安全问题提出整改意见。

（3）组织安装单位和使用单位编制试运行实施计划,检查试运行情况。

（4）对安装质量进行评定,填写工程验收鉴定书。

2.资料交接

为了对设备实行全过程管理,建立设备履历和技术档案,在工程验收时需提交下列资料:

（1）设备出厂说明书、合格证、装箱单。

（2）设备清单,包括未安装设备和已订未到的设备。

（3）装配图、随机备件图、设计施工图、安装竣工图、基础图、系统图、隐蔽工程实测图等有关图纸。

（4）调试记录、调试报告和隐蔽工程记录。

（5）施工预算和决算。

（三）编制和贯彻《操作规程》

1.《操作规程》的编制

编制《操作规程》是一名技术人员的重要工作内容。《操作规程》是培训操作人员和操作人员规范操作设备,保证设备正常运行的文件。因此,技术人员在编制《操作规程》时,必须充分了解设备的性能,掌握设备正确的操作方法,再根据现场的实际情况,制定一些必要的措施,才能编制出完善、合理的《操作规程》。前面已经讲述过操作规程应包含的内容,为了便于掌握操作规程的编制,下面以 GKT-2×2 型双滚筒提升机为例进行说明。

GKT-2×2 型提升机操作规程

（1）开车前的检查

①检查螺钉、销钉和各联接部位是否有松动、损坏、偏斜。

②检查液压站和减速器的油量是否充足,作好防尘。

③检查盘式制动闸是否灵敏可靠,间隙不得大于 2 mm。

④检查深度指示器传动装置的链条、齿轮、杆件等是否灵活可靠。

⑤检查安全保护装置、电器联锁、过卷保护、松绳保护等是否正常。

⑥起动油泵检查液压制动系统,液压管路不得漏油,残压不大于 0.5 MPa,最大工作压力不大于 5.5 MPa。

⑦检查开关、导线、电阻电机等电器设备不得有水迹、杂物等。

⑧检查钢丝绳在一个捻距内,如果断丝数超过钢丝总数的 10%、直径缩小达 10%,或锈蚀严重,点蚀麻坑形成沟纹,中外层钢丝松动时,必须更换钢丝绳。

（2）起动操作顺序

①合上磁力站的电源刀闸(操作台上电压表应指示正常电压)。

②合上空气断路器,接通主回路电源。

③打开操作台上电磁锁,接通控制电源(此时操作零位指示灯亮)。按油泵起动按钮,起动液压站(此时油泵工作指示灯亮,油压表指示出正常的油压值),等待运行信号。

④当运行信号到来,按照信号对应的规定操作提升机上升或下放直到停车。信号规定:一停、二上、三下、四慢上、五慢下,一声长铃为紧急停车。起车时操纵制动手把缓慢前推,松开盘形闸,同时操纵调速手把逐渐前推(下放时)或后拉(上提时),以便提升机逐渐加速。

⑤在提升机加速过程中,必须密切注意挡车门的开闭情况,即观察挡车门指示灯的工作状况,同时密切关注深度指示器指针所指示的矿车运行位置,待矿车经过挡车门后方可进入全速

运行。

⑥当听到停车信号后,将操作手把逐渐拉回或推向中间位置,同时逐渐拉回制动手把到起始位置,直至准确停车。

(3)提升机在运行中出现下列情况之一时,必须立即停车:

①接到紧急停车信号。

②判明矿车下道。

③在提升机运行过程中,发现挡车门指示灯指示异常。

④钢丝绳缠绕紊乱或出现钢丝绳突然跳动。

⑤机身减速箱、电机突然发生抖动或声音不正常。

⑥电气设备出现烟、火,或闻到不正常的气味。

⑦轴承或电机温度超过规定,超温保护装置发出报警声响。

(4)注意事项

①信号不清楚一律作停车信号处理。

②当全速运行发生事故紧急停车时,自事故地点到停车点的距离,上行不超过 5 m,下行不超过 10 m 。

③当矿车到达终点,没有听到信号也必须立即停车。

④全速运行时,非紧急事故状态,不得使用制动手把或脚踏开关来紧急停车。

⑤除停车场外,中途停车在任何情况下均不准松闸。

⑥为保证安全运行,本提升机一次提升的负荷作如下规定:

a.矸石、煤炭每次提 3 个矿车。

b.材料、设备,无论上提或下放,每次均不得超过 3 个矸石矿车的重量。

c.如果超过规定,信号工有权不发开车信号,司机有权拒绝开动提升机。

⑦在提升机运行中,副司机要经常巡视设备的运行情况,并对主司机的操作进行监护。

⑧每次更换钢丝绳、钢丝绳调头、鳌头作扣后,司机和维护钳工应共同对过卷开关位置,深度指示器标志进行校验。

(5)终止运行后的工作

①本班停止作业后,必须切断电源,随身带走电磁锁的钥匙。

②做好设备及室内外的清洁卫生,作到设备无油垢,室内无杂物,环境整洁、干净。

③填写好各种记录。

从上述实例可以看出,一个完整的操作规程应该有开车前的检查、起动准备、操作步骤或操作顺序、意外情况的处理、操作中应重点注意的事项和运行终止后的善后工作等内容。无论是大型设备还是简单设备的操作规程,其编制的宗旨都要求简单明确,浅显易懂、重点突出、具有可操作性。

2.操作规程的贯彻

操作规程编制好后,作为技术人员的一项重要工作,仅完成了其中的三分之一,要让规程得到正确执行,还需要进行认真贯彻和严格检查。规程的贯彻就是对规程的学习,也就是组织设备的操作人员和相关的管理人员,将规程中的各项规定、各个操作步骤进行针对性的详细讲解,特别是要让操作人员弄清楚严格执行操作规程的必要性和不按操作规程操作可能产生的严重后果。操作规程的讲解学习可以采用理论教学和现场教学相结合的方式。

3. 操作规程的检查

在生产过程中,并不是每一个操作人员都能严格执行操作规程,也不是每一个操作规程都完美无缺,生产条件和环境的变化,都有可能导致原来的规程不再适用。因此,管理人员必须经常到现场检查情况,发现违章操作现象时要立即制止,在检查的同时,也可以发现操作规程存在的问题,以便及时修改和完善。

(四)设备完好和考核

完好设备是指设备的零部件齐全,功能正常,性能符合国家或制造厂家规定的相关标准。煤炭生产企业中,设备的完好管理和考核依据,主要是《煤矿安全规程》、《煤矿矿井机电设备完好标准》和《煤矿安全质量标准考核评级办法》等文件的相关规定。认真贯彻和严格执行这些标准和办法是保证煤矿设备完好及设备安全运行的有力措施。

1. 设备完好标准

《煤矿矿井机电设备完好标准》详细而明确地给出了各种设备的完好标准,成为检查、考核矿井机电设备管理水平的重要依据。该标准根据煤矿生产中设备使用的性质将设备分为四大类,即固定设备、运输设备、采掘设备和电气设备,每一大类均按照该类设备的共性给出了通用部分的完好标准;在每一大类中又将具有相同或相似功能的设备划分为很多小类,然后根据各类设备的特性,给出了相关的完好标准。下面以机械设备类中矿用电机车的完好标准为例给予说明。

矿用电机车完好标准

(1)完好标准确定的原则

①零部件齐全完整。

②性能良好,出力达到规定。

③安全防护装置齐全可靠。

④设备整洁。

⑤与设备完好有直接关系的记录和技术资料齐全准确。

(2)窄轨电机车轮对的完好标准

①轮箍(车轮)踏面磨损余厚不小于原厚度的50%,踏面凹槽深度不超过5 mm。

②轮缘高度不超过30 mm,轮缘厚度磨损不超过原厚度的30%(用样板测量)。

③同一轴两车轮直径差不超过2 mm,前后轮对直径差不超过4 mm。

④车轴不得有裂纹,划痕深度不超过2.5 mm,轴径磨损量不超过原直径的5%。

(3)窄轨电机车制动装置的完好标准

①机械、电气制动装置齐全可靠。

②制动手轮转动灵活,螺杆、螺母配合不松旷。

③各连接销轴不松旷、不缺油。

④闸瓦磨损余厚不小于10 mm,同一侧制动杆两闸瓦厚度差不大于10 mm;在完全松闸状态下,闸瓦与车轮踏面间隙为3~5 mm;紧闸时,接触面积不小于60%;调整间隙装置灵活可靠;制动梁两端高低差不大于5 mm。

⑤抱闸式制动装置,闸带磨损余厚不小于3 mm,闸带与闸轮的间隙为2~3 mm,闸带无断裂,铜铆钉牢固,弹簧不失效。

⑥撒砂装置灵活可靠,砂管畅通,管口对准轨面中心,砂子干燥充足。

⑦制动距离应符合《煤矿安全规程》的规定。

（4）窄轨电机车控制器的完好标准

①换向和操作手把灵活，位置准确，闭锁装置可靠。

②消弧罩完整齐全，不松脱。

③触头、接触片、连接线应紧固，触头接触面积不小于60%，接触压力为15～30 N。

④触头烧损修整后余量不小于原厚度的50%，连接线断丝不超过25%。

（5）窄轨电机车电阻器的完好标准

①电阻器接线牢固无松动。

②电阻元件无变形及裂纹。

③绝缘管（板）无严重断裂，绝缘电阻不低于0.5 MΩ。

（6）窄轨电机车集电器、自动开关、插销连接器的完好标准

①集电器弹力合适，起落灵活，接触滑板无严重凹槽。

②电源引线截面符合规定，护套无破裂、无老化，线端采用接线端子（或卡爪）并与接线螺栓连接牢固。

③自动开关零部件齐全完整，电流脱扣器要与电动机容量相匹配，整定值符合要求，动作灵敏可靠。

④插销连接器零件齐全，插接良好，闭锁可靠，无严重烧痕。隔爆型插销的隔爆面、接线符合规定。

2. 机电安全质量标准化标准

机电安全质量标准化标准即国家煤炭生产主管部门制定的《煤矿安全质量标准考核评级办法》，各煤炭生产企业可结合本企业的实际情况进行必要的补充。该标准是指导企业搞好机电管理工作的重要文件，分为两大部分，即安全质量标准化检查项目和对应的考核评分办法。检查项目分为三部分，即设备指标、机电安全和机电管理与文明生产；考核评分以百分制计，设备指标占30分。在设备指标大项中，与设备完好相关的检查项目及要求有：全矿机电设备综合完好率达90%，大型固定设备台台完好，防爆电气设备及小型电气防爆率100%等指标。

在附录中给出了《煤矿安全质量标准化及考核评级办法》及《机电安全质量标准化标准及检查评分表》，供学习时参考。

五、任务考评

有关任务考评的内容见表2.3。

表2.3　任务考评内容及评分标准

序　号	考评内容	考评项目	配　分	评分标准	得　分
1	设备安装工程计划	安装工程计划编制的步骤	20	错一项扣4分	
2	设备安装工程预算	安装工程预算文件的组成	24	错一项扣4分	
3	设备安装施工管理	安装施工管理的主要内容	16	错一项扣4分	
4	机电设备使用管理	煤矿机电设备管理制度	25	错一项扣3分	
5	设备的合理使用	操作人员应具备的素质	15	错一项扣5分	
合　计					

复习思考题

2.1 设备安装前应做好哪些准备工作?

2.2 设备安装施工管理的主要内容是什么?

2.3 设备安装工程计划的编制有哪些步骤?

2.4 设备安装工程预算由哪几部分组成?

2.5 安装工程费用预算编制的依据是什么?

2.6 设备安装工程竣工后应提交哪些资料?

2.7 什么是"三好"、"四会"、"五项纪律"?

2.8 编制设备操作规程主要有哪些内容? 编写时应注意哪些方面?

2.9 煤矿安全质量标准化及考核评级办法中,设备指标包含哪些主要内容?

任务 2　煤矿机电设备的维护与润滑管理

> 知识点:◆　设备的维护保养制度
> 　　　　 ◆　设备的定期检查制度
> 　　　　 ◆　设备的润滑管理制度
>
> 技能点:◆　设备的"三级四检"制度
> 　　　　 ◆　设备润滑的"五定"和"三级过滤"

一、任务描述

设备维护保养工作是设备管理中的一个重要环节,是操作人员的主要工作内容。一台精心维护的设备往往可以长时间保持良好的性能,但如果忽视维护保养,就可能在短期内损坏或者报废,甚至发生事故,尤其是矿井主通风机、主提升机等关键设备的安全正常运行,直接关系到企业的经济效益和生产安全。因此,要使设备长期保持良好的性能和功效,延长设备使用寿命,减少修理次数和费用,保证生产需要,就必须切实做好设备的维护保养工作。设备的维护保养,主要由设备定期检查制度、设备包机制度、岗位责任制、事故分析追查制度等各种规章制度和措施进行管理。维护保养的关键是做好设备润滑的"五定"和"三级过滤"。"五定"是指定点、定质、定量、定人、定时。"三级过滤"是指油桶到油箱、油箱到油壶、油壶到设备的倒换过程中,每一次倒换都进行过滤。

《机电设备完好标准》和《机电安全质量标准化标准》是煤矿机电专业两个重要标准。煤矿机电管理工作常常围绕着这两个标准开展工作。

二、任务分析

(一)建立设备的维护保养制度

1. 维护保养制度

设备维护管理制度是设备管理中的一项重要软件工程,因企业和设备不同而异,没有通用的、一成不变的模式。无论是进行检查、日常维护还是定期维护,首先需要制定相应的维护管理制度,然后遵照制度执行。维护管理制度中必须明确维护的内容、维护周期,指定维护人员或责任人,提出维护要求,并制定没有完成维护工作应承担的相应处罚。表2.4以维护保养工作中各类人员的任务和基本要求为例进行说明。

表2.4　各类人员的基本任务和要求

人　员	任　务	基本要求
操作人员	1. 巡回检查、填写设备运行记录; 2. 及时添加、更换润滑油脂; 3. 负责设备、管路密封的调整工作; 4. 负责设备、环境的清洁卫生; 5. 协助维修人员对设备的检修	1. 严格执行操作规程和有关制度; 2. 严格执行交接班制度; 3. 发现设备运转异常,及时检查并汇报; 4. 保持设备、环境整洁
维修人员	1. 定期上岗检查设备的运转情况; 2. 负责完成设备的一般维修; 3. 消除设备缺陷; 4. 负责备用设备的防尘、防腐及定期试车	1. 主动向操作人员了解情况; 2. 保证检修质量符合检修质量标准; 3. 不能处理的问题要作好记录并及时汇报; 4. 定期检查备用设备,保持设备完好
管理人员	1. 组织设备的定期检修; 2. 组织设备缺陷的消除和提供改进设备的技术方案; 3. 监督设备维修,组织设备修理后的检查验收	1. 统计分析设备事故率、完好率; 2. 能及时提出和解决设备隐患的方案; 3. 考查设备管理制度执行情况,并能用数据进行分析评价

2. 三级四检制

对煤矿企业而言,三级保养制中的"三级"是指矿、科、队三级对设备的三级检查。"四检"则是指矿级分管领导组织的月检,机动部门组织的旬检,设备专业管理人员、技术人员和维修工一起的日检,岗位操作人员的点检。在"三级四检"制中,机动部门的专业管理人员每天到现场,对各机房、硐室的设备进行检查,并对各队管理人员和维修工的日检及设备保养情况进行检查和督导,引导员工遵规守纪、严格执行操作规程。设备管理人员和维护保养人员在巡检中,用人体的感官对运行中的设备进行"听、摸、查、看、闻",通过"看其表、观其型、嗅其味、听其音、感其温"的方法,对重点部位进行检查,从而判断和分析设备存在的故障和隐患。

(二)设备的润滑管理

1. 润滑管理的基本任务

做好润滑工作是全员设备管理的重要一环,润滑管理的组织机构是否健全,是润滑管理工作能否顺利进行的关键。润滑管理工作的基本任务是:

(1)确定润滑管理组织,拟定润滑管理的规章制度、岗位职责和工作条例。

（2）贯彻设备润滑工作的"五定"管理。

（3）编制设备润滑技术档案，指导设备操作工、维修工正确进行设备的润滑。

（4）组织好各种润滑材料的供、储、用，抓好润滑油脂的计划、质量检验、油品代用、节约用油和油品回收等环节，实行定额用油。

（5）编制设备的年、季、月的清洗换油计划和适合煤矿企业的设备清洗换油周期。

（6）检查设备的润滑情况，及时解决设备润滑系统存在的问题。

（7）采取措施防止设备渗漏，总结、积累治理漏油经验。

（8）组织润滑工作的技术培训，开展设备润滑的宣传工作。

（9）组织设备润滑有关新油脂、新添加剂、新密封材料、润滑新技术的实验与应用。学习、推广国内外先进的润滑管理经验。

2. 润滑工作的"五定"和润滑油的"三级过滤"

（1）润滑工作中的"五定"

设备润滑的"五定"，是指定点、定质、定量、定人、定时。具体来说就是：

①定点。按规定的润滑部位注油。在机械设备中均有规定的润滑部位、润滑装置，操作人员对设备的润滑部位要清楚，并按规定的部位注油，不得遗漏。

②定质。按规定的润滑剂品种和牌号注油，要求注油工具要清洁，不同牌号的油品要分别存放，严禁混杂。

③定量。按规定的油量注油。各种润滑部位和润滑方式的注油量都有相应的规定，并非油量越多越好，油量加注过多也会影响设备的正常运行，因此必须按照有关规定定量注油。

④定人。设备上各润滑部位，无论是由操作人员还是维护人员负责，都应明确分工，各负其责。否则就会出现漏洞。

⑤定时。是指根据设备各润滑部位的润滑要求和润滑方式，对设备定时加油、定期添油、定期换油。

（2）润滑油的"三级过滤"

企业购置的润滑油在使用过程中，一般要经过从油桶到油箱、油箱到油壶、油壶到设备储油部位的容器倒换，在这些倒换过程中，都有可能掺入尘屑等杂质。为了防止杂质随油进入设备，就要求在这三次倒换过程中每一次都进行过滤，以保证设备最终能得到清洁干净的润滑油，因此称为"三级过滤"。三级过滤所用滤网应符合表2.5规定。

表2.5　三级过滤滤网规定
单位：目

润滑油	一级过滤	二级过滤	三级过滤
透平油、压缩机油、车用机油	60	80	100
汽缸油、齿轮油	40	60	80

设备润滑的"五定"是润滑管理工作的重要内容；润滑油的"三级过滤"是保证润滑油质量的可靠措施。搞好"五定"和"三级过滤"是搞好设备润滑工作的核心。

三、相关知识

（一）设备维护保养的要求

设备维护保养的要求，可用8个字来概括，即"整齐"、"清洁"、"润滑"、"安全"。

1. 整齐

要求工具、工件、材料、配件放置整齐;设备零部件及安全防护装置齐全;各种标牌完整、清晰;管道、线路安装整齐、规范,安全可靠。

2. 清洁

设备内外清洁,无黄袍、油垢、锈蚀、无铁屑物;各部位不漏油、不漏水、不漏气、不漏电;设备周围地面经常保持清洁。特别是对于井下设备,由于环境潮湿、粉尘浓度大,更要注意保持设备的清洁,否则将导致设备故障率增高。

3. 润滑

按时按质按量加油,不能图省事而一次加油量过多;保持油标醒目;油箱、油池和冷却箱应保持清洁;油枪、油嘴齐全,油毡、油线清洁;液压泵工作压力正常,油路畅通,各部位轴承润滑良好。

4. 安全

尽可能实行定人定机的设备包机制度和交接班制度,掌握"三好四会"的基本功,遵守规程和"五项纪律",合理使用,精心维护,注意异常,不出人身和设备事故,确保安全使用设备。

(二)设备的润滑

1. 摩擦与润滑

摩擦:当两个物体表面接触并发生相对运动时,接触表面会由于接触点弹性变形和塑性变形的存在而产生阻止这种相对运动的效应,称为摩擦。

润滑:在相互接触、相对运动的两个物体摩擦表面间加入润滑剂,将摩擦表面分开的方法称为润滑。

2. 润滑的分类

根据润滑膜在物体表面的润滑状态分为:无润滑、液体润滑、边界润滑和混合润滑。

根据磨擦物体表面间产生压力膜的条件分为:液体或气体动力润滑和液体或气体静压润滑。

根据润滑剂的物质形态分为:气体润滑、液体润滑、固体润滑和半流体润滑。

3. 润滑剂的作用

(1)润滑作用。改善摩擦状况,减少摩擦,阻止磨损,降低动力消耗。

(2)冷却作用。在摩擦时产生的热量,大部份可以被润滑油带走,能起到散热降温的作用。

(3)冲洗作用。接触物体表面磨损下来的金属屑可被润滑油带走,防止金属屑在接触表面破坏润滑油膜而形成磨粒磨损。

(4)密封作用。润滑油和润滑脂能够隔离空气中的水分、氧气和有害介质的侵蚀,从而起到对摩擦表面密封的作用,防止产生腐蚀磨损。

(5)减振作用。摩擦件在油膜上运动,好像浮在"油枕"上一样,对设备的振动有很好的缓冲作用。

(6)卸荷作用。由于摩擦面间的油膜存在,作用在摩擦面上的负荷就能比较均匀地通过油膜分布在摩擦表面上,起到分散负荷的作用。

(7)保护作用。可以防止摩擦面因受热产生氧化和腐蚀性物质对摩擦面的损害,起到防腐防尘的作用。

4. GKT-2×2 型双滚筒提升机主要部件的润滑

单绳缠绕式提升机和多绳摩擦式提升机的部件较多,需要进行润滑的部件也很多,下面选择几个较典型的部件来介绍其润滑。

(1)滑动轴承的润滑

①润滑方式的选择

润滑方式的选择可根据系数 k 来选定:

$$k = \sqrt{p_m v^2} \tag{2.1}$$

式中　p_m——轴颈的平均压力,MPa;

　　　v——轴颈的线速度,m/s。

通常,当 $k \leq 6$ 时,用润滑脂,一般油杯润滑;当 $k>6 \sim 50$ 时,用润滑油,针阀油杯润滑;当 $k>50 \sim 100$ 时,用润滑油,油杯或飞溅润滑,需用冷却剂冷却;当 $k>100$ 时,用润滑油,压力润滑。

②润滑油粘度及牌号的选择

润滑油粘度的高低是影响滑动轴承工作性能的重要因素之一。由于润滑油的粘度随温度的升高而降低,因此,所选用的润滑油应具有在轴承工作温度下,能形成油膜的最低黏度。

矿井提升机主轴滑动轴承的常用润滑油牌号,是根据主轴轴颈线速度的大小、轴颈压力的大小及工作温度的高低来选择的。具体润滑油牌号按表2.6、表2.7、表2.8进行选择。

表 2.6　主轴滑动轴承润滑油的选择
(轻、中载荷时用油)

主轴轴颈线速度/(m·s⁻¹)	工作温度 10 ~60 ℃
	轴颈压力 3 MPa 以下
	适用油的名称、牌号
>9	7 号、10 号、15 号液压油
9 ~5	15 号、32 号液压油,22 号、30 号汽轮机油
5 ~2.5	32 号、46 号液压油,30 号汽轮机油
2.5 ~1.0	46 号、68 号液压油,30 号汽轮机油
1.0 ~0.3	46 号、68 号液压油,30 号汽轮机油,6 号汽油机油
0.3 ~0.1	68 号、100 号液压油,10 号汽油机油
<0.1	100 号、150 号液压油,10 号、15 号汽油机油

③润滑脂的选用

滑动轴承对油脂的要求如下:

a. 当轴承载荷大,轴颈转速低时,应选择针入度较小的润滑脂;反之,应选针入度较大的润滑脂。

b. 润滑脂的滴点一般应高于工作温度20 ~30 ℃。

c. 滑动轴承如在潮湿环境工作时,应选用钙基、铝基或锂基润滑油脂;如在环境温度较高的条件下,可选用钙-钠基润滑油脂或合成润滑脂。

d. 应具有较好的粘附性能。

润滑脂的选择及润滑方式见表2.9。

表2.7 主轴滑动轴承润滑油的选择
（中、重载荷时用油）

主轴轴颈线速度/(m·s⁻¹)	工作温度 10~60 ℃
	轴颈压力 3.0~7.0 MPa
	适用油的名称、牌号
2.0~1.2	68号液压油,6号汽油机油
1.2~0.6	68号、100号液压油,6号、10号汽油机油
0.6~0.3	100号液压油,10号汽油机油,13号压缩机油
0.3~0.1	100号液压油,15号汽油机油
<0.1	150号液压油,15号汽油机油

表2.8 主轴滑动轴承润滑油的选择
（重、特重载荷时用）

主轴轴颈线速度/(m·s⁻¹)	工作温度 20~80 ℃	
	轴颈压力 7.5~30.0 MPa	
	润滑方式	适用油的名称、牌号
1.2~0.6	循环、油浴	10号、15号汽油机油。100号、150号液压油
	滴油、手浇	13号、19号压缩机油,15号汽油机油
0.6~0.3	循环、油浴	19号压缩机油,15号汽油缸油
	滴油、手浇	19号压缩机油,24汽油缸油
0.3~0.1	循环、油浴	70号、90号齿轮油
	滴油、手浇	28号轧钢机油,38号汽缸油
<0.1	循环、油浴	28号轧钢机油,38号汽缸油
	滴油、手浇	38号汽缸油,52号汽缸油

表2.9 润滑方式与选用润滑脂等级的关系

润滑方式	润滑脂等级（号）
空气压送	0~2（根据类型）
压力脂枪或机械式润滑器	到3
压力油环	到5
集中润滑: 1.有分散的定量阀的系统 2.弹簧反回系统 3.有多个输送泵的系统	通常用1或2 1 3

（2）滚动轴承的润滑

①润滑油粘度及牌号的选择

滚动轴承所有的润滑油，其粘度的选择应根据轴承的直径的大小、转速的高低和工作温度来选用。可从滚动轴承润滑油粘度表中查出相应的润滑油牌号。

不同结构形式的轴承，因其承受载荷的性质不同，所以对润滑油粘度的要求也不同，它们的最低粘度要求如下：

球轴承与滚子轴承 $0.000\ 012\ m^2/s$；

向心球面滚子轴承 $0.000\ 02\ m^2/s$；

向心推力球面滚子轴承 $0.000\ 032\ m^2/s$。

②润滑脂的选用见表2.10。

表2.10　滚动轴承润滑脂牌号的选用

单位载荷/MPa	轴颈线速度/($m \cdot s^{-1}$)	最高工作温度/℃	选用润滑脂的牌号
<1.0	~1	75	3号钙基脂
1.0~6.5	0.5~5	55	2号钙基脂
6.5	~0.5	75	3号钙基脂
6.5	0.5~5	120	2号钠基脂
6.5	~0.5	110	1号钙-钠基脂
1.0~6.5	~1	50~100	2号锂基脂
>6.5	0.5	60	2号钙基脂

③滚动轴承填入润滑脂时应注意的要点如下：

a.轴承里要充填满，但不应填满外盖以内全部空间的1/2~1/3；

b.对装在水平轴上的一个或多个轴承，要填满轴承里面和轴承之间的空间，但外盖里的空间只填全部空间的2/3~3/4；

c.对装在垂直轴上的轴承，要填满轴承里面，但上盖则只填空间的一半，下盖只填空间的1/2~3/4；

d.在易污染的环境中，对低速或中速轴承，要把轴承和盖里全部空间填满。

以上是装润滑脂的一般参考数据。如果运转后轴承温升很高，应该适当减少装脂数量。

（3）钢丝绳的润滑

钢丝绳润滑的作用是：减轻磨损、增加挠性和防止腐蚀生锈。提升钢丝绳多以麻芯作为绳芯，且绳芯都没浸过油，外表均涂过油脂。工作中，钢丝绳受到弯曲、挤压、拉伸等作用，储存在绳芯中润滑油被挤出来，而使钢丝间和绳股间得到润滑。由于绳芯中的储油量不断减少，外表的油脂保护层在日晒、水淋、冰冻和摩擦中逐渐失散、变质，钢丝绳的磨损会越来越快。因此必须对钢丝绳进行经常性的润滑工作。

①润滑材料的选择

钢丝绳对润滑材料的要求是:具有抗高温和耐低温的性能;具有较好的粘附性和渗透、润滑、防锈性能;具有抗水性能,遇水不乳化等。根据这些要求,对矿井提升钢丝绳润滑油的选用可参考表 2.11。

表 2.11　钢丝绳常用润滑油选用表

钢丝绳直径/ mm　　工 作 条 件	<25	≥25
冬季单绳提升	32 号液压油	46 号液压油
春秋季单绳提升	46 号液压油	68 号液压油
夏季单绳提升	100 号液压油	100 号液压油
常温多绳提升	46 号液压油	68 号液压油

②润滑方式

钢丝绳一般采用手工刷涂抹的润滑方法,少数用机械方法,缠绕式提升钢丝绳每半月要涂抹一次,摩擦式提升钢丝绳每 20 天涂抹一次。

③润滑剂的消耗量

润滑剂的消耗量取决于钢丝绳的直径和长度,绳芯浸油的消耗量约为每毫米直径、每米长度 3 g,表面涂脂的消耗量约为每毫米直径、每米长度 5 g。例如一根直径 30 mm、长度 100 mm 的钢丝绳,其浸油时的消耗润滑油为 9 kg,表面一次涂脂的消耗量为 15 kg。

(4)齿轮减速器的润滑

减速器齿轮的润滑应根据齿轮承受的压力、速度和环境及工作条件来选用。一般来说齿轮所承受的压力较其他工作零件要高得多,所以应采用较高承压能力的齿轮油。

①减速器用齿轮油的粘度和牌号

减速器用齿轮油的粘度和牌号分别见表 2.12、表 2.13。

表 2.12　中、小载荷减速器润滑油粘度选用表

齿轮箱类型	低速级齿轮中心距/mm	粘度(环境温度 10~50 ℃)
平行轴单级减速	200 以内	50~85
	200~500	85~100
	500 以上	85~105
平行轴双级减速	200 以内	50~85
	200~500	85~105
	500 以上	85~105
平行轴三级减速	200 以内	50~85
	200~500	85~105
	500 以上	115~150

表 2.13　重载荷齿轮箱选用齿轮油表

齿轮箱类型	低速级齿轮中心距/mm	齿轮油牌号（环境温度 10 ~ 50 ℃）
平行轴单级减速	200 以内	70 号工业齿轮油
	200 ~ 500	90 号工业齿轮油
	500 以上	90 号工业齿轮油
平行轴双级减速	200 以内	90 号工业齿轮油
	200 ~ 500	90 号工业齿轮油
	500 以上	90 号工业齿轮油
平行轴三级减速	200 以内	90 号工业齿轮油
	200 ~ 500	90 号工业齿轮油
	500 以上	120 号工业齿轮油

②减速器齿轮供油量的控制

利用飞溅润滑时其齿轮的圆周速度应小于 12 m/s。在单级减速器中,大齿轮浸油深度为 1 ~ 2 倍齿高;在多级减速器中,各级大齿轮均浸入油中;高速级大齿轮浸油深度约为 0.7 倍齿高,但一般不超过 10 mm。当不能同时浸入油中时,就须采用甩油惰轮、甩油盘和油环等措施。

利用循环润滑法时,供给齿轮面的油量由供给油所带走的热量来决定,若以齿轮箱中轴承温度不超过 55 ℃,返回油箱的油温不超过 50 ℃ 为基准,此时供油量可按齿宽每 1 cm 给润滑油 0.45 L/min 来确定。

5. 润滑制度

表 2.14 中列出了 KJ 型、JK 型矿井提升机的润滑方式、润滑剂名称和润滑制度等,可根据具体情况参照执行。

四、任务实施

(一)设备的维护保养

设备的维护保养工作,主要是设备的检查、维护和保养。

1. 设备的检查

设备的检查是做好维护保养工作的关键。通过检查,可以发现设备存在的隐患并及时处理,将设备故障阻止在初发时期,防止设备损坏的态势进一步恶化,从而有效防止设备事故的发生。煤矿机电设备种类繁多,需要检查和随时关注的部位和参数也很多,可以将其分为机械设备和电气设备两类,主要检查内容分别为:

(1)机械设备

①检查轴承及相关部位的温度、润滑和振动情况。

②听设备运行的声音,有无异常撞击或摩擦的声音。

③看温度、压力、流量、液面等控制计量仪表及自动调节装置的工作情况。

④检查传动皮带、钢丝绳是否坚固,断丝是否超过标准,绳卡是否牢固。

⑤检查冷却水量、水温是否正常。

表 2.14　KJ 型和 JK 型提升机的润滑制度

润滑零部件名称	润滑方式	润滑剂名称	润滑制度	容量/kg	使用期限/d	备　注
减速器和主轴承	压力润滑	70～90 号齿轮油	每年更换一次油	350	365	可用 100号液压油、15号车用机油代替
活卷筒支轮	油杯	钙基润滑油	每月加油一次	0.4	30	
涡轮	手抹	钙基润滑油	每月加油一次	0.5	20	
齿轮联轴器	灌注	120、90 号齿轮油	每半年更换一次	2	180	可用石墨高压润滑油脂代替
关节接头	油枪	钙基润滑脂	每周加油一次	0.2	7	有些可用稀油润滑
弹簧联轴器	油壶	75% 钙基润滑脂和 25% 的液压油混合剂	每半年换油一次	1.5	180	
深度指示器传动装置与轴承	油池	46～100 号液压油	每半年换油一次	0.15	180	
深度指示器轴承	油枪	钙基润滑油	每周加油一次	0.015	7	
深度指示器传动装置伞齿轮对	手抹	钙基润滑油	每周加油一次	0.1	7	
深度指示器箱内齿轮	油池	46～100 号液压油	每半年换油一次	10	180	
深度指示器正对齿轮	手抹	钙基润滑油	每 3 天加油一次	0.05	3	
制动闸轴承	油枪	钙基润滑油	每 10 天加油一次	0.02	10	
油压蓄压器	油箱循环	75% 的 15 号液压油与 25% 的 11 号饱和汽缸油的混合剂	每半年换油一次	120	180	可用 75%的变压器油和 25% 的液压油混合剂代用
深度指示器的丝杆和螺母	油抹	钙基润滑油	每 3 天加油一次	0.025	3	
液压站	油箱循环	HU-20 透明油或 YB-N32 抗磨液压油	每半年换油一次	450	180	

⑥检查安全装置、防护装置、事故报警装置是否正常完好。

⑦检查设备安装基础、地脚螺栓及其他连接螺栓有无松动或因连接松动产生振动。

⑧检查各密封部位是否有渗漏、泄漏。

（2）电气设备

①检查设备的电流、电压、温度、绝缘等参数是否正常。

②检查是否有异常声响或异常振动。

③检查油浸变压器、断路器的油位是否正常或变质,吸潮剂是否变色。

④检查各种接线是否坚固、可靠。

⑤检查各种电气保护功能是否正常。

⑥检查各种安全防护设施是否齐全。

⑦检查是否有放电现象。

2.设备的维护保养

依据进行维护保养的时间划分,维护保养工作一般分为日常维护和定期维护。

（1）日常维护

日常维护主要是指在设备日常运转过程中每个班对设备进行的维护,由操作人员完成。要求在当班期间做到:班前对设备的各部位进行检查,按规定进行加油润滑;班中要严格按照操作规程使用设备,时刻注意设备的运行情况,发现异常要及时处理。日常维护主要针对有人值守、长期运行的设备,如通风机、空气压缩机等设备。

（2）定期维护

定期维护是由设备主管部门以计划形式下达的任务,主要由专业维修人承担,维护周期需要根据设备的使用情况和设备的新旧程度而定。一般为 1～2 个月或实际运行达到一定的时数。煤矿生产由于区域广、设备多,许多设备可能较长时间不运行,也无人值守,因此一般采用定期维护的方法。

定期维护的内容包括保养部位和关键部分的拆卸检查,对油路和润滑系统的清洗和疏通,调整各转动部位的间隙,紧固各紧固件和电气设备的接线等。

（二）设备润滑的耗油定额

认真制定合理的设备润滑耗油定额,并严格按照定额供油,是搞好设备润滑和节能的具体措施。

1.耗油定额的制定方法

（1）耗油定额的确定,基本上采用理论计算与实际标定相结合的办法。

（2）按照国家标准和产品出厂说明书的要求,制定耗油定额。如压缩机可按 JB770—1965 选定耗油定额。

（3）对于实际耗油量远远大于理论耗油量的设备,可根据实际情况暂定耗油定额,并积极改进设备结构,根治漏损后再调整定额。

2.几种典型设备耗油定额的确定

（1）滚动轴承

滚动轴承润滑油消耗量,可根据以下公式计算:

$$Q = 0.075DL \tag{2.2}$$

式中 Q——轴承耗油量,g/h;

D——轴承内径,cm;

L——轴承宽度,cm。

滚动轴承填入润滑脂时应注意的要点:

①轴承里要充填满,但不应填满外盖以内全部空间的 1/2～1/3。

②对装在水平轴上的一个或多个轴承,要填满轴承里面和轴承之间的空间,但外盖里的空间只填全部空间的 2/3～3/4。

③对装在垂直轴上的轴承,要填满轴承里面,但上盖则只填空间的一半,下盖只填空间的 1/2～3/4。

④在易污染的环境中,对低速或中速轴承,要把轴承和盖里全部空间填满。

以上是装润滑脂的一般参考数据。如果加油量过多,会使轴承温度升高,增加能量消耗。轴承的转速越高,充装量应越少。

（2）压缩机

压缩机的润滑部位主要是汽缸和填料涵。按照活塞在汽缸内运动的接触面积及活塞杆与填料接触面积来计算,并随压力的增加而上升。汽缸耗油量的计算公式为:

$$g_1 = 1.2\pi D(S + L_1)nK \tag{2.3}$$

式中　g_1——汽缸耗油量,g/h。

D——汽缸直径,m;

S——活塞行程,m;

L_1——活塞长度,m;

n——压缩机转速,r/min;

K——每 100 m^2 摩擦面积的耗油量,可由图 2.2 查得。

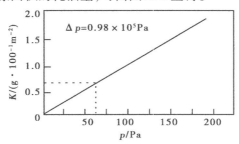

图 2.2　单位面积耗油量

高压段填料处的耗油量计算公式为:

$$g_2 = 3\pi d(S + L_2)nK \tag{2.4}$$

式中　g_2——填料处耗油量,g/h;

d——活塞杆直径,m;

L_2——填料的轴向总长度,m。

一台压缩机总耗油量为各汽缸、填料耗油量之和。新压缩机开始使用时,耗油要加倍供给,500 h 后再逐渐减少到正常值。

五、任务考评

有关任务考评的内容见表 2.15。

表 2.15　任务考评内容及评分标准

序　号	考评内容	考评项目	配　分	评分标准	得　分
1	设备维护保养	维护保养的任务和要求	20	错一项扣 3 分	
2	设备维护保养制度	三级四检制	25	错一项扣 5 分	
3	设备的润滑管理	润滑管理的基本任务	20	错一项扣 3 分	
4	设备的润滑管理	设备润滑的五定三级过滤	25	错一项扣 4 分	
5	设备的润滑管理	耗油定额的制定方法	10	错一项扣 3 分	
合　计					

复习思考题

2.10　设备维护保养的基本要求是什么?

2.11　设备检查的主要内容是什么?

2.12　什么叫"三级四检制"? 巡回检查中常采用哪些方法检查设备?

2.13　润滑剂有哪些作用?

2.14　什么是润滑工作中的"五定"和"三级过滤"? 具体内容是什么?

2.15　提升机滑动轴承对润滑脂的要求是什么?

2.16　提升机滚动轴承填入润滑脂时应注意的要点是什么?

2.17　设备润滑的耗油定额有哪些制定方法?

煤矿机电设备的安全运行管理

任务1 煤矿机械设备的安全运行管理

> 知识点：◆ 煤矿机械设备的安全管理制度
> ◆ 煤矿固定设备的安全运行管理
> ◆ 煤矿运输设备的安全运行管理
> ◆ 煤矿采掘设备的安全运行管理
> ◆ 煤矿支护设备的安全运行管理
> 技能点：◆ 煤矿机械设备在运行中的有关规定
> ◆ 煤矿机械设备的运行维护管理

一、任务描述

现代煤炭生产企业中，机电专业的主要工作，就是保证机电设备的安全、可靠运行。没有机电设备的正常运行，就谈不上生产。巷道掘进需要掘进机，采煤需要采煤机，煤炭、矸石、材料、人员的运输需要运输设备等，总之，煤炭生产从某种意义上说就是保证机电设备的安全、可靠运行。因此，煤矿企业中流行的一句话"抓住机电就是煤"，也说明了机电工作在煤炭生产企业中的重要性。煤矿企业的生产条件恶劣，淋水、潮湿、顶板垮落、灰尘、瓦斯煤尘爆炸等众多不利因素都对设备的安全运行带来严重影响，加之生产区域广，设备种类多、数量大、作业场所不断变化等不利因素同样给设备安全运行管理带来极大的困难。这也是煤矿设备管理不同于一般企业的设备管理的突出特点。因此，为保证设备安全可靠运行，首先必须建立起一套科学、完整、具有可操作性的管理制度和措施，然后去认真执行、督促检查、严格考核，才会取得良好的效果。

保证设备安全运行的制度、措施很多，有针对所有设备管理制定的通用性制度措施，有根据某一台设备或同一台设备在不同使用条件下制定的专项措施。常用的安全管理制度措施主要有：

（一）《煤矿安全规程》

煤矿安全规程是管理煤炭生产企业的重要法规，是国家煤炭生产安全部门根据煤炭法、矿山安全法和煤矿安全监察条例制定的规程。规定中的机电运输部门对各种设备的使用、维护和管理均作出了明确的规定和要求，各级各类人员必须严格遵照执行。

（二）防爆设备入井管理制度

煤炭安全规程规定，具有瓦斯煤尘爆炸危险的矿井，必须使用防爆电气设备。为了将失爆的电气设备阻止在下井前，就需要采取必要的措施。防爆设备入井管理制度要求：无论是新购还是修理后的防爆电气设备，入井前必须经专职防爆检查员检查，合格后方可入井；防爆检查员必须定期对井下防爆电气设备进行检查，发现失爆设备，立即通知责任单位进行处理，并给予相应的经济处罚。

在制度中，必须明确规定防爆检查员的职权范围、工作内容、检查程序。同时也要规定对检查员的失职给予的相应处罚。

（三）停送电制度

停送电工作在煤炭安全生产中是一项极为重要的工作，稍不注意就会造成设备事故甚至人身伤亡事故，因此必须给予高度重视。

停送电制度规定：对设备或线路维护检修需要停电时，必须由施工工期负责人向机电主管部门提出申请，经同意后办理工作票，经确认可靠停电后方可进行施工。工作完成后由施工负责人将工作票签字后返回变电所（站），经值班人员确认后方可恢复送电。对于无人值守的配电设备，要求坚持"谁停电，谁送电"的原则，严禁不经申请随意停送电和预约停送电。

二、任务分析

（一）煤矿固定设备的安全运行管理

矿井所用的设备中，主提升机、主排水泵、主通风机、压风机等固定安装的设备，习惯上称为矿山的"四大件"，它们能否安全正常运行直接影响着矿井的生产安全和人员的生命安全。

1. 矿井提升机的安全运行管理

（1）提升容器的安全运行管理

①立井中升降人员，应使用罐笼或带乘人间的箕斗。在井筒内作业或因其他原因，需要使用普通箕斗或救急罐升降人员时，必须制定安全措施。凿井期间，立井中升降人员可采用吊桶，并遵守下列规定：

a. 应采用不旋转提升钢丝绳。

b. 吊桶必须沿钢丝绳罐道升降。在凿井初期，尚未装设罐道时，吊桶升降距离不得超过40 m；凿井时吊盘下面不装罐道的部分也不得超过40 m；井筒深度超过100 m时，悬挂吊盘用的钢丝绳不得兼作罐道使用。

c. 吊桶上方必须装保护伞。

d. 吊桶边缘上不得坐人。

e. 装有物料的吊桶不得乘人。

f. 用自动翻转式吊桶升降人员时，必须有防止吊桶翻转的安全装置。严禁用底开式吊桶升降人员。

g. 吊桶升降到地面时，人员必须从井口平台进出吊桶，并只准在吊桶停稳和井盖门关闭以后进出吊桶。双吊桶提升时,井盖门不得同时打开。

②提升装置的最大载重量和最大载重差,应在井口公布,严禁超载和超载重差运行。箕斗提升必须采用定重装载。

③升降人员和物料的单绳提升罐笼、带乘人间的箕斗,必须装设可靠的防坠器。

④检修人员站在罐笼或箕斗顶上工作时,必须遵守下列规定:

a. 在罐笼或箕斗顶上,必须装设保险伞和栏杆。

b. 必须佩带保险带。

c. 提升容器的速度,一般为 0.3 ~ 0.5 m/s,最大不得超过 2 m/s。

d. 检修用信号必须安全可靠。

(2)提升钢丝绳的安全运行管理

①使用和保管提升钢丝绳时,必须遵守下列规定:

a. 新绳到货后,应由检验单位进行验收试验。合格后应妥善保管备用,防止损坏或锈蚀。

b. 对每卷钢丝绳必须保存有包括出厂厂家合格证、验收证书等完整的原始资料。

c. 保管超过一年的钢丝绳,在悬挂前必须再进行一次试验,合格后方可使用。

d. 直径为 18 mm 及其以下的专为提升物料用的钢丝绳(立井提升用绳除外),有厂家合格证书,外观检查无锈蚀和损伤,可以不进行相关检验。

②提升钢丝绳的检验应使用符合条件的设备和方法进行,检验周期应符合下列要求:

a. 升降人员和物料用的钢丝绳,自悬挂时起每隔 6 个月检验一次;悬挂吊盘的钢丝绳每隔 12 个月检验一次。

b. 升降物料用的钢丝绳,自悬挂时起 12 个月时进行第一次检验,以后每隔 6 个月检验一次。

摩擦轮式提升机用的钢丝绳、平衡钢丝绳以及直径为 18 mm 及其以下的专为升降物料用的钢丝绳(立井提升用绳除外),不受此限。

③新钢丝绳悬挂前的检验(包括验收检验)和在用绳的定期检验,必须按下列规定执行:

a. 新绳悬挂前的检验必须对每根钢丝绳做拉断、弯曲和扭转 3 种试验,并以公称直径为准对试验结果进行计算和判定:一是不合格钢丝的断面积与钢丝总断面积之比达到 6%,不得用作升降人员;达到 10%,不得用作升降物料;二是以合格钢丝拉断力总和为准算出的安全系数,如低于《煤矿安全规程》的规定时,该钢丝绳不得使用。

b. 在用绳的定期试验可只做每根钢丝的拉断和弯曲两种试验。试验结果仍以公称直径为准进行计算和判定:一是不合格钢丝的断面积与钢丝总断面积之比达到 25% 时,该钢丝绳必须更换;二是以合格钢丝绳拉断力总和为准计算出的安全系数,如低于《煤矿安全规程》的规定时,该钢丝绳必须更换。

④提升装置使用中的钢丝绳做定期检验时,安全系数有下列情况之一的,必须更换:

a. 专为升降人员用的小于 7。

b. 升降人员和物料用的钢丝绳:升降人员时小于 7;升降物料时小于 6。

c. 专为升降物料用和悬挂吊盘用的小于 5。

⑤摩擦轮式提升钢丝绳的使用期限应不超过 2 年,平衡钢丝绳的使用期限应不超 4 年。到期后如果钢丝绳的断丝、直径缩小和锈蚀程度不超过《煤矿安全规程》的规定,可继续使用,但不得超过 1 年。

井筒中悬挂水泵、抓岩机的钢丝绳,使用期限一般为 1 年;悬挂水管、风管、输料管、安全梯和电缆的钢丝绳,使用期限一般为 2 年。到期后经检查鉴定,锈蚀程度不超过《煤矿安全规程》的规定,可以继续使用。

⑥提升钢丝绳、罐道绳必须每天检查一次,平衡钢丝绳、防坠器制动绳(包括缓冲绳)、架空乘人装置钢丝绳、钢丝绳牵引带式输送机钢丝绳和井筒悬吊钢丝绳必须至少每周检查一次。对易损坏和断丝或锈蚀较多的一段应停车详细检查。断丝的突出部分应在检查时剪下。检查结果应记入钢丝绳检查记录簿。

⑦各种股捻钢丝绳在一个捻距内断丝断面积与钢丝总断面积之比,达到下列数值时,必须更换:

a.升降人员或升降人员和物料用的钢丝绳为 5%。

b.专为升降物料用的钢丝绳、平衡钢丝绳、防坠器的制动钢丝绳(包括缓冲绳)和兼作运人的钢丝绳牵引带式输送机的钢丝绳为 10%。

c.罐道钢丝绳为 15%。

d.架空乘人装置、专为无极绳运输用的和专为运物料的钢丝绳牵引带式输送机用的钢丝绳为 25%。

⑧以钢丝绳标称直径为准计算的直径减小量达到下列数值时,必须更换:

a.提升钢丝绳或制动钢丝绳为 10%。

b.罐道钢丝绳为 15%。使用密封钢丝绳外层钢丝厚度磨损量达到 50% 时,必须更换。

⑨钢丝绳在运行中遭受卡罐、突然停车等猛烈拉力时,必须立即停车检查,发现下列情况之一者,必须将受力段剁掉或更换全绳:

a.钢丝绳产生严重扭曲或变形。

b.断丝超过《煤矿安全规程》的规定。

c.直径减小量超过《煤矿安全规程》的规定。

d.遭受猛烈拉力的一段,其长度伸长 0.5% 以上。

在钢丝绳使用期间,断丝数突然增加或伸长突然加快,必须立即更换。

⑩钢丝绳的钢丝有变黑、锈皮、点蚀麻坑等损伤时,不得用作升降人员。钢丝绳锈蚀严重,或点蚀麻坑形成沟纹,或外层钢丝松动时,不论断丝数多少或绳径是否变化,必须立即更换。

⑪使用有接头的钢丝绳时,必须遵守下列规定:

a.有接头的钢丝绳,只准在平巷运输设备、30°以下倾斜井巷中专为升降物料的绞车、斜巷无极绳绞车、斜巷架空乘人装置和斜巷钢丝绳牵引带式输送机等设备中使用。

b.在倾斜井巷中使用的钢丝绳,其插接长度不得小于钢丝绳的直径的 1 000 倍。

⑫主要提升装置必须备有检验合格的备用钢丝绳。对使用中的钢丝绳,应根据井巷条件及锈蚀情况,至少每月涂油一次。

摩擦轮式提升装置的提升钢丝绳,只准涂、浸专用的钢丝绳油(增磨脂);但对不绕过摩擦轮部分的钢丝绳,必须涂防腐油。

(3)制动装置的安全使用

在立井和倾斜井巷中使用的提升机的保险闸发生作用时,全部机械的减速度必须符合表 3.1 的要求。

表 3.1　全部机械的减速度规定值

运 行 状 态 ＼ 倾 角 θ	θ<15°	15°≤θ≤30°	θ>30°
上提重载	≤A_c	≤A_c	≤5
下放重载	≥0.75	≥0.3A_c	≥1.5

说明:A_c 为自然减速度,m/s;θ 为井巷倾角,(°)。

摩擦轮式提升机常用闸和保险闸的制动,除必须符合《煤矿安全规程》的规定外,还必须满足以下防滑要求:

①各种载荷(满载或空载)和各种提升状态(上提或下放重物)下,保险闸所能产生的制动减速度的计算值,不能超过滑动极限。钢丝绳与摩擦轮间摩擦系数的取值不得大于 0.25,由钢丝绳自重所引起的不平衡重必须计入。

②在各种载荷及提升状态下,保险闸发生作用时,钢丝绳都不出现滑动。

③严禁用常用闸进行紧急制动。

(4)提升系统的安全保护

①在提升速度大于 3 m/s 的提升系统内,必须设防撞梁和托罐装置。防撞梁不得兼作他用。防撞梁必须能够挡住过卷后上升的容器或平衡锤;托罐装置必须能够将撞击防撞梁后再下落的容器或配重托住,并保证其下落的距离不超过 0.5 m。

②立井提升装置的过卷高度和过放距离应符合下列规定:

a.罐笼和箕斗提升,过卷高度和过放距离不得小于表 3.2 中所列数值。

表 3.2　立井提升装置的过卷高度和过放距离

提升速度/(m·s^{-1})	≤3	4	6	8	≥10
过卷高度、过放距离/m	4.0	4.75	6.5	8.25	10.0

b.吊桶提升,其过卷高度不得小于表 3.2 确定数值的 1/2。

c.在过卷高度或过放距离内,应安设性能可靠的缓冲装置。缓冲装置应能将全速过卷(过放)的容器或平衡锤平稳地停稳,并保证不再反向下滑(或反弹)。吊桶提升不受此限。

③提升装置必须装设下列保险装置,并符合要求:

a.防止过卷装置。当提升容器超过正常终端停止位置(或出车平台)0.5 m 时,必须能自动断电,并能使保险闸发生制动作用。

b.防止过速装置。当提升速度超过最大速度 15% 时,必须能自动断电,并能使保险闸发生作用。

c.过负荷和欠电压保护装置。

d.限速装置。提升速度超过 3 m/s 的提升机必须装设限速装置,以保证提升容器(或平衡锤)到达终端位置时的速度不超过 2 m/s;如果限速装置为凸轮板,其在一个提升行程内的旋转角度应不小于 270°。

e.深度指示器失效保护装置。当指示器失效时,能自动断电并使保险闸发生作用。

f.闸间隙保护装置。当闸间隙超过规定值时,能自动报警或自动断电。

g. 松绳保护装置。缠绕式提升机必须设置松绳保护装置并接入安全回路和报警回路,在钢丝绳松弛时能自动断电并报警。箕斗提升时,松绳保护装置动作后,严禁煤仓放煤。

h. 满仓保护装置。当箕斗提升的井口煤仓仓满时能报警或自动断电。

i. 减速功能保护装置。当提升容器(或平衡锤)到达设计减速位置时,能示警并开始减速。

2. 矿井排水设备的安全运行管理

主排水泵承担排出矿井全部涌水的任务。《煤矿安全规程》规定:主排水泵房必须有工作、备用和检修的水泵。工作水泵的能力,应能在 20 h 内排出矿井 24 h 的正常涌水量(包括充填水及其他用水)。备用水泵的能力应不小于工作水泵能力的 70%。工作和备用水泵的总能力,应能在 20 h 内排出矿井 24 h 的最大涌水量。检修水泵的能力应不小于工作水泵能力的 25%。为保证主排水泵的安全运行,必须做好以下工作:

(1)泵在启动前,用手转动联轴器,泵的转动部分应该灵活均匀。每次启动泵都应重复进行此步骤,发现卡死现象应及时维修。

(2)向泵内注满水或抽出泵内空气,并关闭泵出水口管路上的闸阀和压力表旋塞。要保证泵内充满水,无空气运转。

(3)点动电动机,检查泵的旋转方向是否正确。水泵的旋转方向:从电动机方向看,泵为顺时针方向旋转。

(4)启动泵后,打开压力表旋塞,并逐渐打开泵出水口管路上的闸阀,待压力表显示压力满足要求时即可。

(5)检查各部轴承温度是否超限:滑动轴承温度部得超过 65 ℃,滚动轴承温度不得超过 75 ℃;润滑轴承的润滑油脂每工作 120 h 应更换一次,检查电动机温度是否超过铭牌规定值,检查轴承润滑情况是否良好(油量是否合适,油圈转动是否灵活)。

(6)填料的松紧程度应适宜,每分钟的渗水量为 10～20 滴,否则应调整填料压盖。但填料不能压得太紧,否则会使电动机电流增大或烧坏填料。

(7)泵运行中出现下列情况时,必须紧急停泵,切断电源,关闭出水闸扳阀。

①水泵不上水。

②泵异常震动或有故障性异响。

③泵体漏水或闸阀、法兰滋水。

④启动超过规定时间,启动电流不返回。

⑤电动机冒烟、冒火。

⑥电流值明显超限或其他紧急事故。

3. 矿井通风设备的安全运行管理

矿井主要通风机作为保障矿井安全生产的重要设备,其功率大,而且要长期连续不断地运行。因此,矿井通风设备的安全运行管理是一项技术复杂、责任重大的工作。为了保证矿井安全生产并保持主要通风机高效运行,平时必须加强对主通风机的检查和维护保养。在雷雨季节到来之前,要对主通风机及其附属设备进行安全性检查,保证设备处于完好状态。

(1)矿井主通风机的安全运行管理

①备用通风机必须能在 10 min 内开动。

②严禁采用局部通风机作为主要通风机使用。

③装有主要通风机的出风井口应安装防爆门,防爆门每 6 个月检查维修一次。

④生产矿井主要通风机必须装有反风设施,并能在 10 min 内改变巷道中的风流方向;当风流方向改变后,主要通风机的供风量不应小于正常供风量的 40%。

⑤因检修、停电或其他原因停止主要通风机运转时,必须制定停风措施。主要通风机停止运转期间,对于由一台主要通风机担负全矿通风的矿井,必须打开井口防爆门和有关风门,利用自然风压通风。

⑥在通风系统中,如果某一分区风路的风阻过大,主要通风机不能供给其足够风量时,可在井下安设辅助通风机。严禁在煤(岩)与瓦斯突出矿井中安设辅助通风机。

(2)矿井局部通风机的安全运行管理

①采用双电源、双风机、自动换机和风筒自动倒风装置

局部通风,应设双风机、双电源,并由专用开关供电。一套正常运转,一套备用。当一趟电路停电时,立即启用另一回路,使局部通风机能够正常运转,以保证继续向工作面供风。当常用局部通风机因故障停机时,电源开关自动切换,备用风机立即启动,从而保证了局部通风机的连续运转,继续向工作面供风。由于双风机共用一趟主风筒,能实现风机自动倒台,则连接两风机的风筒也必须能自动倒风。

②使用"三专两闭锁"装置

"三专两闭锁"的"三专"是指专用变压器、专用开关、专用电缆;"两闭锁"是指风、电闭锁,瓦斯、电闭锁。

"三专"的作用是保证局部通风机的电源可靠,不受其他电器设备的影响。

"两闭锁"的作用是:

a. 只有在局部通风机正常供风、掘进巷道内瓦斯含量不超过规定限值时,方能向巷道内机电设备供电;

b. 当局部通风机停转时,自动切断所控机电设备电源;当瓦斯含量超过规定限值时,系统能自动切断瓦斯传感器控制范围内的电源,而局部通风机仍能照常运转。若局部通风机停转、停风区内瓦斯含量超过限值时,局部通风机便自行闭锁。重新恢复通风时,要人工复电,先送风,当瓦斯含量降低到容许值以下时才能送电。从而提高了局部通风机连续运转供风的安全可靠性。

③推广局部通风机地面摇讯技术

局部通风机地面摇讯技术是用来监视局部通风机开、停及运行状况的技术。对高瓦斯和煤与瓦斯突出矿井,使用的局部通风机要安设载波摇讯器,以便实时监控其运转情况。

4. 矿井压气设备的安全运行管理

空气压缩机也称为压风机,其作用一是向井下风动设备和工具提供动力;二是向井下压风自救器提供新鲜风流。为保证空气压缩机的安全运行,必须注意以下问题:

(1)压风机的安全阀和压力调节器必须动作可靠,安全阀动作压力不得超过额定压力的 1.1 倍。使用油润滑的空气压缩机必须装有断油信号显示器;水冷式空气压缩机必须装有断水信号显示装置。

(2)压风机的排气温度,单缸不得超过 190 ℃,双缸不得超过 160 ℃。必须装设温度保护装置。

(3)压风机必须使用闪点不低于 215 ℃的压缩机油。

(4)在井下,固定式压风机和风包应分别设置在 2 个硐室内。风包内的温度应保持

在120℃以下,并装有超温保护装置。

(5)在压风机的风包出口管路上必须装释压阀。释压阀的释放压力应为压缩机最高工作压力的1.25~1.4倍。释压阀应安装在距风包3~4 m处为宜,以减少排气温度的影响。

(二)煤矿运输设备的安全运行管理

1.带式输送机的安全运行管理

(1)采用滚筒驱动带式输送机运输时,应遵守下列规定:

①必须使用阻燃输送带。带式输送机托辊的非金属材料零部件和包胶滚筒的胶料,其阻燃性和抗静电性必须符合有关规定。

②巷道内应有充分照明。

③必须装设驱动滚筒防滑保护、堆煤保护和防跑偏装置。

④应装设温度保护、烟雾保护和自动洒水装置。

⑤在主要运输巷道内安设的带式输送机还必须装设输送带张紧力下降保护装置和防撕裂保护装置;在机头和机尾必须装设防止人员与驱动滚筒和导向滚筒相接触的防护栏。

⑥倾斜井巷中使用的带式输送机,上运时,必须同时装设防逆转装置和制动装置;下运时,必须装设制动装置。

⑦液力偶合器严禁使用可燃性传动介质(调速型液力偶合器不受此限)。

⑧带式输送机巷道中行人跨越带式输送机处应设过桥。

⑨带式输送机应加设软启动装置,下运带式输送机应加设软制动装置。

(2)采用钢丝绳牵引带式输送机运输时,必须遵守下列规定:

①必须装设下列保护装置,并定期进行检查和试验:过速保护;过电流和欠电压保护;钢丝绳和输送带脱槽保护;输送带局部过载保护;钢丝绳张紧车到达终点和张紧重锤落地保护。

②在倾斜井巷中,必须装设弹簧式或重锤式制动闸。制动闸的性能:一是制动力矩与设计最大静拉力差在闸轮上作用力力矩之比不得小于2,也不得大于3;二是在事故断电或各种保护装置发生作用时能自动施闸。

(3)井巷中采用钢丝绳牵引带式输送机或钢丝绳芯带式输送机运送人员时,应遵守下列规定:

①在上、下人员的20 m区段内输送带至巷道顶部的垂距不得小于1.4 m,行驶区段内的垂距不得小于1 m。下行带乘人时,上、下输送带间的垂距不得小于1 m。

②输送带的宽度不得小于0.8 m,其运行速度不得超过1.8 m/s。钢丝绳牵引带式输送机的输送带绳槽至带边的宽度不得小于60 mm。

③乘坐人员的间距不得小于4 m。乘坐人员不得站立或仰卧,应面向行进方向,并严禁携带笨重物品和超长物品,严禁扶摸输送带侧帮。

④上、下人员的地点应设有平台和照明。上行带下的平台长度不得小于5 m,宽度不得小于0.8 m,并应设有栏杆。上、下人的区段内不得有支架或悬挂装置。下人地点应有标志或声光信号,在距下人区段末端前方2 m处,必须设有能自动停车的安全装置。在卸煤口,必须设有防止人员坠入煤仓的设施。

⑤运送人员前,必须卸除输送带上的物料。

⑥应装有在输送机全长任何地点可由搭乘人员或其他人员操作的紧急停车装置。

⑦钢丝绳芯带式输送机应设断带保护装置。

2.刮板输送机的安全运行管理

(1)启动前必须发出信号,向工作人员示警,然后断续启动,如果转动方向正确,又无其他情况,方可正式启动运转。

(2)防止强制启动。一般情况下都要先启动刮板输送机,然后再往输送机的溜槽里装煤。在机械化采煤工作面,同样先启动刮板输送机,然后再开动采煤机。

(3)在进行爆破时,必须把整个设备,特别是管路、电缆等保护好。

(4)不要向溜槽里装入大块煤或矸石,如发现就应该立即处理,以防损坏或引起采煤机掉道等事故。

(5)一般情况下不准输送机运送支柱和木料等物。必须运输时,要制定防止顶人、顶机组和顶倒支柱的安全措施,并通知司机。

(6)启动程序一般由外向里(由放煤眼到工作面),沿逆煤流方向依次启动。

(7)刮板输送机停止运转时,要先停止采煤机,炮采时不要向输送机里装煤。

(8)工作面停止出煤前,将溜槽里的煤拉运干净,然后由里向外沿顺煤流方向依次停止运转。

(9)运转时要及时供水、洒水降尘。停机时要停水。无煤时不应长时间地空运转。

(10)运转中发现断链、刮板严重变形、机头掉链、溜槽拉坏、出现异常声音和有关部位的油温过高等事故,都应立即停机检查处理,防患于未然。

(11)刮板输送机的卸载端与顺槽转载机的机尾装煤部分,二者垂直位置配合适当,不能使煤粉、大块煤堆积在链轮附近,以免被回空链带人溜槽底部。应经常保持机头、机尾的清洁。

(12)在投入运转的最初两周中,要特别注意刮板链的松紧程度。刮板链在松弛状态下运转时会出现卡链和跳链现象,使链条和链轮损坏,并发生断链或底链掉道等故障。检查刮板链松紧程度最简单的方法是:点动机尾传动装置,拉紧链条,数一下松弛链环的数目。如用机头传动装置来拉紧链条,则需反向点动电动机,在机头处数一下松弛链环的数目。当出现2个以上完全松弛的链环时,需重新紧链。

我国许多煤矿在使用刮板输送机中积累了丰富的经验,其主要经验概括为四个字,即"平、直、弯、链",这是保证刮板输送机正常运转的关键。平:即输送机铺得平;直:工作面成直线;弯:输送机缓缓弯曲,呈 s 形,避免急弯;链:链条装配正确,松紧程度适当,不能过松或过紧。

3.矿用电机车的安全运行管理

(1)采用电机车运输时,应遵守下列规定:

①列车或单独机车都必须前有照明,后有红灯。

②正常运行时,机车必须在列车前端。

③同一区段轨道上,不得行驶非机动车辆。如果需要行驶时,必须经井下运输调度室同意。

④列车通过的风门,必须设有当列车通过时能够发出在风门两侧都能接收到声光信号的装置。

⑤巷道内应装设路标和警标。机车行近巷道口、硐室口、弯道、道岔、坡度较大或噪声大等地段,以及前面有车辆或视线有障碍时,都必须减低速度,并发出警号。

⑥必须有用矿灯发送紧急停车信号的规定。非危险情况,任何人不得使用紧急停车信号。

⑦两机车或两列车在同一轨道同一方向行驶时,必须保持不少于100 m的距离。

⑧列车的制动距离每年至少测定一次。运送物料时不得超过40 m,运送人员时不得超过20 m。

⑨在弯道或司机视线受阻的区段,应设置列车占线闭塞信号;在新建和扩建的大型矿井井底车场和运输大巷,应设置信号集中闭塞系统。

(2)采用人车运送人员时,应遵守下列规定:

①每班发车前,应检查各车的连接装置、轮轴和车闸等。

②严禁同时运送有爆炸性的、易燃性的或腐蚀性的物品,或附挂物料车。

③列车行驶速度不得超过4 m/s。

④人员上下车地点应有照明,架空线必须安设分段开关或自动停送电开关,人员上、下车时必须切断该区段架空线电源。

⑤双轨巷道乘车场必须设信号区间闭锁,人员上、下车时严禁其他车辆进入乘车场。

(3)乘车人员必须遵守下列规定:

①听从司机及乘务人员的指挥,开车前必须关上车门或挂上防护链。

②人体及所携带的工具和零件严禁露出车外。

③列车行驶中和尚未停稳时,严禁上、下车和在车内站立。

④严禁在机车上或任何两车箱之间搭乘。

⑤严禁超员乘坐。

⑥车辆掉道时,必须立即向司机发出停车信号。

(4)井下用机车运送爆破材料时,应遵守下列规定:

①炸药和电雷管不得在同一列车内运输。如用同一列车运输时,装有炸药与装有电雷管的车辆之间,以及装有炸药或电雷管的车辆与机车之间,必须用空车分别隔开,隔开长度不得小于3 m。

②硝化甘油类炸药和电雷管必须装在专用的、带盖的有木质隔板的车箱内,车箱内部应铺有胶皮或麻袋等软质垫层,并只准放一层爆炸材料箱。其他类炸药箱可以装在矿车内,但堆放高度不得超过矿车上缘。

③爆破材料必须有井下爆破材料库负责人或经过专门训练的专人护送。跟车人员、护送人员和装卸人员应坐在尾车内。严禁其他人员乘车。

④列车的行驶速度不得超过2 m/s。

⑤装有爆炸材料的列车不得同时运送其他物品或工具。

(5)自轨面算起,电机车架空线的悬挂高度应符合下列要求:

①在行人的巷道内、车场内以及人行道与运输巷道交叉的地方不小于2 m;在不行人的巷道内不小于1.9 m。

②在井底车场内,从井底到乘车场不小于2.2 m。

③在地面或工业场地内,不与其他道路交叉的地方不小于2.2 m。

(6)电机车架空线和巷道顶或棚梁之间的距离不得小于0.2 m。

(7)单轨吊车、卡轨车、齿轨车和胶套轮车的牵引机车和驱动绞车,应具有可靠的制动系统,并满足以下要求:

①保险制动和停车制动的制动力应为额定牵引力的1.5~2倍。

②必须设有既可手动又能自动的保险闸。保险闸应具备以下性能:运行速度超过额定速度 15% 时能自动施闸;施闸时的空动时间不大于 0.7 s;在最大载荷最大坡度上以最大设计速度向下运行时,制动距离应不超过相当于在这一速度下 6 s 的行程;在最小载荷最大坡度上向上运行时,制动减速度不大于 5 m/s。

(8)单轨吊车、卡轨车、齿轨车和胶套轮车的运行坡度、运行速度和载荷重量不得超过设计规定的数值,胶套轮材料和钢轨的摩擦系数不得小于 0.4。

(9)在单轨吊车、卡轨车、齿轨车和胶套轮车的牵引机车或头车上,必须装设车灯和喇叭,列车的尾部应设有红灯。在钢丝绳牵引的单轨吊车和卡轨车的运输系统内,必须备有列车司机与牵引绞车司机联络用的信号和通信装置。

(10)采用矿用防爆型柴油动力装置时,应遵守下列规定:

①排气口的排气温度不得超过 70 ℃,其表面温度不得超过 150 ℃。

②排出的各种有害气体被巷道风流稀释后,其浓度必须符合《煤矿安全规程》的规定。

③各部件不得用铝合金制造,使用的非金属材料应具有阻燃和抗静电性能。油箱及管路必须用不燃性材料制造。油箱的最大容量不得超过 8 h 的用油量。

④燃油的闪点应高于 70 ℃。

⑤必须配置适宜的灭火器。

(三)矿井采掘设备的安全运行管理

1.采煤机的安全运行管理

(1)采煤机上必须装有能停止工作面刮板输送机运行的闭锁装置。采煤机因故暂停时,必须打开隔离开关和离合器。采煤机停止工作或检修时,必须切断电源,并打开其磁力启动器的隔离开关。启动采煤机前,必须先巡视采煤机四周,确认对人员无危险后,方可接通电源。

(2)工作面遇有坚硬夹矸或黄铁矿结核时,应采取松动爆破措施处理,严禁用采煤机强行截割。

(3)工作面倾角在 15° 以上时,必须有可靠的防滑装置。

(4)采煤机必须安装内、外喷雾装置。截煤时必须喷雾降尘,内喷雾压力不得小于 2 MPa,外喷雾压力不得小于 1.5 MPa,喷雾流量应与机型相匹配。如果内喷雾装置不能正常喷雾,外喷雾压力不得小于 4 MPa,无水或喷雾装置损坏时,必须停机。

(5)采用动力载波控制的采煤机,当两台采煤机由一台变压器供电时,应分别使用不同的载波频率,并保证所有的动力载波互不干扰。

(6)采煤机上的控制按钮,必须设在靠采空区一侧,并加保护罩。

(7)使用有链牵引采煤机时,在开机和改变牵引方向前,必须发出信号。只有在收到返向信号后,才能开机或改变牵引方向,防止牵引链跳动或断链伤人。必须经常检查牵引链及其两端的固定连接件,发现问题,及时处理。采煤机运行时,所有人员必须避开牵引链。

(8)更换截齿和滚筒上、下 3 m 以内有人工作时,必须护帮护顶,切断电源,打开采煤机隔离开关和离合器,并对工作面输送机实施闭锁。

(9)采煤机用刮板输送机作轨道时,必须经常检查刮板输送机的溜槽连接、挡煤板导向管的连接,防止采煤机牵引链因过载而断链;采煤机为无链牵引时,齿(销、链)轨的安设必须紧固、完整,并经常检查。必须按作业规程规定和设备技术性能要求操作、推进刮板输送机。

2.刨煤机采煤的安全运行管理

（1）工作面应至少每隔30 m装设能随时停止刨头和刮板输送机的装置，或装设向刨煤机司机发送信号的装置。

（2）刨煤机应有刨头位置指示器，必须在刮板输送机两端设置明显标志，防止刨头与刮板输送机机头撞击。

（3）工作面倾角在12°以上时，配套的刮板输送机必须装设防滑、锚固装置。

3. 掘进机的安全运行管理

（1）掘进机在一般情况下的安全运行管理

①掘进机必须装有前照明灯或尾灯、必须装有能紧急停止运转的按钮。

②掘进机必须装有只准以专用工具开、闭的电气控制回路开关，专用工具必须由专职司机保管。司机离开操作台时，必须断开掘进机上的电源开关。

③开动掘进机前，必须发出警报。只有在铲板前方和截割臂附近无人时，方可开动掘进机。

④掘进机作业时，应使用内、外喷雾装置，内喷雾装置的使用水压不得小于3 MPa，外喷雾装置的使用水压不得小于1.5 MPa；如果内喷雾装置的使用水压小于3 MPa或无内喷雾装置，则必须使用外喷雾装置和除尘器。

⑤在作业期间或是当掘进机接通电源后，严禁人员在掘进机前面、截割臂的回转范围内和运输机工作范围内停留。

⑥在改变掘进机的作业方位时，要事先提醒在工作范围内的所有人员注意。

⑦掘进机停止工作和维修以及交班时，必须将掘进机切割头落地，并断开掘进机上的电源开关和磁力启动器的隔离开关。

⑧如果需要在截割臂、铲板、刮板机、回转胶带输送机等部位下面作业，必须制定专门措施，防止意外下落伤人。

⑨在检修作业期间，必须防止机器误动作等危险情况发生。

⑩如果需要将机器从地面提起进行修理，应当在履带下面垫上木垛，以确保机器的稳定。

（2）掘进机在复杂条件下的安全运行管理

①在掘进过程中，煤层底板突然上升、底板起坡时，掘进机截割底板，应抬高截割头，使之稍高于装载铲板前沿。当完成一截割循环，机器前进时，装载铲板要稍抬起，相应地在变坡点要把掘进机履带适当垫高，避免出现履带跑空打滑。当装载铲板抬到与所掘巷道的坡度一致时，落下装载铲板，继续正常截割。

②在掘进过程中，煤层底板突然下降，开始截割下坡时，应注意把装载铲板前面的底板截割深些，浮煤务必清出，装载铲板落到与巷道底板一致时，才可正常作业。当坡度突然加大时，履带后边要垫以木板，使掘进机后部抬高，待装载铲板下的底煤掏净后，即可落下铲板，继续正常作业。

③过断层时，应根据预见断层位置及性质，提前一定距离调整坡度，按坡度线上坡或下坡掘进，以便逐步过渡到煤层。

④有淋水、涌水、积水时，遇有淋水，先把掘进机遮盖好，同时要及时检查电器绝缘情况，保证安全运转。下坡掘进涌水或淋水较大时，要勤清铲板两侧的浮煤，机器不平要垫木板。要注意截堵掘进机后的涌水，并安设污水泵及时排水。邻近巷道有大量积水时，要提前泄放积水。

⑤煤层软且倾角较大、掘进断面一帮见底、另一帮不见底时，必须注意掌握好掘进机的平

衡。当巷道横向倾角大于5°时,见底的一边可正常截割,不见底的一边履带处要留比底板高0.1 m的底煤,以便垫平履带;如果留底煤掘进机仍下陷倾斜时,可在履带下面垫上木板,使掘进机保持平衡。

4.凿岩机的安全使用

(1)新机器在使用前,须拆卸清洗内部零件,除掉机器在出厂时所涂的防锈油质。重新安装时,各零件的配合表面要涂润滑油。使用前应在低气压下(0.3 MPa)开车运转20 min左右,检查运转是否正常。

(2)使用前需吹净气管内和接头处的脏物,以免脏物进入机体内使零件磨损,同时也要细心检查各部螺纹连接是否拧紧及各操作手柄的灵活可靠程度,避免机件松脱伤人,保证机器正常运转。

(3)供气管路气压应保持在0.5~0.6 MPa范围内,若气压过高则零件易损坏;气压过低则机器效率下降,甚至影响机器的正常使用。

(4)机器开动前注油器内装满润滑油,并调好油阀。工作过程中应每隔1 h向注油器内装满油1次,不得无润滑油作业。

(5)机器开动时应先小开车,在气腿顶力逐渐加大的同时逐渐开全车凿岩。不得在气腿推力最大时骤然开全车运转,更不应当长时间开全车空运转,以免零件擦伤和损坏。在拔钎时,应以开半车为宜。

(6)钻完孔后,应先拆掉水管进行轻运转,吹净机器内部残存的水滴,以防内部零件锈蚀。

(7)湿式中心注水凿岩机,严禁打干眼,更不允许拆掉水针作业,防止运转不正常及损坏阀套。

(8)经常拆装的机器,在凿岩时应注意及时拧紧螺栓,以免损坏内部零件。

(9)已经用过的机器,需要长期存放时,应拆卸清洗、涂油封存。

5.装载机的安全运行管理

常用的装载机有铲斗装载机、耙斗装载机和蟹爪装载机。

(1)铲斗装载机的安全运行管理

①禁止任何人靠近铲斗的工作范围。

②工作时,禁止清扫链条和减速器外壳的岩尘,不允许站在装载机上注油。

③操作操纵箱上的按钮时应注意前后人员的安全,以免挤伤人员。

④铲斗在提升时,如果只用牵引链条拉住,没有用特殊横杆来支撑,则禁止在铲斗底下进行任何工作,以防铲斗下落压伤工作人员。

⑤装岩前,应对岩堆洒水,如果没水或洒水装置损坏都不能开机装岩。

⑥装载机上的照明装置一定要完好,爆破时要有防护措施。

⑦装载机工作和检修时,工作人员,特别是跟班领导要注意掘进头的情况。发现有透水、冒顶、煤岩突出征兆时,应立即组织人员撤离到安全地点,并采取相应措施。

⑧拆除或修理电气设备时,应由电工操作,并严格遵守停、送电制度。

⑨司机必须持证上岗,不经培训,没有上岗证的人员禁止登机开车。

⑩司机在离岗时,必须切断电源,锁上开关。

(2)耙斗装载机的安全运行管理

①开车前一定要发出信号,机器两侧及绳道内不得站人,司机一侧的护栏应完好可靠,以

免伤人。

②耙装作业开始前,甲烷断电仪的传感器,必须悬挂在耙斗作业段的上方。操作时,两个制动闸只能一个紧闸,另一个松闸,否则会引起耙斗跳起,甚至拉断钢丝绳。操作时钢丝绳的速度要保持均匀。

③悬挂钢丝绳的尾轮一定要固定好,打楔眼时要有一定的偏角。安装固定楔处的岩石要坚硬,以防止由于固定楔不牢靠,在工作过程中拉脱伤人。

④选好装岩位置后,还要把机身固定好,防止在工作过程中活动。在上、下山使用耙装机时,更应该注意耙装机的防滑,以防止机器下滑而伤人。用在下山时,若坡度大于10°,除原有的4个卡轨器外,可在车轮前面加两道卡子或在车轮后面再加2个卡轨器。坡度大于10°时,须另加一些防滑装置来固定,如常用4个U形卡子把车轮与导轨一起卡住。用在上山时,除用卡轨器、道卡子、U形卡子固定外,可在台车后的立柱上加2个斜撑,这样不仅能起安全防滑作用,而且还能支撑机器。

⑤耙斗耙取岩石时,若受阻过太或过负荷,要将耙斗退1~2 m,重新耙取,不得强行牵引,以免造成断绳或烧毁电动机等事故。

⑥在工作中应随时注意各部声响及电动机与轴承温度。注意钢丝绳的磨损情况。

⑦电气设备不得失爆;工作面的瓦斯浓度不应超过0.5%。

⑧在无矿车或箕斗时,不能将岩石堆放到溜槽上。爆破前应将耙斗拉到机器前端,以免埋住。爆破后检查隔爆装置、电缆和溜槽后再进行工作。

⑨在拐弯巷道工作时,要设专人指挥,尤其是在弯道超过10 m时,要设2个专人用信号指挥,1个在作业面,1个在拐弯处。

⑩耙装机作业时,其与掘进工作面的最大和最小允许距离必须在作业规程中明确规定。

a.高瓦斯区域、煤与瓦斯突出危险区域的煤巷掘进工作面,严禁使用钢丝绳牵引的耙装机。

b.采掘工作面的移动式机器,每班工作结束后和司机离开机器时,必须立即切断电源,并打开离合器。

c.采掘工作面各种移动式采掘机械的橡套电缆,必须严加保护,避免水淋、撞击、挤压和炮崩。每班必须进行检查,发现损伤,及时处理。

(3)蟹爪装载机的安全运行管理

①开车前一定要发出信号,机器两侧及绳道内不得站人,司机一侧的护栏应完好可靠,以免伤人。

②运转中应随时注意机器各部运转声音及温度,减速箱温升不得超过65 ℃,电动机外壳温升不得超过75 ℃。

③严禁摩擦离合器中的摩擦片长期打滑。

④应对各操纵手把加以保护,以免煤块挤压损坏。

⑤运行中应注意履带和刮板链的松紧状态。

⑥机器在运行中严禁注油和清扫煤尘,待机器停止转动后将煤尘清扫干净。

⑦装载工作结束后,应将机器移到顶板良好、底板干燥并距工作面至少15 m外的地方。

(四)矿井支护设备的安全运行管理

1.液压支架的安全使用管理

（1）液压支架的正常使用

①准备

a.支架操作人员要经过专门的培训,使用了解液压支架的基本原理,操作要点,各部件的功能以及主要故障的排除等知识。

b.操作前,应首先观察前方顶底板,清除各种妨碍支架动作的障碍物,如浮物、杂物、台阶等。支架周围的人员随时应注意观察、警戒,以免发生事故。

c.检查液压管路,接头等是否完好,如有松脱、损坏等现象应立即进行处理。

②升柱

a.移架到位后应及时升柱。

b.为了保证支架有足够的支撑力,在没有装设初撑保证系统时,支架升柱动作应保持足够长的时间,也可让手把停留在升柱位置1~2 min后再扳回。

c.顶板上的矸石,切眼内的顶梁等应清除后再升柱,以保证支架与顶板接触严密。

d.支架需要调整时,应先调后升柱。

e.多排立支架升柱时,要使前后排立柱的动作协调,使顶梁平直、接顶良好。

③降架移架

a.降柱量应尽可能减少。当支架顶梁与顶板间稍有松动时,立即开始移架。在顶板比较破碎的情况下,尽量采用"擦顶移架"方法(边降边移或者卸载前移),有条件时应采用带压移架方法。

b.降柱移架动作要及时。一般对及时支护方式的支架,在采煤机后滚筒通过之后就可降柱移架。当顶板较好时,滞后距离一般不超过3~5 m,在顶板较破碎时,则应在采煤机前滚筒割下煤后立即进行,以便及时支护新暴露出的顶板,防止局部冒顶。在采用后一种移架方式中,支架工与采煤机司机要密切配合,防止挤伤人或采煤机割支架顶梁等事故。

c.移架时,速度要快,要随时调整支架,不得歪斜,保持支架中心距,保持与输送机垂直。移架应移到位。移架后,应使工作面保持平直。

d.为避免空顶距离过大造成冒顶,相邻两架不得同时进行降柱和移架。

e.在有地质构造和断层落差较大的地方,严加控制支架的降柱,不可降得太多,防止钻入邻架。

f.工作面支架一般采用顺序移架方式。避免在一个工作面内有多处进行降、拉、移架的操作。根据防倒防滑的要求,可先移排头第二架。工作面支架可选择由工作面下方或上方相反方向的移架顺序。

④推溜

a.推移输送机必须在采煤机后滚筒的后面10 m以外进行。

b.根据工作面情况可采用逐架推溜间隔推溜,几架同时推溜等方式,避免将输送机推出"急弯"。

c.推溜时应随时调整布局要推够进度。除了移动段有弯曲外,输送机的其他部位应保持平直,以利采煤机工作。

d.工作面输送机停止运转时,一般不允许进行推溜。

e.推溜完毕后,必须将操作阀手把及时复位,以免发生误动作。

⑤平衡千斤顶

a. 在一般情况下,即顶板变化不大,降架又很少时,可不必操作千斤顶。

b. 如果顶板较破碎,在升柱后可伸出平衡千斤顶,以增加顶梁前端支撑力。

c. 若顶板比较稳定,可在升柱后收缩平衡千斤顶,使支架合力作用点后移,提高切顶能力。

d. 要避免由于平衡千斤顶伸出太多,而造成支架顶梁只在前段接顶的现象。

⑥侧护板

a. 一般情况下不必伸出或收回活动侧护板。只有当支架歪倒,需要扶正时,才在支架卸载状态下将可活动侧护板伸出,顶在固定住的下部支架上,可使支架调整到所需位置。

b. 尽量不要收回活动侧护板,以免架间漏矸。

⑦护帮装置

a. 采煤机快要割到时,应及时收回护帮装置,以防止采煤机割护帮板。

b. 采煤机割煤并移完支架后,要及时将护帮装置推出,支撑住煤壁。

c. 动作要缓慢平稳,防止伤人。

⑧防倒、调架、防滑装置

a. 支架歪倒,下滑或斜歪时,要及时操作调整。

b. 注意操作顺序以及正常操作之间的配合关系。一般,调整支架要在卸载状态下进行。

c. 动作要缓慢,边操作、边观察支架调整的状况以及顶板情况。

d. 推溜时,防滑千斤顶不得松开,以防止推移过程中支架下滑。

(2)液压支架在困难条件下的使用

①过断层

a. 若工作面内有落差大于采高的走向断层,则以断层为界,将工作面分为两段,沿断层掘进中巷,可用作运煤巷。

b. 对于落差大致等于或小于煤层厚度并与工作面斜交的断层,一般可强行通过。为使断层和工作面交叉面积尽量减少,应事先调整工作面方向,使工作面煤壁与断层保持一定角度。夹角越大,就愈容易维护。一般以 25°~35°较好。

c. 遇到断层时应提前开始使支架逐渐走上坡或者下坡。当断层落差较小时,只要控制采高、留煤顶或煤底,形成一个人为坡度就可以通过断层,如果断层落差较大,则可用采煤机切割或放炮法挑顶,卧底,形成人为坡度,强行通过断层。一般,当岩石硬度在普氏系数 4 以下时,可直接用采煤机切割,岩石硬度再高时,则用打眼放炮法。此时应打浅眼,少装药,放小炮。防止崩坏液压支架的立柱和其他部件,可用悬挂挡矸皮带等方法保护。

d. 通过断层时,顶板一般比较破碎,有时还伴有煤壁片帮。因此要及时采取措施,防止冒顶与片帮。

e. 通过断层时,液压支架往往处于极限工作位置,容易出现歪倒,顶空等情况。而且由于局部条件的恶化,架与架之间的工作状况有很大出入。所以操作支架时要注意观察相邻支架的状况和顶板情况,谨慎小心,防止损坏支架。

f. 由于断层区顶板比较破碎,故应及时移架,尽量采用擦顶或带液压架方法。降柱不要太多。

②过老巷

a. 由于老巷周围岩层变形和破坏,工作面通过时,往往矿压增大,顶板都难于为维护。特别是年久失修的空巷,通过时困难更大。因此应尽量使工作面与老巷成斜交布置,这样可以逐段通过老巷,避免整个工作面同时通过。

b. 过本层老巷时,应事先将老巷修复。如老巷已不通风,则应首先通风排出有害气体。修复老巷的主要方法是加强支护。可架设木垛,加设瞄杆,顶部铺金属网。一般,可支设一梁二柱或一梁三柱的抬棚。棚梁方向基本与工作面煤壁垂直,抬棚间距一般为 0.5 ~ 1.0 m。工作面通过时,可先撤除一根棚腿,使支架顶梁托住木棚,然后移架。

c. 当老巷位于工作面底板岩层时,要用木垛等措施加强老巷的支护,防止支架通过时下陷。

d. 当老巷位于工作面顶板岩层时,必须采取加设木垛、打密集支柱等方法,使上覆岩石的压力均匀传递到工作面支架上。

③破碎顶板

a. 及时移架,减少支护滞后时间。擦顶或带压移架,减少移架时顶板岩层的活动和破坏。

b. 当顶板破碎,片帮严重时,可以超前移架,即在采煤机未割煤之前先移架,以便及时控制顶板。

c. 在支架顶梁上铺金属网。要注意保证搭接长度,一般要大于 200 mm。可根据顶板破碎的范围,适用垂直或顺着工作面的铺网方法。

d. 在采煤机割煤后,如果新暴露出来的顶板在短时间内不冒、而在支架降移时才可能冒落,则可以用挑顺山梁的方法架设长梁,还可铺金属网片、荆芭片等,若工作面顶板割煤后很快就冒落,应架设走向梁,使梁的一端支在煤壁里或支在临时支柱上,另一端则架在支架顶梁上。

e. 提前对工作面前方顶板进行化学加固,提高顶板的完整性。

④坚硬顶板

a. 采用顶板高压注水软化或者人工强制放顶措施,防止顶板大面积来压对工作面支架的威胁。

b. 选用高支撑力的液压支架,一般选用支撑掩护式支架,支护强度不低于 1 MPa。

c. 支柱的立柱应选用装有大流量安全阀和抗冲击结构的立柱,防止工作面顶板突然来压时造成立柱的弯曲和鼓爆。

⑤软底板

a. 工作面在基本满足冷却、灭尘的前提条件下,尽量减少用水,防止松软底板遇水后膨胀、鼓起。

b. 当底座陷入底板不深时,可在底座下垫入木板,方可前移。

c. 底座陷入底板较深,可在顶梁下打一斜撑柱,然后降立柱,便可将底座抬起,垫入木板,利于移架。

d. 利用相邻支架的千斤顶,将本架支架底座上抬,以便完成移架。有的支架为适应软底板要求,装设有抬底座千斤顶。

e. 强行移架,如用增压法、加辅助千斤顶等方法。

2. 单体液压支柱的安全使用管理

(1)工作面的支柱、铰接顶梁、水平楔均应编号,实行"对号入座"。

(2)支柱下井前要根据试验,达到标准方可下井,新到支柱要按煤炭部颁发的单体液压支柱出厂验收标准,及时组织验收,合格的要求不同型号、规格编制永久矿号,同时建立账卡、牌板,做到数量清、状态明。

（3）不同性能的支柱不准混用，不准在炮采工作面或淋水较大、特别是在有严重酸碱性淋水工作面中使用。

（4）工作面等每班应设专职支柱管理员 2 人，负责支柱、顶梁、水平楔的清点、管理，处理一般故障，更换失效三用阀和破损顶盖工作。

（5）使用单体液压支柱的矿井，必须制订防止丢失和无故损坏的各项制度。以及奖惩办法。

（6）内注式单体支柱的注油工作，要固定专人负责。要按规定的亚也油牌号，严格过滤，定期注油，保持支柱内的正常油量。

（7）工作面使用的支柱要根据保持完好状态，在籍支柱完好率不低于 90%。

（8）支柱搬家转移，应有专责队伍负责，使用专用车辆；建立责任制和验收交接手续，认真进行清点，核对数量；对搬运转移造成严重损坏或丢失者，要追查责任给予经济制裁。

（9）工作面上必须有 10% 左右的备用支柱，整齐竖放在工作面附近安全、干燥、清洁的地点。

（10）要按"作业规程"规定的柱距，排距支设支柱，迎山角度合适，支柱顶盖与顶梁结合严密，不准单爪承载。中煤层和大倾角煤层工作面的人行道两排支柱要使用绳子连接栓牢，以防失败支柱歪倒伤人。

（11）工作面必须放炮时，要采用防止损坏支柱的有效措施，并报矿总工程师批准。

（12）支柱支设前，必须检查零部件是否齐全，柱体有无弯曲、凹陷，不合格的支柱不准使用。

（13）支柱除顶盖和外注式支柱的阀组件可在井下更换外，其他不准在井下拆卸修理。

（14）长期没有使用的支柱，使用前，应先排出空气。支设后，如果出现活柱缓慢下沉时，则应升井检修。

（15）外注式支柱升柱前，必须用注液枪冲洗阀嘴，回柱时必须使用专用手把，严禁使用其他工具代替。

（16）不准用锤镐等硬物直接敲打、碰击柱体和三用阀。回撤支柱，必须悬挂牢靠的挡矸帘，防止顶梁和大块矸石碰砸支柱。

（17）工作面初次放顶前，必须采用相应的技术措施，以增加支柱的稳定性和防止压坏支柱。工作面上闲置与回撤的支柱必须竖放，不准倒放或平放在底板上。严禁使用支柱移刮板输送机。

（18）如果发生支柱压死，要先打好临时支柱，然后用挑顶卧底的方法回撤，不准用炮崩或用机械强行回撤。

（19）外注式支柱工作面必须配有足够的注液枪，每 20～30 m 装备一支为宜，上、下顺槽处要适当加密，用完后的注液枪应及时悬挂在支柱手把体上，不得随地乱放。

（20）地面闲置，待修的支柱不得露天存放，要分类存放在空气干燥、室温在 0 ℃ 以上的检修车间或库房中，长期闲置的支柱，要放出乳化液（油）。

3. 乳化液泵站的安全运行管理

乳化液泵站是综采工作面关键设备之一，泵站是否运行正常、安全，直接影响工作面的生产与安全。为保证乳化液泵站的安全运转，应做好下列工作：

（1）操作人员要注意观测泵站压力是否稳定在调定范围之内。压力变化较大时，应立即停泵,查明原因进行处理。

（2）操作人员要注意设备运转声音是否正常。要观察阀组动作的节奏、压力表和管路的跳动情况,发现有异常现象时要立即停泵。

（3）注意润滑油油面高度,应不低于允许的最低油面高度,油温应低于70 ℃。

（4）泵站在运行过程中,如发现危及人身或设备安全的异常现象或故障时,应立即停泵检查,在未查明原因和排除故障之前,严禁再次启动。

（5）检修泵体,更换密封圈、连接件、管接头、软管等承压件时,必须先停泵,并将管路系统中的压力液释放后,方可进行工作,以免高压液伤人。

（6）泵站运行时,不得用安全阀代替自动卸载阀工作,也不得用手动卸载阀代替自动卸载阀调压。

（7）决不允许用氧气或空气代替氮气向蓄能器胶囊充气,以免发生爆炸。

（8）对保护和附属装置如安全阀、卸载阀、蓄能器、压力表等要加强检查,发现失效时,应立即更换。

（9）正在运行的泵发生故障时,应按操作规程启动备用泵。如备用泵也不能启动,应立即处理,并通知工作面有关人员。

三、相关知识

（一）矿井提升机的维护管理

1. 矿井提升机在运行中的有关规定

（1）信号规定

提升司机操作时必须按信号执行。

①每一提升机除有常有的声光信号（同提升机控制电路闭锁）外,还必须有备用信号装置。井口和提升机操纵台之间还应装设直通电话或传话筒。

②司机必须熟悉全部信号的使用,并逐步掌握信号系统线路,提高处理事故的能力。

③司机如收到的信号不清或对信号有疑问时,不准开机,应用电话问清对方。待信号工再次发出信号后,再执行运行操作。

④司机接到信号后,因故未能及时执行,司机应立即通知信号工说明原因。申明前发信号作废,改发暂停,事后由司机通知信号工可以开机,待信号工重发信号,才可开机。

⑤司机不得无信号自行开机,需开机时,应通知信号工,待发来所需信号后,才可开机。

⑥提升机停止运转 15 min 以上,需继续运转时如信号工未与司机联系,就发出信号,那么司机应主动与信号工取得联系,经联系后才可开机。

⑦司机如收到的信号与事先口头联系的信号不一致时,司机不能开机,应与信号工联系,证实信号无误时,才准开机。

⑧提升设备检验期间,经事先通知信号工,可由信号工发送一次信号（以后不需再等信号）,就可以自由开机,待工作完毕后应通知信号工。

⑨提升机正常运转中,如出现不正常信号时,司机应按提升机在启动运行中的注意事项的要求,用工作闸或保险闸进行制动停机,然后取得联系,查明原因。

⑩全部信号（包括紧急信号和备用信号）每天应试验一次,以检查信号系统的动作是否可靠;常用信号发生故障时,司机应及时与信号工取得联系,改用备用信号。

（2）提升速度的规定

①提升机正常提矿石或其他物料的加速、等速及减速的时间,不得小于技术定额规定的时间;当提升容器接近井口时,其提升速度不得大于 2 m/s。

②升降人员时的加速、等速及减速的时间,必须不小于技术定额中对升降人员规定的时间。

③运送炸药或电雷管时,罐笼升降速度不得超过 2 m/s;无论运送何种火药,吊桶升降速度都不得超过 1 m/s。司机在启动和停车时,不得使罐笼或吊桶发生震动。

④吊运大型特殊设备及其他器材需要吊挂在罐底时,其速度应按具体情况由吊运负责人与司机临时商定,一般不超过 1 m/s。

⑤用人工验绳的速度不大于 0.5 m/s,一般为 0.3 m/s。

⑥调绳速度不大于 0.5 m/s。

（3）监护制

①每台提升机,每班应有两名司机值班,在进行以下提升时,应执行监护制,即一人操作一人在旁边监护:

a. 升降人员。

b. 运送雷管、炸药等危险品。

c. 吊运大型特殊设备和器材。

d. 提升容器顶上有人工作。

②监护司机的职责如下:

a. 及时提醒操作司机进行减速、施闸和停机。

b. 必要时监护司机可直接操纵保险闸操纵手柄或紧急停机开关。

c. 在不需要监护时,非值班司机应进行巡回检查,擦拭机器,清理室内卫生,接待来人及其他必要的工作。

（4）提升司机应遵守的纪律

①在操作时间内,禁止与人谈话,信号联系只能在停机时进行,开机后不得再打电话联系;对监护司机的示警性喊话,禁止对答。

②司机在操作时间禁止吸烟,在接班上岗后严禁睡觉、打闹。

③司机操作时不得擅离操纵台。

④司机应轮换操作,每人连续操作一般为 0.5 h,最长不得超过 1 h,但在一钩提升中,禁止换人。

2. 矿井提升机的维护检查

（1）巡检

所谓巡检是指在提升机运转过程中,由非值班司机在开机前后及交接班时进行的一种巡视检查。巡检时按绘制的巡检路线进行,其主要方法是手摸、目视、耳听等。巡检的重点有以下方面。

①制动系统的检查:

a. 施闸时,闸瓦与闸轮（或闸盘）接触是否平稳,有无剧烈跳动和颤动。

b. 松闸时,闸瓦与闸轮（或闸盘）间隙是否符合规定值。

c. 闸瓦有无断裂,磨损剩余厚度是否超限。

d. 油压或气压系统是否漏油或漏气。

②各发热部位的温度是否超过规定值。

③各种仪表(电流表、电压表、压力表、温度计等)指示是否准确。

④卷筒转动时有无异常响声和震动。

⑤减速器传动过程中有无异响,油流指示器给油量是否正常,强制性润滑的内部油管喷油情况是否正常,通过油管查看油面的高低。

⑥深度指示器的指示位置是否正确。

⑦电气设备的检查:

a. 电动机滑环接触状况是否良好,有无火花,转动时有无异响和震动。

b. 各控制盘接触器的触点接触状况是否良好。

c. 各继电器动作是否正常。

⑧各连接件、紧固件的螺栓或螺钉、铆钉有无松动等。

在巡检中,发现问题要及时加以处理。司机自己能处理的,应立即处理;司机不能处理的要及时上报,通知维修工处理。发现萌芽性问题,不能及时处理可作稍缓处理的,要继续认真观察,监视其发展情况,并及时向主管部门汇报。所有发现的问题及其处理的经过,都要及时记入交接班记录簿内。

图 3.1 所示为 JKM-2.8x4 型提升机巡检路线示意图。

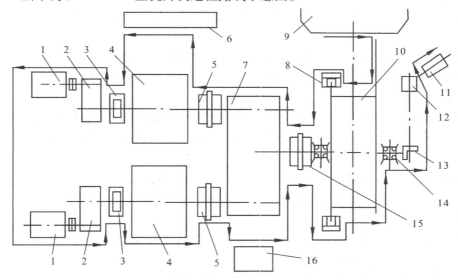

图 3.1　JKM-2 8x4 型提升机巡检路线图

1—微拖动电动机;2—微拖动减速器;3—气囊离合器;4—主电动机;5、15—联轴器;6—控制盘;7—主减速器;

8—盘式制动器;9—司机操纵台;10—主导轮;11—信号箱;12—深度指示;13—传动伞齿轮;14—轴承;16—液压站

(2)日检

日检主要是检查经常磨损和易松动的外部零件,以及控制盘上的各接触器触点接触的磨损情况,必要时进行修理、调整和更换。如果发现重大损坏时,应立即报告主管负责人设法处理。日检的具体内容如下:

①用检查手锤检查各部分的连接零件,如螺栓、螺钉、铆钉、销轴等是否松动。

②由检查孔观察减速器齿轮的啮合情况。

③检查制动系统的工作情况,如闸轮(闸盘)闸瓦、传动机构、液压站、制动闸等是否正常,间隙是否合适。

④检查润滑系统的供油情况,如油泵运转是否正常,输油管路有无阻塞和漏油等。

⑤检查深度指示器的丝杠螺母运动情况,保护装置和仪表等动作是否正常。

⑥检查各转动部分的稳定性,如轴承是否振动,各部机座和基础螺栓(螺钉)是否松动。

⑦试验过卷保护装置,手试一次松绳信号装置,试验各种信号(包括满仓、开机、停机、紧急信号)等。

⑧检查各种接触器(信号盘、转子控制盘、换向器等)触点磨损情况。磨损严重的要及时进行修理或更换,以保持有良好的接触。

⑨检查调绳离合器、天轮的转动和轴承的润滑情况等。

⑩检查提升容器及其附属机构(如阻车器、连接装置、罐耳等)的结构情况是否正常。

⑪检查防坠器系统的弹簧、抓捕器、联动杆件等的连接和润滑等情况。

⑫检查井口装载设备,如推土机、爬车机、翻车机、阻车器、摇台或罐座、安全门等工作情况。

⑬按照《煤矿安全规程》的规定,检查提升机的钢丝绳工作情况和在卷筒上的排列情况。

(3)周检

由机电检修工配合进行,周检的内容除包括日检的内容外,还要进行下列各项工作:

①检查制动系统(盘闸或轮闸),尤其是液压站和制动器动作情况,调整闸瓦间隙,紧固连接装置。

②检查各种安全保护装置,如过卷、过速、限速等装置的动作情况。

③检查卷筒的铆钉是否松动,焊缝是否开裂;检查钢丝绳在卷筒上的排列情况及绳头固定得是否可靠。

④摩擦式提升机要检查主导轮的压块紧固情况及导向轮的螺栓和衬垫等情况。

⑤检查并清洗防坠器的抓捕器,必要时给以调整和注油;检查制动钢丝绳及缓冲装置的连接情况。

⑥修理并调整井口设备的易损零件,必要时进行局部更换。

⑦按《煤矿安全规程》的要求,检查平衡钢丝绳的工作状况。

(4)月检

由主管机电工程师和机电检修工负责,提升司机配合进行检查。月检的内容除包括周检的全部内容外,还须进行下列各项工作:

①打开减速器观察孔盖和检查门,详细检查齿轮的啮合情况,检查轮辐是否发生裂纹等。

②详细检查和调整保险制动系统及安全保护装置,必要时清洗液压零件及管路。

③拆开联轴器,检查工作状况,如间隙、端面倾斜、径向位移、连接螺栓、弹簧及内外齿是否有断裂、松动及磨损等现象。

④检查各部分轴瓦间隙。

⑤检查和更换各部分的润滑油,清洗各部分润滑系统中的部件,如油泵、滤油器及管路等。

⑥清洗防坠器系统并注油,调整各间隙。

⑦检查井筒装备,如罐道、罐道梁和防坠器用制动钢丝绳、缓冲钢丝绳等。

⑧试验安全保护装置和制动系统动作情况。

⑨检查天轮衬垫的磨损情况,衬垫磨损量达到一个绳径时,应及时更换。

无论是日检、周检还是月检,都要做好记录,把检查结果和修理内容均记入检修记录簿,并由检修负责人签字。

3. 矿井提升机的维护检修

(1)小修

矿井单绳缠绕式提升机的小修一般按设备计划预修周期图表的规定进行。小修的目的是消除设备在使用过程中,由于零件磨损和维护保养不良所造成的局部损伤,调整或更换配合零件,恢复提升机的工作能力和技术状况,保证设备的正常运转。小修周期为:对直径2 m以下提升机的小修间隔一般为3~6个月;对直径2.5 m以上提升机的小修间隔一般为6~12个月。小修内容如下:

①检查、调整各部轴承间隙,紧固各部件的螺栓,必要时更换。

②检查各部齿轮的磨损情况,清洗各部联轴器,调整不同心度,更换蛇形弹簧。

③检查、清洗活动卷筒轴瓦及调整间隙、调整钢丝绳、清扫蓄压器。

④检查、清扫滤油器、工作制动和保险制动缸、管网系统及更换润滑油、皮碗、胶圈等。

⑤更换制动器闸瓦、摩擦片,调整间隙,检查碟形弹簧;更换活动卷筒推离汽缸皮碗和行程限制器等。

⑥检查、清扫三通阀、四通阀和压力调节器,调整或更换电液转换阀磁铁和十字弹簧。

⑦检查、清洗限速发动机各部轴承及清扫电动机。

⑧检查、清洗深度指示器各部机构,更换轴套和齿轮。

⑨检查、清洗天轮轴承,更换天轮衬垫;检查井口装卸设备,如推车机、爬车机、翻车机、阻车器等。

⑩拆洗防坠器和进行定期试验工作。

(2)中修

中修与小修的差别是中修需要较周详地拆卸设备和检查其重要零部件的运转磨损情况,更换和修复使用寿命较长的零件,解决各部件间不协调状况。中修时,时常进行机组全部拆卸,清洗所有的部分,检查磨损及安全保护装置,更换和修理磨损的零件,并消除在小修中不可能消除的缺点。中修周期一般为2~4年。中修内容如下:

①小修全部内容。

②修理和更换滑动轴承,更换部分滚动轴承;修理或更换减速器的大、小齿轮。

③修理或更换操作和制动系统的各种杠杆、拉杆、连杆、卷筒木衬。

④车削或更换摩擦衬垫和钢丝绳、尾绳。

⑤修理或更换油泵和滤油器。

⑥车削制动轮。

⑦修理或更换推离汽缸、工作制动、保险制动缸。

⑧修理或更换天轮。

⑨更换电动机轴承及部分电气元件。

⑩更换其他不能维持到下次中修,而小修又不能处理的零部件。

(3)大修

大修的作用是完全恢复提升设备的正常状况和工作能力。大修包括小修和中修中所规定的全部工作:拆卸机器的全部部件,仔细地检查全部零件,修理或更换全部磨损部分;此外,修理或更换部分使用期限等于修理循环的大零件。大修周期一般为6～12年。大修的主要内容如下:

①中修全部内容。

②修理更换卷筒主轴和轴承座。

③修理或更换减速器、齿轮联轴器。

④更换主轴轴瓦或抬起大轴进行下轴瓦的检查(或更换滚动轴承),调整大轴水平度。

⑤进行各轴间的水平度和平行度的检查或找正。

⑥彻底清洗和检查液压、气压制动系统,并进行更换零部件和调试工作。

⑦更换立井罐道、罐道梁及井口装置。

⑧更换主电动机及其他电控设备。

⑨彻底检查井架及附属部件,并进行除垢、除锈和涂漆工作。

⑩修理或更换其他不能维持到大修期间,而中修又不能处理的零部件。

大修后设备验收应编写文件,在文件中应能反映出修理的质量、更换零部件的名称和数量、对工作量的估计。

提升机的小、中、大修均应安排在元旦、春节、国庆节等假日和其他停产时间进行检修。

(二)矿井排水设备的维护管理

1.矿井排水系统的维护管理

(1)每个矿井都必须及时填绘矿井排水系统图。排水系统图要反映出各水平、各区域的涌水源、涌水量、流水线路、巷道硐室标高、水仓容量、排水设备和排水能力、排水管路以及水闸门等,以便用于改善疏、排水系统和防止淹没井巷,在处理淹井事故时,指导排水、堵水。

(2)在每年雨季到来之时,必须对排水系统的所有设备、管路以及供电线路全面检查一次,对所有零配件应补充齐全,并对全部水泵(工作水泵和备用水泵)进行一次同时运行的排水试验,发现问题及时处理。

(3)水仓、沉淀池和水沟中的淤泥,每年至少清理两次,在雨季前必须清理一次。

2.井下主排水设备的维护管理

(1)建立检修制度,按规定对水泵进行大、中、小检修。

(2)建立巡回检查制度,巡回检查水泵、排水系统、电气部分、仪表的运行情况,发现问题及时反映、及时处理。

(3)运行中要做到"勤、查、精、听、看"。勤:即勤看,勤听,勤摸,勤修,勤联系;查:即查各部位螺栓,查油量油质,查各轴承温度,查安全设备和电气设备,查闸阀和逆止阀好坏;精:即精通业务,精力集中;听:即听取上班的交班情况,听取别人反映,听机器运转的声音;看:即看水位的高低,看仪表指示是否正确和有无故障,看油圈甩油情况和润滑是否良好。

(4)做好泵体、电机、环形管路、阀门等防腐工作。

(5)做好压力表、真空表、电压表、电流表、电度表的整定、定期校验工作。

(6)雨季前做好水泵联合试运转。

3.水泵的维护管理

(1)检查仪表、引线的状况是否损坏或老化,检查管路是否泄漏或松动。

(2)冬季暂时停泵时,把泵内的水放掉,避免将泵冻坏。

（3）长期不用泵时,应将泵卸掉、拆开,将零件涂防锈油,妥善保存。

（4）定期检查泵的性能及运行情况,并作详细记录,如发现问题应立即维修。

（三）矿井通风设备的维护管理

1. 矿井通风机的操作要求

（1）严格执行《煤矿安全规程》、操作规程及交接班制度。

（2）开机前要进行严格检查:

①检查所有进风门、反风门、井口防爆门的位置是否正确,风道内有无杂物。

②检查各传动部分及机件等有无裂纹,检查各部位螺钉是否可靠,联轴器是否有异常声响,风硐、风门有无漏风现象。

③检查各润滑部分油脂是否清洁,油量是否充足。

④检查电气部分是否正常,负压计、温度传感器是否合乎规定。

⑤长时间停运或检修完毕的通风机,要测量绝缘电阻。

⑥检查电动机连接部位、接地位置是否可靠,盘车1~2转应灵活。

（3）当设备出现异常情况时,应立即停止运行,进行检查,并启动备用通风机。

（4）在使用通风机过程中,应备有运行、检修记录本,系统地记录通风机的运行情况。

（5）当需要反风时,应先切断电源,有制动装置的可使用制动装置使叶轮尽快停止运转,但必须等叶轮停止旋转后方可反转,否则有可能损坏设备。

（6）通风机在安装和检修后要进行调试和试运转,若出现异常应立即停止,并检修和调整。

（7）离心式通风机应该在关闭闸门的情况下启动,轴流式通风机应该在全开闸门或半开闸门的情况下启动。

2. 矿井通风机的维护管理

（1）通风机中所使用的仪器、仪表、传感器,应定期检查。

（2）要加强通风机在运转时的外部检查,注意机体有无漏风和不正常的振动。

（3）应每隔 10~20 min 检查一次电动机和通风机轴承温度,以及压差计、电压表、电流表与功率因数表的读数。

（4）应定期检查轴承内的润滑油量、轴承的磨损情况、轮叶有无弯曲和断裂以及轮叶的紧固程度。

（5）要注意检查皮带的松紧程度或联轴器的连接螺钉,必要时进行调整或更换。

（6）机壳内部和叶轮上的灰尘,应每季度清洗一次,以防锈蚀。对于轴流式通风机,为了防止支撑叶片的螺杆日久锈蚀,在螺帽四周应涂石墨油脂。

（7）按规定时间检查风门及其传动装置是否灵活。

（8）在处理电气设备的故障时,必须首先断开检查地点的电源。

（9）露在外面的机械传动部分和电气裸露部分要加装保护或遮拦。

（10）主要通风机应在 3 个月内小修一次,每年中修一次,3 年大修一次,但也可根据设备状态适当提前或延期进行。检修的内容可根据日常预防的结果进行选择。

（四）矿井压风设备的维护管理

压风机是在高温、高压条件下连续运转的动力设备,经过长期的运行,其零部件会有不同程度的磨损,使其性能降低,甚至失效。为了保证压风机应有的性能,持续、正常地供气,要求操作和维护人员必须遵照有关规定,认真做好压风机的维护保养和检查修理工作。其内容可分为"两保"和"两修"。"两保"指的是日常维护保养和定期保养;"两修"指的是项修和大修。"两修"是在"两保"的基础上来确定和进行的。

1. 矿井压风机的操作要求

(1)开机前的检查

①各紧固螺栓无松动。

②传动皮带的松紧适度,无断裂、跳槽、翻扭现象。

③护罩安装牢靠,电气设备接地良好。

④各润滑油腔油质合格,油量适当,油路畅通。

⑤冷却水畅通,水量充足,水质洁净,水压符合规定。

⑥超温、超压、断水、断油保护装置灵敏可靠。

⑦各指示仪表齐全可靠。

⑧电动机炭刷、滑环接触良好,无卡阻、无损伤。

⑨电气隔离开关、断路器应在断开位置。

(2)同步电动机异步启动后,增速至额定异步转速时,及时投入励磁牵入同步;励磁可以调至过激,以改善网络功率因数,但过激电流、电压应符合所用励磁装置的工作曲线。

(3)绕线式异步电动机采用变阻器启动时,电动机滑环手把应在启动位置,启动前应将电阻全部投入,待启动电流开始回落时,逐步将电阻缓缓切除,直至全部切除。电动机进入正常转速后,将电动机滑环手把打到"运行"位置,将启动器手把返回"停止"位置。

(4)感应电动机用频敏电阻启动时,启动后必须将电阻切掉。

(5)用手摇油泵将润滑油打入汽缸、十字头轴承及曲轴轴瓦等处。

(6)在卸压时,不论压力高低,都不能把放空阀门开得过大、过快,尤其是大中型、中压以上空气压缩机和高压部位的阀门,以防止气流速度过快而引起管道激烈振动或剧烈摩擦的静电起火,引起爆炸。

(7)当设备出现异常情况时,应立即停止运行,进行检查,并启动备用压风机。

2. 矿井压风机的维护管理

(1)日常维护保养

日常维护保养是压风机一切活动的基础,要求做到经常化、制度化。它是由操作人员在班前、班后和设备运行时进行。

①设备在运行中要经常认真地巡回检查,发现问题及时处理;停机后认真擦拭、清扫和进行必要的调整,做好各种记录,做到整齐、清洁、润滑、安全。

②日常保养工作的内容是检查设备的润滑、冷却系统及其调节装置、安全装置有无异常,对各处阀门应经常加油、旋动,保持清洁、灵活,以免锈蚀,尤其是室外的和很少操作的阀门。

③日常检查除了靠各种仪表来监测外,还要依靠操作者的五官感觉,即看、摸、听、闻结合运用的方法检查压风机的运转情况。

看:随时观察各级汽缸的工作压力和温度是否正常,冷却系统的效率和流量变化,润滑系统的工作情况,传动系统是否有松动现象,各个连接处是否有漏气、漏水、漏油现象等。

摸:触摸有关部位的发热程度,从而判定其摩擦、润滑及冷却状况。

听:声音异常处往往就是故障部位,若能采用话筒做检查设备运转声响的传送器,则效果会更佳。

闻:强烈的异味(如糊味、焦味等)源说明该处已损坏或缺油干磨,应迅速采取措施或停机处理。

(2)定期维护保养

在做好日常维护、检查工作的基础上,参照说明书的具体规定,进行系统分析,结合设备的实际使用状况,制订出经济、合理的定期维护保养制度。

①清洗进气阀、排气阀、汽缸、活塞、排气管道、冷却器,除去油垢积炭。

②清除空气滤清器滤网上的尘污积垢。

③调整校验安全阀、压力表、温度计,以确保其灵敏可靠性。

④拆洗曲轴,畅通油路,清洗油池。

⑤检查漏气、漏油、漏水处,消除日检时发现而未处理的问题。

(五)矿井运输设备的维护管理

1.带式输送机的维护管理

(1)带式输送机事故勘察要点

①使用的输送带是否达到阻燃要求。

②巷道内照明是否充分。

③驱动卷筒防滑保护、烟雾保护、温度保护和堆煤保护装置装设情况及工作是否可靠。

④是否装设自动洒水装置和防跑偏装置。

⑤在主要运输巷道内安设的带式输送机是否装设输送带张紧力下降保护装置和防撕裂保护装置,是否在机头和机尾装设防止人员与驱动滚筒和导向滚筒相接触的防护栏,这些装置工作是否可靠。

⑥在倾斜井巷中使用的带式输送机,装设的防逆转装置或制动装置是否可靠。

⑦液力耦合器是否使用不可燃性传动介质。

(2)带式输送机事故预防措施

①使用合格的阻燃输送带。

②机道的消防设施要齐全。机道要设置灭火水管,每隔50 m设一个管接头和阀门。机头部要备有不少于0.2 m^3 的黄砂和两个以上合格的灭火器,同时机头部要备有25 m长的消防软管。

③液力耦合器必须使用合格的易熔塞和易爆片,必须使用难燃液或水介质。

④经常检查和调整张紧装置,使输送带张力适宜。

⑤装载时要均匀,防止局部超载和偏载。

⑥输送带接头要严格按标准使用合格的输送带扣,并经常检查接头质量。

⑦巷道内安设带式输送机时,输送机距支护或碹墙的距离不得小于0.5 m。

⑧在带式输送机巷道中,行人经常跨越带式输送机的地点,必须设置过桥。

⑨液力耦合器外壳及泵轮无变形、损伤或裂纹,运转无异响。

⑩下运带式输送机电机在第二象限运行(即发电运行)时,必须装设可靠的制动器,防止飞车。

2.刮板输送机的维护管理

(1)《煤矿安全规程》对刮板输送机的规定

刮板输送机作为采掘工作面的重要运输设备,在矿井生产过程中,取代了大量的人力劳动,提高了生产效益,对此,《煤矿安全规程》作出明确的规定:

①采煤工作面刮板输送机必须安设能发出停止和启动信号的装置,发出信号点的间距不得超过 15 m。

②刮板输送机的液力耦合器,必须按所传递的功率大小,注入规定量的难燃液,并经常检查有无漏失。易熔合金塞必须符合标准,并设专人检查、清除塞内污物。严禁用不符合标准的物品代替。

③刮板输送机严禁乘人。用刮板输送机运送物料时,必须有防止顶人和顶倒支架的安全措施。

④移动刮板输送机的液压装置,必须完整可靠。移动刮板输送机时,必须有防止冒顶、顶伤人员和损坏设备的安全措施。必须打牢刮板输送机的机头、机尾锚固支柱。

(2)刮板输送机安全操作

①安装质量。保证安装质量,就必须使刮板输送机铺设达到平、稳、直,这样才能使输送机安全运转,从而避免运转时链条跑偏、飘链、掉链、卡链等事故发生。

②检修制度。刮板输送机使用过程中,应定期检修,特别是易损部件更应经常检查。严格执行检修制度,把事故消灭在萌芽状态。

③操作管理。刮板输送机的操作应严格按照操作规程要求进行,无证司机不得操作刮板输送机。一旦发生事故时,必须及时停机,排除故障。

(3)刮板输送机的事故预防措施

①凡是转动、传动部位应按规定设置保护罩或保护栏杆,机尾应设护板,须横越输送机的行人处必须设置人行过桥。

②不准在输送机槽内行走,更不准乘坐刮板输送机。当需要运送长料时,必须制定安全措施,其操作顺序是:放料时,要顺刮板输送机运行方向,先放长料的前端,后放尾端;取料时,先取尾端,禁止先取前端。

③严格执行停机处理故障、停机检修的制度,停机后在开关处要挂上"有人工作,禁止开机"牌,并与采煤机闭锁。严禁运行中清扫刮板输送机。

④采煤工作面的刮板输送机,必须沿着输送机安设能发出停止或开动的信号装置,发出信号点的间距不得超过 12 m。开机前先发出信号,后点动试车,待观察没有异常情况时再正式开机。

⑤刮板输送机两侧电缆要按规定认真吊挂,特别是工作面移动的电缆要管好,防止落入机槽内被刮坏或拉断而造成事故。

⑥必须有维护保养制度,保证设备性能良好。

3.矿用电机车的维护管理

(1)瓦斯矿井使用电机车的有关规定

①低瓦斯矿井进风(全风压通风)的主要运输巷道内,可使用架线电机车,但巷道必须使用不燃性材料支护。

②高瓦斯矿井进风(全风压通风)的主要运输巷道内,应使用防爆特殊型蓄电池车或矿用防爆柴油机车。如果使用架线电机车,必须遵守下列规定:

a.沿煤层或穿过煤层的巷道必须砌碹或锚喷支护。

b. 有瓦斯涌出的掘进巷道的回风流,不得进入有架线电机车的巷道中。

c. 采用炭素滑板或其他能减小火花的集电器。

d. 架线电机车必须装设便携式甲烷检测报警仪。

③掘进的岩石巷道中,可使用矿用防爆特殊型蓄电池电机车或矿用防爆柴油机车。

④瓦斯矿井的主要回风巷道和采区进、回风巷道内,应使用防爆特殊型蓄电池电机车或矿用防爆柴油机车。

⑤煤(岩)与瓦斯突出矿井和瓦斯喷出区域中,如果在全风压通风的主要风巷内使用机车运输,必须使用矿用防爆特殊型蓄电池机车或矿用防爆柴油机车。

(2)矿用机车事故的分析与预防措施

①事故原因

a. 行人违章,如列车行驶时人在巷道中间行走,或蹬、扒、跳车,或在不准行人的巷道内行走,从而造成伤亡事故。

b. 司机违章,有的开车睡觉;有的未经调度允许擅自开车;有的不停车下车扳道岔;有的把头探出车外瞭望;有的违章顶车等。

c. 管理人员素质低,如调度员错误调度等。

d. 管理水平差,如巷道中杂物多,翻在道边的物体不及时清理,巷道中间用支柱支撑,巷道变形未及时处理等,都减小了行车空间,极易碰击车辆及人员;有的缺少必要的阻车器、信号灯,致使车辆误入禁区,造成危害。

②预防措施

教育广大职工严格遵守《煤矿安全规程》有关规定;电机车司机必须认真严格执行岗位责任制度和交接班制度,不允许擅自离开工作岗位;非电机车司机不得擅自开动机车。电机车有下列情况之一时不得使用:

a. 缺少碰头或碰头失效。

b. 制动装置不正常。

c. 车灯损坏或照明距离不足。

d. 连接装置失常。

e. 3 t 以上机车的撒砂装置不正常或砂子质量不符合要求。

f. 警铃或喇叭不正常。

g. 电气防爆部分失去防爆性能。

(六)采煤机的维护管理

1. 采煤机的日常检查

滚筒式采煤机的日常维护,主要由班检、日检、周检和月检四部分组成,即四检制。具体内容如下:

(1)班检

由当班司机负责进行,检查时间不少于 30 min。

①清扫擦拭机体表面,保持机体清洁卫生。

②检查各种信号、压力表和油位指示。

③检查各部位螺栓的紧固情况,主要是机身对口、底托架、摇臂与弧形挡煤板等部位。

④各部是否漏油、渗油。

⑤更换、补充磨损或丢失的截齿,检查齿座损坏情况。

⑥检查电缆、电缆夹的连接与拖拽情况。

⑦检查各操作手把和按钮是否灵活可靠。

⑧检查牵引链、各连接环及张紧装置有无损坏和连接不牢固情况。

⑨检查防滑与制动装置是否可靠;检查冷却、喷雾供水系统的压力、流量是否符合规定,喷雾效果是否良好。

⑩检查滑靴及导向滑靴与溜槽导向管的配合情况,倾听各部运转声音是否正常,发现异常要查清原因并处理好。

(2)日检

由司机组长、包机人、机修工、机修班长在检修班进行,检查处理时间不少于 6 h。

①处理班检中不能处理的问题。

②处理电缆、电缆夹和水管的故障。

③紧固滑靴、机身对口连接螺栓和弧形挡煤板等处的螺栓。

④检查各部油位和注油点,并及时注油。

⑤检查冷却喷雾系统的供水压力和流量,并处理漏水和喷雾泵故障。

⑥检查调斜、调高油缸是否漏油及销子固定情况。

⑦检查和处理牵引链、连接环和张紧装置的故障。

⑧检查处理防滑装置的故障;检查和处理操作手把和按钮故障。

⑨检查过滤器,更换不合格的纸滤芯。

⑩检查滚筒端盘、叶片有无开裂、严重磨损及齿座短缺、损坏情况,发现有严重问题应及时更换。

(3)周检(旬检)

由综机办主任(或机电科科长)、综机副总工程师、综机队机电队长、综机技术人员及日检人员参加,检查时间不少于 6 h。

①处理日检中处理不了的问题。

②按润滑图表加注油脂,油质符合规定,油量适宜并取油样进行外观检查。

③检查清洗安装在牵引部外面的过滤器和磁性过滤器。

④检查支撑架、底托架各部的连接情况。

⑤检查电气控制箱的防爆接合面,保持干燥,无杂物,无油污。

(4)月检

由综采矿长或综机办主任组织周检人员参加,检查处理一般不少于 6 h,可根据任务量适当延长。

①处理周(旬)检查处理不了的问题。

②按油脂管理细则规定取油样化验和进行外观检查,按规定更换油、清洗油池,处理各连接部位的漏油。

③更换磨损过限的滑靴、牵引链和连接环。

④对电动机进行绝缘性能测试。

⑤检查处理滚筒连接螺栓,检查有无裂纹、磨损及开焊情况。

2.采煤机的维修管理

除了做好采煤机日常维护工作,严格执行"四检"外,还必须执行定期强制性检修制度。按采煤机的检修内容分为小修、中修和大修三种。

(1)小修

采煤机小修是指采煤机在工作面运行期间,结合"四检"进行强制维修和临时性的故障处理(包括更换个别零件及注油),以维持采煤机的正常运转和完好。小修周期为 1 个月。

(2)中修

中修是指采煤机采完一个工作面后,整机(至少牵引部)升井由使用矿综机工厂进行检修和调试。中修除完成小修内容外,还包括下列内容:

①采煤机全部解体清洗、检验、换油,根据磨损情况更换密封圈及其他外供零件和组件。

②采煤机各种护板的整形、修理和更换,底托架及滑靴(或滚轮)的修理。

③截割滚筒的局部整形及齿座修复。

④导轨、电缆槽和电缆拖移装置的修理、整形。

⑤控制箱的检验和修复。

⑥整机调试,试运转合格后方可下井使用,并要求试验记录齐全。

中修由矿综机办或机电科负责。使用矿无定检能力的可送局总机厂中修,周期为 4 ~ 6 个月。

(3)大修

在采煤机运转 2 ~ 3 a,产煤量 80 万 ~ 100 万 t 后,如果其主要部件磨损超限,整机性能普遍降低,并且具备修复价值和条件的,可进行恢复其主要性能为目的整机大修。大修除完成中修内容外,还须完成以下任务:

①截割部的机壳、端盖、轴承杯、三轴、摇臂套小摇臂的修复或更换。

②摇臂的机壳、轴承座、行星轮架(系杆)、联接凸缘的修复或更换。

③截割滚筒的整形及配合面的修复。

④调高、调斜、张紧千斤顶的修复或更换。

⑤牵引部液压泵、液压马达、辅助泵及所有阀件及其他零件的修复或更换。

⑥牵引部行星轮机构的修复。

⑦冷却及喷雾系统的修复。

⑧电动机整机重绕或更换部分线圈,以及防爆接合面的修复。

⑨为恢复整机性能所必须进行的其他零件的修复或更换。

⑩整机调试、试运转合格后,喷涂防锈漆,准备出厂。

(七)掘进机的维护管理

1.掘进机使用前的检查

(1)检查巷道支护情况。掘进工作面必须保证通风良好,水源充足,棚料和转载运输系统准备妥当。

(2)检查截齿磨损情况。各部的连接应牢固,各注油部位不得缺油,油量和油温符合规定要求。

(3)检查液压泵、液压马达和油缸有无异常响声,油温是否过高及泄漏情况。

(4)检查液压传动系统的管路和接头是否漏油,各仪表是否完整和准确。

(5)检查冷却降尘系统是否完整齐全,电缆连接情况及防爆面有无损伤。

（6）检查履带板、履带销轴、套筒和销钉等是否完好，履带轮和支承轮的转动是否灵活，履带张紧力是否适当。铲板、耙爪、六星轮是否完好，装载机构的运转是否正常。

（7）检查刮板输送机是否完好，开关箱和各操纵阀组手把是否在中间位置，动作是否灵活可靠，阀组是否漏油。

（8）检查转载机胶带、托辊是否完好，清扫装置是否合适。

2. 掘进机的日常维护管理

（1）日检

①检查截齿与齿座有无损坏、丢失，更换不合格的截齿。

②检查喷嘴是否损坏、丢失与堵塞，清理堵塞的喷嘴，更换补充喷嘴。

③在液压马达运转情况下，检查油箱内的油位，若油位偏低应补充液压油。检查各减速箱中的油位，若油位偏低应补充润滑油。用油枪向各注油点注入润滑脂。

④拧紧松动的螺栓，检查所有的油管和水管是否有泄漏现象。

⑤应使所有控制连杆的动作灵活。

（2）周检

①检查履带板是否弯曲，有无断裂。检查履带链的张紧程度。

②检查各联轴器是否牢固可靠，转动是否灵活。

③检查刮板链、溜槽及铲板的磨损情况，检查刮板链的张紧程度。

④检查带式转载机托架上的螺栓是否牢固可靠。检查转载机的张紧程度和输送带连接扣是否完好。

⑤拆下铲板升降油缸的护罩，检查固定螺栓和软管是否紧固和完好。

⑥清洗和润滑所有的操纵手把。通过压力表检查各油路的压力是否符合要求。

（3）月检

①包括日检和周检的内容。

②将不符合要求的润滑油从减速器中放净，重新注油到所要求的油位。

③使冷却水倒流，以清洗供水系统。

（4）季检：更换液压传动系统中的油，清洗油箱内部。

（5）半年检

①检查所有减速器中的齿轮和轴承，必要时予以更换。

②拆下所有油缸，检查清洗或修理。

③用润滑脂润滑电动机轴承。

（八）装载机的维护管理

1. 铲斗装载机的维护管理

（1）经常用压缩空气或水吹洗装岩机的外露部分，特别是供斗柄滚动的两条导轨，以减少斗柄的跳动和磨损。

（2）检查钢丝绳的松紧和磨损程度。

（3）检查铲斗在装岩机上的位置是否正确。

（4）检查铲斗提升链条、缓冲弹簧、回转座、滚轮和提升卷筒等固定情况，勿使连接松动。

（5）检查所有连接件和固定件的松紧程度。

（6）检查减速器是否正常。

(7)电动机的外部散热片表面若积有岩尘,会降低电动机的散热效果,因此应定期清扫。

(8)按规定注油。

2.耙斗装载机的维护管理

(1)经常检查钢丝绳在卷筒上是否整齐缠绕,两头连接得是否牢固可靠;检查钢丝绳的磨损情况,如钢丝绳断裂严重时应及时更换。

(2)检查制动器和辅助闸的松紧是否合适,绞车转动是否灵活可靠,如发现制动器不灵活应及时进行调试。

(3)检查卡轨器是否完好,动作是否可靠。

(4)检查导绳轮的固定情况,动作是否灵活可靠。

(5)检查各连接件有无松动及失落,对松动件应及时拧紧,并及时补上遗失件。

(6)检查电缆有无损坏,连接是否牢靠,以及电气设备的运行是否正常。

(7)经常清理电动机上的岩粉,以免电动机过热。

(8)检查各部的润滑情况,定期按质按量注入润滑油。

除对耙斗装载机进行维护外,还要进行必要的定期检修工作,一班一小修,一季一中修,一年一大修。

3.蟹爪装载机的维护管理

(1)检查蟹爪工作机构、各减速箱、回转台的主轴、油缸柱塞和各操作手把等固定情况。

(2)检查中继减速器的套筒滚子传动链的运行情况和张紧状况。

(3)检查左、右制动装置的紧固情况和工作位置,要求动作可靠准确。

(4)各操作手把和按钮一定要完好,动作应灵活准确。

(5)检查注油处有无油塞及堵塞现象。

(6)检查履带、链轮及调整装置的工作状况和连接情况。

(7)检查左、右回转装置的连接情况及工作状况。

(8)检查电缆和电气设备应完好。

(九)液压支架的维护管理

1.日常维护检查(日检)

(1)检查立柱、千斤顶和阀类等液压系统各部件有无漏液、窜液现象,发现问题应及时处理或更换部件。

(2)检查立柱和各种千斤顶的动作是否正常,动作时有无异常声响和自动下降等现象。

(3)检查推移千斤顶与支架、输送机的连接部件,若发现有裂缝或损坏时,要及时进行处理或更换。

(4)检查高压胶管有无卡阻、压埋及损伤,发现问题应及时处理或更换。

(5)检查所有接头处的 O 形密封圈和 U 形卡的完好程度,应及时更换处理不合格者。

(6)检查立柱和千斤顶,如发现有弯曲变形和伤痕,要及时处理。影响伸缩时要更换修理。

(7)检查立柱、千斤顶同顶梁底座各部件交接处的连接销轴是否灵活可靠,发现有滑出或损坏,应及时处理或更换。

2.定期维护检修(周检)

(1)包括日常维护检查的全部内容。

（2）检查支架各部件之间连接销轴有无裂缝或损坏，销轴是否在正确位置，定位零件是否完好无缺，发现问题应及时处理或更换。

（3）检查阀件及其他部位的连接螺栓，如有松动应及时拧紧。

（4）检查支架各受力部件是否有严重塑变，开裂或其他损坏。如有应及时报告，情况严重的应及时处理、更换。

（5）检查乳化液的配比和清洁情况，应保持清洁，控制配比。

3.月检小修

（1）月检小修是在综采工作面使用期间的检修，一般每月利用一天处理日检和周检中所不能解决的问题。

（2）更换个别零部件，包括结构件等。

（3）不解体修理立柱、千斤顶和各种阀件等。

（4）集中处理或更换某些影响支架正常使用的零部件。

（5）综采队的支架小修记录应交矿机电科，并归入支架的设备档案。

4.支架中修

（1）每采完一个工作面对支架进行检修。一般由矿机修厂进行，时间为6个月左右。

（2）全面对支架进行除污清洗和检查，并进行操作检验，认真对支架各部位的动作观察。

（3）更换立柱、千斤顶和液压阀中失效的密封件和其他零件。

（4）修复更换有损伤的销轴、螺栓及其他零件。

（5）清除液压系统中的污物，尤其对高压胶管，必要时进行更换。

（6）对各种结构件的局部翘曲和开焊进行整形和修补。

（7）补齐短缺零件，进行组装试验。经中修检验合格后，喷涂防锈漆。并将中修记录和试验结果装入设备档案。

5.支架大修

（1）一般每3年大修1次。特殊情况，也可缩短大修时间。一般在局机修厂进行。

（2）对立柱和各种千斤顶进行清洗、修复和试验。

（3）对各种液压阀进行修理或更换零件，并进行组装调试。

（4）对支架所有结构件有严重变形和焊缝开裂处要进行整形和补焊。

（5）对各主要销轴、联杆等进行整形或更换。

（6）大修后支架应进行整架出厂试验，并将大修记录及试验结果装入设备档案。

（十）单体液压支柱的维护管理

（1）各局（矿）要建立高档普采设备、单体液压支柱检修车间，综采的局（矿）可合并建立。或由地区检修中心承担检修车间要配备必要的工程技术人员，检修人员的配备要和检修任务相适应。

（2）新增高档普采的矿，维修车间（或临时车间）必须在高档面投产前建成，以确保单体液压支柱的正常检测和维修。

（3）维修车间的面积可按部颁《关于综机设备集中管理和检修的若干规定》（暂行）设计。局（矿）维修车间设计时，要考虑专用配件的储存库。

（4）设备、支柱的检修要有明确的分工范围。一般要求：

①矿务局机厂或地区检修中心负责设备、单体液压支柱的大修工作；采煤机、乳化泵、单体

液压支柱有一定备用量作为周转,进行大修时以旧换新。

②矿高档普采维修车间,负责高档普采设备、单体液压支柱的小修和日常维修、机组油脂管理更换。

③区队各维修人员负责日常检查。维护保养、记录设备运转状态,提供定期检修内容。

(5)设备和单体液压支柱要实行强制检修制。由局(矿)机电部门或有关业务部门统一编制计划,按计划进行检修。

(6)各局(矿)要编制设备检修维护保养细则,质量标准;单体液压支柱维修按部颁有关规定执行。

(7)实行检修责任制。对检修内容、更换零部件、测试检验结果、检修负责人要详细记录,存档备查。

(8)局(矿)的检修车间要配备必要的检测仪器设备,经过检修的设备及单体液压支柱必须做性能试验,达不到质量标准不准出厂。

(9)液压设备的检修场地,要经常保持清洁,无粉尘污染。解体检修的配件清洗时以使用中性洗涤剂液清洗为宜;严禁使用棉纱洗擦液压件、密封件。检修后要及时上架,易进粉尘的部缸要封闭。

四、任务实施

(一)提升机安全运行中的注意事项

1. 提升系统安全运行中的注意事项

(1)罐道和罐耳的磨损达到下列程度时,必须更换:

①木罐道任一侧磨损量超过 15 mm 或其总间隙超过 40 mm。

②钢轨罐道轨头任一侧磨损量超过 8 mm,或轨腰磨损量超过原有厚度的 25%;罐耳的任一侧磨损量超过 8 mm,或在同一侧罐耳和罐道的总磨损量超过 10 mm,或者罐耳和罐道的总间隙超过 20 mm。

③组合钢罐道任一侧的磨损量超过原有厚度的 50%。

④钢丝绳罐道和滑套的总间隙超过 15 mm。

(2)摩擦提升装置的绳槽补垫磨损剩余厚度不得小于钢丝绳直径,绳槽磨损深度不得超过 70 mm,任一根提升钢丝绳的张力与平均张力之差不得超过±10%。更换钢丝绳时,必须同时更换全部钢丝绳。

(3)加强对提升机房的管理。提升机房电控室消防与灭火管理包括以下内容:

①必须具备消防器材,如沙箱、沙袋以及防火锹、镐、钩、桶等。必须具备灭火器材,如二氧化碳灭火器、干粉灭火器和25 m 长的消防软管等。

②灭火器要认真地做定期检查,防止失效;沙箱沙量不得少于 0.2 m³,防火用具不得挪作他用;使用后应及时补充;消防用水应有一定的水量和压力。

③扑灭提升机房电控室的电火和油火时,应尽快切断电源,以防火势蔓延,并且防止触电。起火后绝缘降低,操作人员应使用绝缘用具,首先断开负荷开关,若无法断开开关时,应设法剪断线路。火灾发生后,应立即向矿调度室报告。灭火时,不可将身体或手持的用具触及导线和电气设备,防止触电。使用不导电的灭火器材(如二氧化碳灭火器、干粉灭火器等)。油着火时,不能用水灭火,只能用黄砂以及二氧化碳灭火器、干粉灭火器等器材灭火。

（4）提升设备电气火灾预防措施包括以下几种：

①保持电气设备的完好，发现故障及时处理。

②避免设备的温度过高。

③保持电气设备的清洁，电缆要吊挂整齐，及时清理设备的油污。

④电气设备近处不得存放易燃、易爆等物品。平时除指定位置外，不准吸烟；检修时，严禁吸烟。

⑤配备足够数量、不同种类的消防器材，并加强管理，定期检查、试验。用后应及时补齐。

（5）井下提升机电控室对风量和温度的具体要求如下：

①井下提升机主控室必须设有回风的通道或调节风窗。其回风断面和回风量应根据机电设备的类型、容量大小、提升能力、硐室断面等情况而确定。通风网络必须独立。

②保持适宜的温度。井下提升机主控室内的温度不得超过 30 ℃。当机电硐室的空气温度超过 34 ℃时，必须采取降温措施。

③必须检查瓦斯。特别是设置在采区内的提升机主控室，必须每班至少检查一次瓦斯浓度。

④检查机电硐室的风量是否合格，应检查发热设备周围距机壳 0.5 m 处的回风侧的温度，不超过 30 ℃为合格。

2. 提升容器安全运行中的注意事项

（1）立井中用罐笼升降人员的加速度和减速度，都不得超过 0.75 m/s²，其最大速度不得超过 12 m/s。

（2）采用底卸外翻式卸载闸门的箕斗，当闸门打开时，其外缘轨迹超出箕斗的外形尺寸。提升过程中，闭锁装置一旦失灵，闸门打开，可能严重损坏箕斗和井筒设施。

（3）箕斗提升系统必须采用定重装载并应有防止二次装载的保护，确保提升系统在额定载荷下运行。

（4）罐笼内阻车器必须安全可靠，在运行过程中受到震动、冲击等作用时，不得打开。

（5）北方矿区的冬季，当提升容器停在井口时间较长时，要注意容器是否冻结在井口罐道上，防止开车后造成松绳容器突然坠落的事故。

（6）提升容器的连接装置是提升系统的关键环节，应做到每天检查，定期注油。对于不能检查内部情况的重要部件，应做到定期拆开检修。

3. 提升钢丝绳安全运行中的注意事项

（1）要满足《煤矿安全规程》中规定的滚筒直径与钢丝绳直径的比值要求，以减轻钢丝绳的弯曲疲劳。

（2）钢丝绳在使用过程中注意定期涂油。对油品的要求是附着性好，震动、淋水、甩冲不掉；低温不硬化，高温不流失；防锈和润滑性好，不含碱性，并有一定透明度，以便于发现磨损和断丝，应采用专业的钢丝绳油。并注意与厂家制造时用的油脂相适应。摩擦轮式提升机绳只准使用增磨脂。

（3）禁止用布条等易断物品捆缚在钢丝绳上作提升容器位置的标记，这样会破坏钢丝绳在捆缚处的防护和润滑，导致该处严重锈蚀，易造成断绳事故。

（4）防止钢丝绳在运行中受到腐蚀、磨损或由于疲劳、卡阻等原因而被拉断。

（5）为防止断绳事故的发生，应注意做到以下几点：

①建立严格的维护检查制度,按《煤矿安全规程》的要求,坚持由专人每天检查断丝情况,做好记录。

②为防止井筒淋水从钢丝绳与楔形绳环连接处的缝隙进入,并浸入绳芯内部造成腐蚀,应用干油将钢丝绳与楔形绳环连接处封死。

③对摩擦轮式提升机装置提升容器至导向轮之间不绕过摩擦轮的一小段钢丝绳,应定期涂防腐油。对含有酸性淋水的井筒应采用镀锌钢丝绳。

4.提升机运转中出现事故时司机应注意的事项

(1)提升机正在运转中如遇故障,安全保护装置动作,提升机突然停机,司机应立即进行下列工作:

①将手柄放在断电位置。

②将自动闸闸紧。

③检查突然停机原因。

(2)提升机正常运转中,由于提升机本身发生故障停机,司机能处理的,应立即处理,恢复开机,事后报告主管负责人,并记入交接班记录簿内;如司机不能自行处理时,应立即报告主管负责人。

(3)提升机因停电造成停机,司机应进行下列工作:

①将油开关拉开。

②将所有电气启动装置放于启动位置。

③与配电站取得联系,并报告主管负责人。

④待送电后重新启动开机。

(4)提升机在运转中由于保险制动突然动作而停机时,如有以下情况,必须检验钢丝绳及连接装置后,才能继续开机:

①钢丝绳猛烈晃动。

②绳速在 5 m/s 以上,制动减速度值在 3.5 m/s 以上时。

(5)提升机如因安全保护回路发生故障,司机能处理时,应立即处理恢复开机;如不能立即处理恢复时,而又有同类型保护(如过卷保护)可以短路其中之一的,在一人操作一人监护下恢复开机,事后报告主管负责人进行处理。限速装置发生故障,若不能立即进行修复时,应及时报告主管负责人采取有效措施(如加强监护、延长减速时间等)后,才可恢复开机。但最迟必须在 24 h 内修复使用。安全保护回路的其他部分,如发生断线、接地、接触不良等故障,而被保护部分的本身尚且正常,可以短路该故障电路或触点,在加强对该部位监视下恢复开机,同时报告主管部门,立即派人前来修理。

(6)提升机由于卡箕斗或罐座托住罐笼,开机时引起钢丝绳松弛,应立即停机进行处理。

①由于煤仓仓满卡住箕斗,开机后引起钢丝绳松弛,应与有关人员联系,及时处理。

②凡由于罐座托住罐笼,开机后引起钢丝绳松弛,应与信号工联系,在未处理完毕前,千万不能抽回罐座。

③松绳不多,钢丝绳又未发生扭结现象时,可以由司机慢慢反向开机,将绳卷回。

④松绳较多可能造成扭结时,司机应立即与钢丝绳检查工或修理工联系,在上述人员到达之前,司机应抓紧处理,慢慢反向开机,将绳卷回。

5.提升司机操作要领

有经验的提升司机,通过多年的实践,总结出了"一严"、"二要"、"三看"、"四勤"、"五不走"的操作要领。

"一严"是:严格执行《煤矿安全规程》及操作规程。

"二要"是:司机上了操纵台,手扶制动闸操纵手柄要坐端正,思想要集中。

"三看"是:启动看信号、方向、卷筒绳的排列;运行看仪表、深度指示器;停机看深度指示器或绳记。做到稳、准、快,即启动、加速、减速、停机要稳;辨明方向要准;停机位置要准;做到铃响、灯亮、提升机转,操作中遇到异常现象反应要快,采取措施要快。

"四勤"是:司机下了操纵台,要勤听、勤看、勤摸、勤检查。

"五不走"是:当班情况交代不清不走,任务没有完成不走,设备和机房清洁卫生搞不好不走,有故障能排除而未排除不走,接班人不满意不走。

(二)水泵安全运行中的注意事项

1. 每次启动泵前,应先关闭出水口闸阀及压力表旋塞,泵启动后,再逐渐打开出水闸阀及压力表旋塞。

2. 经常注意电流、电压的变化。当电流超过额定值或电压超过额定值的±5%时,应停止水泵运行,检查其原因,并进行处理。

3. 经常注意观察压力表、真空表及吸水井水位变化情况。检查底阀或滤水器埋入水面深度是否符合要求,一般以埋入水面0.5 m以下为宜。水泵不得在泵内无水、气蚀情况下运行,不得在闸阀闭死情况下长时间运行。

4. 保证泵体与管路无裂纹,不漏水,泵体和排水管路防腐良好,吸水管直径不小于水泵吸水口直径。平衡盘调整合适,轴窜动量为1～4 mm。

5. 水泵每工作1 000 h,应进行检修,叶轮与密封间隙因磨损超过最大值的两倍时。应更换密封环。

6. 泵只允许在说明书规定的参数范围内运转,禁止超大流量运行,以免造成超负荷及振动、噪声增大。

7. 电气部分符合完好标准,仪表指示正确,泵房整洁。

8. 用户应根据说明书要求和现场情况,制定出合理的操作规程。

(三)通风机安全运行中的注意事项

1. 运转中要经常注意声音和振动,若有异常情况应停机检查。

2. 经常检查轴承温度,滚动轴承温度应小于75 ℃,滑动轴承温度应小于65 ℃。

3. 经常保证润滑系统油的质量及油量。

4. 若发现叶轮和机壳内壁有摩擦声,或叶轮松动的声音,必须停机检查。

5. 轴流式通风机叶片角度应保证一致,误差不超过±1。

6. 叶轮平衡,能在任何位置上保持停止状态。

7. 主轴及传动轴的水平偏差不大于0.2%。

8. 弹性偶合器的胶皮圈外径与孔径差不大于2 mm。

9. 齿轮偶合器的齿厚磨损不超过原齿厚的30%。

10. 电动机、启动设备、开关柜符合完好标准,接地装置合格,各种仪表指示正确。

11. 通风机房防火设施齐全。

（四）压缩机安全运行中的注意事项

1. 检查各机体运行中有无异常声响与振动，尤其要注意气阀的声响。

2. 注意观察各压力表读数是否正常，压力表必须定期校验。一般对于终端压力为 0.8 MPa 的二级空压机，一级排气压力不得超过 0.25 MPa，二级排气压力不得超过 0.8 MPa；对于终端压力为 0.7 MPa 的空压机，二级排气压力不超过 0.7 MPa。

3. 检查各部油位是否正常。

4. 检查各温度计读数是否正常：

（1）单缸的排气温度不得超过 190 ℃，双缸的排气温度不得超过 160 ℃，移动式的排气温度不得超过 180 ℃。对各级排气温度应装保护装置，在超温时能自动切断电源。

（2）机身油池油温不得超过 60 ℃。

（3）冷却水出水温度不超过 40 ℃，出入水温差一般在 6～12 ℃。

（4）经常检查电动机空压机各部位的温度是否正常。

5. 检查各仪表读数是否正常，各种安全防护装置是否可靠。

6. 空压机每工作 2 h（尤其夏季），需将中间和后冷却器中的冷凝水排放一次，每天排放风包中的油水一次或两次，并经常注意冷却水是否中断。

7. 在运转中一旦发生下列情况，应立即停机检查处理：

（1）压力表、电流表指示超限。

（2）空压机、电动机突然发生异常声响或振动。

（3）空压机发生严重漏气，润滑油突然中断。

（4）空压机、电动机温度超限。

（5）冷却水中断。发现断水后，切不可立即向汽缸水套内注入新冷却水，须在汽缸自然冷却后再供水。

（五）带式输送机安全运行中的注意事项

1. 注意检查和调整输送带的跑偏问题。

2. 注意检查托辊的运转情况。托辊运转不灵对带式输送机的运行阻力、功率消耗，以及托辊和输送带的使用寿命有严重影响。

3. 注意检查输送带的拉紧情况。张力过小将造成输送带打滑；张力过大则加剧滚筒磨损；功率消耗增加甚至造成断带。

4. 注意检查清扫装置，保证刮板与输送带之间的距离不大于 2 mm，并有足够压力，接触长度在 85% 以上。

5. 注意检查各运转部件的润滑状况。

6. 经常检查减速器及液力偶合器有无泄漏现象；定期检查液力偶合器的充油量是否合适，及时调整补充。

7. 要求输送机尽可能空载启动，并避免频繁启动。

8. 检查所有轴承温度是否正常。

9. 测试两电机的电流值，若功率分配不均应及时调节液力偶合器的充液量，或查明其他因素的影响，及时处理。

（六）刮板输送机安全运行中的注意事项

1. 刮板输送机司机必须经过培训，并持证上岗，保证司机懂结构，懂原理，懂维修。

2.刮板输送机运行前,首先要检查司机工作点的支护情况,同时检查巷道内有无障碍物;然后对刮板输送机进行试启动,启动时要发出启动信号再正式启动,并观察电动机运行是否正常、电缆是否完好,确保输送机和人员的安全。

3.刮板输送机的机头、机尾、机身各部件要认真进行检查。机头部分应检查液力耦合器和减速器,机座各部分是否牢靠,齿轮和链轮的磨损情况;机尾部分应检查安装的稳定情况,有无防护罩及是否有杂物等;机身主要检查链条与刮板的连接螺栓是否紧固,是否卡链条和链板等。

4.刮板输送机不允许承载启动,一般情况下应先开后装煤。多台机启动时,应先外后里,最后启动工作面输送机,停刮板输送机时应先里后外,先停工作面输送机。司机应随时注意和观察刮板输送机的运行和刮板链的松紧情况,避免链子过松而造成链条掉道、卡链、跳链等,并在刮板输送机停止工作时,不得向刮板输送机上装煤。

（七）电机车安全运行中的注意事项

1.电机车安全设施

（1）电机车的灯、铃(喇叭)、闸、连接器和撒砂装置应正常。

（2）防爆部分不得失爆。

（3）施闸时列车制动距离:运送物料时不应超过40 m;运送人员时,不应超过20 m。

（4）运行的机车应有司机棚室。

2.电机车运行中的注意事项

（1）司机在电机车运行时要集中精力目视前方,接近风门、道口、硐室出口、弯道、道岔、坡度大或噪声大等场所以及前面有机车、行人时,双轨两列车会车时,应减速行驶,并发出警号。

（2）机车在运行中,机车应在列车前端(调车或处理事故时,不受此限)。

（3）机车在运行中,司机不可将头和身子探出车外。

（4）顶车时蹬钩工引车,减速行驶,蹬钩工应站在前面第一个车空里,以防顶车掉道挤伤人员。

（5）两机车或两列车在同一轨道同一方向行驶时,应保持不小于100 m的距离。

（6）列车停车后,不应压道岔,不应超过警冲标位置。

（7）停车后应将控制器手把搬回零位;司机离开机车时,应切断电源取下换向手把,搬紧手闸。

（八）采煤机安全运行中的注意事项

1.没有经过培训(无司机证)的人员不得开车。

2.采煤机禁止带负荷启动和频繁启动。

3.一般情况下不允许用隔离开关或断路器断电停机(紧急情况除外)。

4.无冷却水或冷却水的压力、流量达不到要求时不准开机,无喷雾不准割煤。

5.截割滚筒上的截齿应无缺损。

6.严格禁止采煤机滚筒截割支架顶梁和刮板输送机铲煤板等物体。

7.采煤机运行时,随时注意电缆的拖移情况,防止损坏电缆。

8.必须在电动机即将停止时操作截割部离合器。

9.煤层倾角大于10°应设防滑装置,大于16°应设液压安全绞车(无链牵引时按有关产品说明书的规定执行)。

10. 采煤机在割煤过程中要割直、割平,并严格控制采高,防止出现工作面弯曲和台阶式的顶板和底板。

11. 牵引部顶部的手动操作旋钮(柄),只允许在处理事故中使用。

12. 检查滚筒、更换截齿或在滚筒附近工作时,必须打开截割部离合器。

13. 开机前,应注意查看采煤机附近有无人员及可能危害人身安全的隐患,然后发出信号及大声喊话。

14. 司机在翻转挡煤板时要正确操作,防止其变形。

15. 注意防止输送机上的中、大异物带动采煤机强迫运行。

16 采煤机司机交接班时,认真填写运转记录和班检记录。

(九)掘进机安全运行中的注意事项

1. 首先启动液压系统的电动机,利用噪音报警,提醒附近人员撤离危险区。

2. 开始截割时,应使截齿慢速靠近煤岩,当达到截深后(或截深内)所有截齿与煤岩开始截割时,才能根据负荷情况和机器的振动情况来加大给进速度。

3. 当需要调速时,要注意速度变化的平稳性,以防止冲击。

4. 截割头在最低工作位置时(如底部掏槽、开切扫底、打柱窝、挖水沟等),严禁将装载铲板抬起。

5. 截割头横向进给截割时,必须注意与前一刀的衔接,应一刀压一刀地截割,重叠厚度以150~200 mm 为宜。

6. 掘进机在前进或后退时,必须注意前后左右人员和自身的安全,同时注意防止压坏电缆。

7. 严禁手持水管站在截割头附近喷水,以防发生事故。

8. 操纵液压传动系统的控制阀组手把时,不得用力过猛,以免因液压冲击而损坏机件。

9. 当油缸行程至终点位置时,应迅速扳回操纵阀手把,以免液压系统常时间溢流发热。

10. 截齿磨损或损坏时,不得开机。

11. 无冷却水不得开机。

12. 搞好截割、支护和转载则 3 个主要工序间的协调配合工作。

13. 从机器到工作面至少要有 2 m 的自由移动范围。当机器向前移动时放下铲板,后退时要抬起铲板。

14. 要及时清除机器周围的堆积物和煤岩。

15. 当割截头不转时,不要强使机器硬顶工作面,这样会造成回转台和截割臂内的轴承严重损坏。

16. 认真执行交接班制度。

(十)装载机安全运行中的注意事项

为提高装载机的装载效率,确保机器和人身安全,司机必须有熟练的操作技术,懂得机器的结构原理及正确的操纵方法,以免操作不当造成设备及人身事故。为了安全生产,装载机在安全运行中应注意以下事项:

1. 操作前,必须检查机器各部件的连接情况和电气设备是否良好。观察巷道爆破情况,处理松动岩石,检查轨道铺设和轨道的长度是否合乎规格,确认无问题后方可操作。

2. 装载时,司机操纵的一侧,装载机与巷道壁的距离不小于 300 m。司机必须站在机器任意一侧的脚踏板上,操作操纵箱上的按钮并注意前后人员的安全,以免挤伤人员。

3.卸载时禁止人员靠近挂在装载机后的矿车。

4.注油、检查、修理时,装载机必须切断电源。严禁在作业时进行注油、清扫和检修。

5.拆除或修理电气设备时,应由电工操作,严格遵守停送电制度。操纵箱应符合隔爆箱接线要求。

6.严禁2个人同时操作一台机器。操纵装载机前进或后退时,应注意防止电缆被冲击、辗轧和工具损伤。电缆应随时吊挂好和妥善保护。

7.放炮前,装载机应撤离迎头直线段20~30 m以上,以免放炮崩坏机器。

(十一)液压支架使用中的事故处理

1.倒架

(1)掌握好采高,防止顶空。若伪顶容易冒落,则应考虑支架仍能支撑住顶板。

(2)采煤机割煤时要切割平整,防止切成凹凸不平或人为的坡度。

(3)降架不能太多,降架时严密观察,防止钻入邻架。

(4)用活动侧护板千斤顶扶正支架。

(5)用顶梁与顶梁之间的平拉式或顶梁与隔架底座之间的斜柱式等防倒千斤顶来扶正支架。

(6)可以增设临时调架千斤顶或单体液压支柱,将歪倒支架向上拉或推顶。调架时应将歪倒支架卸载。

(7)若歪倒架数多、歪倒严重,则可以分几次扶正。先从顶梁间隙较大的地方开始,使支架撑紧顶板.然后再扶下一架。

(8)必要时,可将钢丝绳一端固定在采煤机上,另一端拴在倾倒的支架上,采煤机行走将支架扶正。也可用绞车调整。

2.下滑

(1)将工作面调成伪斜。即使工作面下部超前,上部落后。当煤层倾角小于15°时,工作面的伪斜角大体为煤层倾角的一半。这是预防下滑事故的简便有效的措施。

(2)工作面倾角较大时,可采用上行推移法,即从下至上推移输送机和液压支架。

(3)当工作面倾角大于15°时,除了使工作面伪斜推进外,液压支架和输送机之间还应增加防滑千斤顶,其间可用锚链相连接。在推溜过程中,防滑千斤顶应始终起有效作用,保持拉紧力。防滑千斤顶的拉力和数量则由工作面倾角、输送机和采煤机的总质量等来确定。

(4)液压支架的推移机构要有导向装置,防止歪斜太大,加快下滑。

(5)液压支架底座之间可设置调架千斤顶,防止支架下滑或支架与输送机的歪斜。

(6)必要时,更换或拆除输送机的调节槽,以保证输送机与转载机的正常配套关系。

3.压架

(1)用一根或几根备用立柱支在被压死支架的顶梁下。同时向备用立柱和压死的立柱供液,反复升柱,使顶板逐渐松动,以便降柱前移。用备用立柱时,要在立柱与顶梁间垫木板,保证安全。

(2)用辅助立柱或千斤顶与压死支架的立柱液压系统构成增压回路,反复升柱,使顶板松动,以便移架。增压大小应考虑系统的承压能力。

(3)顶扳条件许可时,可用放小炮挑顶的办法处理。放炮要分次进行,每次装药量不宜过大,只要能使顶板松动,可以移架就行。严禁在支架与顶板空隙中放炮崩顶。

(4)若顶板条件不好,可采用卧底法。向底座下的底板打浅炮眼装小药量,放炮后掏出崩碎的岩块,使底座下降,就可以移架。

4.片帮

(1)提高液压支架的初撑力和支护强度。

(2)支架设护帮装置,防止片帮事故。还可以设置伸缩梁、翻梁等装置,防止因片帮造成冒顶事故。

(3)加快工作面推进度,减少顶板压力对煤壁的过大影响。

(4)加固煤壁,如采用木锚杆、各种化学加固等措施。

(5)及时移架,伸出伸缩梁、护帮装置或超前移架,以便支护新裸露的顶板,防止冒顶。

5.冒顶

(1)及时移架,减少支护滞后时间,缩小梁端距。

(2)保证支架接顶良好,可采用擦顶或带压移架法。

(3)倒架后要及时调整,避免架间空隙过大。

(4)控制合理的采高。对容易冒落的伪顶,支架要留有伸缩余量。

(5)架设临时栅梁和辅助支柱,使相邻支架或前方煤壁能支托住棚梁,以便通过冒落区。

(6)顶板出现冒落空洞后,应及时用坑木或板皮填塞,使支架顶梁能支撑住顶板。

(7)除在局部冒顶区采取安全措施外,要加快工作面的推进度。

(8)不得已时,可用充填或化学加固的方法,充填空洞加固顶板。

(十二)单体液压支柱使用的注意事项

1.应根据工作面采高,选择合适的支柱规格;根据工作面顶板压力大小,确定合理的支护密度。

2.支柱必须达到出厂试验要求或维修质量标准,方可下井使用。到矿的新支柱,也必须经过检查复试合格,才能下井使用。

3.检查乳化液泵机械、电气部分是否正常,油箱乳化液是否足够,浓度是否合适。启动乳化液泵,待泵各部运转正常,供液压力达到泵站额定工作压力时方可向工作面供液。

4.将支柱移至预定支设地点后,先用注液枪冲洗注油阀体,然后将注液枪插入三用阀中并用锁紧套连接好。

5.支柱第一次使用前,应先升、降柱一次(最大行程),以排净缸体内空气,之后才能正常使用。

6.支设支柱时,应注意下列几点:

(1)支柱应垂直于顶、底板,支设在金属铰接顶梁下面,并有一定的迎山角,使支柱处于垂直受力状态且不易推倒。

(2)三用阀的单向阀应朝采空区方向或下顺槽,以利安全回柱。

(3)支柱与工作面运输机械应有适当的距离,避免采煤机撞倒支柱或撞坏油缸、手把体和三用阀。

(4)支柱顶盖的四爪应卡在顶梁花边槽上,不允许将四爪顶在顶梁上或顶梁接头处。支柱配合木顶梁使用或作用点柱用时,应更换顶盖(换成不带爪子的柱帽)。

7.操纵注液枪向支柱内腔供液,并使支柱顶盖与金属顶梁接触,待支柱达到初撑力后,松开注液枪手把。注液枪卸载。摘下锁紧套后,轻轻敲打注液枪手把,在高压液体的作用下,注液枪便会自动退出。

8. 使用中支柱,活柱升高量已接近最小安全回柱高度时,应及时回撤,以免压死。

9. 绝对禁止用锤、镐等金属物体猛力敲砸支柱任何部位,以免损坏支柱。若支柱被压成"死柱",只能采取挑顶或卧底的方法取出,不允许爆破、锤砸或绞车拉拽。

10. 支护过程中,不准以支柱手把体作为推移装置的支点,以免损坏支柱。

11. 回柱时应严格遵守有关回柱安全操作规程,确保安全生产。

将卸载手把插入三用阀卸载孔中。顶板状况较好时采取近距离卸载,工作人员转动卸载手把使卸载手把呈水平位置。此时卸载阀打开,支柱内腔乳化液外溢,活柱下缩;顶板条件较差时应采用远距离卸载,即工作人员离开支柱至安全位置,拉动卸载手把上引绳使卸载手把呈水平位置,卸载阀打开,活柱下缩到可以撤出为止。

12. 回撤下来的支柱,应顶盖朝上竖直摆放,不准随意横放,以免水和煤粉进入支柱内腔和锈蚀表面。井下不允许存在无三用阀的支柱。若三用阀损坏,应及时更换三用阀。

13. 因工作面粉尘大,故除了替换顶盖、三用阀外,其他零部件不允许在工作面拆装。

14. 支柱在运输过程中应轻装轻卸,不准随意摔砸。需要使用工作面运输机运输时,应先在运输机上装满煤,然后将支柱放在煤层上。机头机尾应有专人护送,以免损坏支柱。

15. 注液枪使用后,应挂在支柱上,不允许随意乱扔,更不允许用注液枪敲打硬物。

16. 高压胶管应避免被采煤机压坏和损坏。

17. 短期不用的支柱,应将柱内液体放尽,封堵三用阀进液孔,以防脏物进入。

五、任务考评

有关任务考评的内容见表3.3。

表 3.3   任务考评内容及评分标准

序 号	考评内容	考评项目	配 分	评分标准	得 分
1	安全运行管理制度	常用的安全运行管理制度	15	错一项扣5分	
2	提升设备的安全管理	矿井提升系统的安全保护	25	错一项扣3分	
3	通风设备的安全管理	局部通风机安全运行管理	15	错一项扣5分	
4	采掘设备的安全管理	采煤机的安全运行管理	20	错一项扣3分	
5	支护设备的安全管理	液压支架的事故处理	25	错一项扣5分	
合 计					

复习思考题

3.1 常用的安全管理制度、措施主要有哪些?

3.2 提升机在运行时有哪些规定?

3.3 提升机的操作要领是什么?

3.4 为保证主排水泵的安全运行,必须做好哪几方面的工作?

3.5　什么叫"三专两闭锁"？它有哪些作用？

3.6　刮板输送机使用的主要经验是什么？其含义是什么？

3.7　瓦斯矿井中使用电机车有哪些规定？

3.8　掘进机在困难条件下如何使用？

3.9　液压支架在困难条件下如何使用？

3.10　单体液压支柱使用时有哪些注意事项？

任务2　煤矿电气设备的安全运行管理

> 知识点：◆　供电系统的安全管理
> 　　　　◆　井下电气设备的安全管理
> 　　　　◆　防爆电气的安全管理
>
> 技能点：◆　能检查供电系统中存在的隐患
> 　　　　◆　能检查接地保护中存在的隐患
> 　　　　◆　能检查防爆设备的失暴

一、任务描述

电气设备安全管理是指对事关电气设备安全的诸项工作进行组织、计划、指挥、协调和控制,实现从技术上、组织上和管理上采取有效措施,解决和消除不安全因素,防止事故的发生;组织制订和实施电气事故应急处理预案,一旦事故发生,立即启动救援工作;对发生的事故及时报告,采取预防措施。

电气设备安全管理是煤矿安全管理的重要组成部分,应采用系统工程的原理、方法进行研究和管理,达到识别、分析、归纳、评价、预测电气系统中存在的发生事故危险因素的目的,并据此采取综合治理措施,使发生事故的危险因素得以消除和控制,降低发生事故的可能性,达到安全运行状态。为此,应研究电气系统中事故的类型、性质、危害程度和成因,分析成因模型、相关条件和发生规律,得出预防的原则和措施;应对电气系统进行安全分析,预测发生事故的可能性,以及所产生的伤害或损失的程度;应对电气系统实行安全控制,做出安全评价,预测安全状况;应制定安全目标,提出安全管理举措,设法消除人的不安全因素,防止和控制事故的发生。

二、任务分析

（一）防爆电气设备的安全管理

井下防爆电气设备管理是煤矿设备安全运行管理中的重中之重。井下电气设备出现失爆,是造成瓦斯煤尘爆炸的重要原因。因此,必须严格执行防爆电气设备管理的有关规定,原则上不允许防爆电气设备出现失爆。《煤矿安全规程》第四百五十二条规定:防爆电气设备入井前,应检查其"产品合格证"、"防爆合格证"、"煤矿矿用产品安全标志"及安全性能;经专职防爆检查员检查合格并签发合格证后,方准入井。第四百八十九条规定:井下防爆电气设备的运行、维护和修理,必须符合防爆性能的各项技术要求。防爆性能遭受破坏的电气设备,必须立即处理或更换,严禁继续使用。

井下防爆电气设备变更额定值使用和进行技术改造时,必须经国家授权的矿用产品质量监督检验部门检验合格后,方可投入运行。未经批准,任何人不得改变防爆电气设备内部结构。

(二)供电保护系统的安全管理

供电保护是保证供电系统安全、可靠运行,保证设备、人身安全的重要措施。电气保护中的过流、漏电、接地、缺相、欠压、过压、过负荷等保护均属于供电保护系统的范畴,前三者通常称为煤矿供电系统的"三大保护"。

1.过流保护的相关规定

过流是指实际通过电气设备或电缆的工作电流超过了额定电流值。常见的过流故障有短路、过负载和断相。因此,过流保护包括短路保护、过负载保护和断相保护。《煤矿安全规程》第四百五十五条规定:井下高压电动机、动力变压器的高压控制设备,应具有短路、过负荷、接地和欠压释放保护。井下由采区变电所、移动变电站或配电点引出的馈电线上,应装设短路、过负荷和漏电保护装置。低压电动机的控制设备,应具备短路、过负荷、单相断线、漏电闭锁保护装置及远程控制装置。第四百五十六条规定:井下配电网路(变压器馈出线路、电动机等)均应装设过流、短路保护装置;必须用该配电网路的最大三相短路电流校验开关设备的分断能力和动、热稳定性以及电缆的热稳定性,必须正确选择熔断器的熔体。

2.漏电保护的相关规定

(1)井下低压馈电线上,必须装设检漏保护装置或有选择性的漏电保护装置,保证自动切断漏电的馈电线路。

(2)井下由采区变电所、移动变电站或配电点引出的馈电线上,应装设短路、过负荷和漏电保护装置。每天必须对低压检漏装置的运行情况进行1次跳闸试验。

(3)井下照明和信号装置,应采用具有短路、过载和漏电保护的照明信号综合保护装置配电。

(4)有人值班的变电所(站),每天必须检查漏电保护装置的完好性,并做好记录。

(5)定期检查输配电线路的漏电保护装置的完好性,每隔6个月或在设备移动时必须检查1次漏电保护装置和自动开关,每年至少检验、整定1次漏电保护装置。

(6)煤电钻使用必须设有检漏、漏电闭锁、短路、过负荷、断相、远距离启动和停止煤电钻功能的综合保护装置。每班使用前,必须对煤电钻综合保护装置进行1次跳闸试验。

(7)瓦斯喷出区域、高瓦斯矿井、煤(岩)与瓦斯(二氧化碳)突出矿井中,掘进工作面的局部通风机应采用三专(专用变压器、专用开关、专用线路)供电;也可采用装有选择性漏电保护装置的供电线路供电,但每天应有专人检查1次,保证局部通风机可靠运转。

(8)低瓦斯矿井掘进工作面的局部通风机,可采用装有选择性漏电保护装置的供电线路供电,或与采煤工作面分开供电。

3.接地保护的相关规定

(1)变电所(站)的输配电线及电气设备上的接地保护装置的设计、安装应符合国家标准的有关规定。

(2)严禁井下配电变压器中性点直接接地,严禁由地面中性点直接接地的变压器或发电机直接向井下供电,高压、低压电气设备必须设保护接地。

（3）地面变电所和井下中央变电所的高压馈电线上，必须装设有选择性的单相接地保护装置；供移动变电站的高压馈电线上，必须装设有选择性的动作于跳闸的单相接地保护装置。

（4）井下不同水平应分别设置主接地极，主接地极应在主、副水仓中各埋设 1 块。主接地极应用耐腐蚀的钢板制成，其面积不得小于 0.75 m²，厚度不得小于 5 mm。

（5）连接主接地极的接地母线，应采用截面不小于 50 mm² 的铜线，或截面不小于 100 mm² 的镀锌铁线，或厚度不小于 4 mm，截面不小于 100 mm² 的扁钢。

（6）除主接地极外，还应设置局部接地极。下列地点应装设局部接地极：

①采区变电所（包括移动变电站和移动变压器）。

②装有电气设备的硐室和单独装设的高压电气设备。

③低压配电点或装有 3 台以上电气设备的地点。

④无低压配电点的采煤机工作面的运输巷、回风巷、集中运输巷（胶带运输巷）以及由变电所单独供电的掘进工作面，至少应分别设置 1 个局部接地极。

⑤连接高压动力电缆的金属连接装置。

（7）所有电气设备的保护接地装置（包括电缆的铠装、铅皮、接地芯线）和局部接地装置，应与主接地极连接成 1 个总接地网。接地网上任一保护接地点的接地电阻值不得超过 2 Ω。每一移动式和手持式电气设备至局部接地极之间的保护接地用的电缆芯线和接地连接导线的电阻值，不得超过 1 Ω。

（8）电气设备的接地部分必须用单独的接地线与接地装置相连接，不得将多台电气设备的接地线串联接地。

（9）由地面直接入井的轨道及露天架空引入（出）的管路，必须在井口附近将金属体进行不少于 2 处的良好的集中接地。

（10）电压在 36 V 以上和由于绝缘损坏可能带有危险电压的电气设备的金属外壳、构架，铠装电缆的钢带（或钢丝）、铅皮或屏蔽护套等必须有保护接地。

（11）电气设备的外壳与接地母线或局部接地极的连接，电缆连接装置两头的铠装、铅皮的连接，应采用截面不小于 25 mm² 的铜线、或截面不小于 50 mm² 的镀锌铁线、或厚度不小于 4 mm，截面不小于 50 mm² 的扁钢。

（12）橡套电缆的接地芯线，除用作监测接地回路外，不得兼作他用。

（三）井下低压电缆的安全管理

1. 井下电缆的选用应遵守下列规定：

（1）电缆敷设地点的水平差应与规定的电缆允许敷设水平差相适应。

（2）电缆应带有供保护接地用的足够截面的导体。

（3）严禁采用铝包电缆。

（4）必须选用经检验合格的并取得煤矿矿用产品安全标志的阻燃电缆。

（5）电缆主线芯的截面应满足供电线路负荷的要求。

（6）对固定敷设的高压电缆：

①在立井井筒或倾角为 45°及其以上的井巷内，应采用聚氯乙烯绝缘粗钢丝铠装聚氯乙烯护套电力电缆、交联聚乙烯绝缘粗钢丝铠装聚氯乙烯护套电力电缆；

②在水平巷道或倾角在 45°以下的井巷内，应采用聚氯乙烯绝缘钢带或细钢丝铠装聚氯乙烯护套电力电缆、交联聚乙烯钢带或细钢丝铠装聚氯乙烯护套电力电缆；

③在进风斜井、井底车场及其附近、中央变电所至采区变电所之间,可以采用铝芯电缆;其他地点必须采用铜芯电缆。

(7)固定敷设的低压电缆,应采用 MVV 铠装或非铠装电缆或对应电压等级的移动橡套软电缆。

(8)非固定敷设的高低压电缆,必须采用符合 MT818 标准的橡套软电缆。移动式和手持式电气设备应使用专用橡套电缆。

(9)照明、通信、信号和控制用的电缆,应采用铠装或非铠装通信电缆、橡套电缆或 MVV 型塑料电缆。

(10)低压电缆不应采用铝芯,采区低压电缆严禁采用铝芯。

2. 敷设电缆应遵守下列规定:

(1)电缆必须悬挂:

①在水平巷道或倾角在30°以下的井巷中,电缆应用吊钩悬挂。

②在立井井筒或倾角在30°及其以上的井巷中,电缆应用夹子、卡箍或其他夹持装置进行敷设。夹持装置应能承受电缆重量,并不得损伤电缆。

(2)水平巷道或倾斜井巷中悬挂的电缆应有适当的弛度,并能在意外受力时自由坠落。其悬挂高度应保证电缆在矿车掉道时不受撞击,在电缆坠落时不落在轨道或输送机上。

(3)电缆悬挂点间距,在水平巷道或倾斜井巷内不得超过 3 m,在立井井筒内不得超过 6 m。

(4)沿钻孔敷设的电缆必须绑紧在钢丝绳上,钻孔必须加装套管。

(5)电缆不应悬挂在风管或水管上,不得遭受淋水。电缆上严禁悬挂任何物件。电缆与压风管、供水管在巷道同一侧敷设时,必须敷设在管子上方,并保持 0.3 m 以上的距离。在有瓦斯抽放管路的巷道内,电缆(包括通信、信号电缆)必须与瓦斯抽放管路分挂在巷道两侧。盘圈或盘"8"字形的电缆不得带电,但采、掘机组供电的电缆不受此限。

(6)井筒和巷道内的通信和信号电缆应与电力电缆分挂在井巷的两侧,如果受条件所限:在井筒内,应敷设在距电力电缆 0.3 m 以外的地方;在巷道内,应敷设在电力电缆上方 0.1 m 以上的地方。

(7)高、低压电力电缆敷设在巷道同一侧时,高、低压电缆之间的距离应大于 0.1 m。高压电缆之间、低压电缆之间的距离不得小于 50 mm。

(8)井下巷道内的电缆,沿线每隔一定距离、拐弯或分支点以及连接不同直径电缆的接线盒两端、穿墙电缆的墙的两边都应设置注有编号、用途、电压和截面的标志牌。

(9)立井井筒中所用的电缆中间不得有接头;因井筒太深需设接头时,应将接头设在中间水平巷道内。

(10)运行中因故需要增设接头而又无中间水平巷道可利用时,可在井筒中设置接线盒,接线盒应放置在托架上,不应使接头承力。

(11)电缆穿过墙壁部分应用套管保护,并严密封堵管口。

3. 电缆的连接应符合下列要求:

(1)低压橡套电缆与电气设备连接

①密封圈材质用邵氏硬度为45~55 度的橡胶制造,并规定进行老化处理。

②密封圈内径与电缆外差应小于 l mm;密封圈外径 D 与装密封圈的孔径 D_0 配合的直径差(D_0-D)应符合下述规定:

当 $D \leqslant 20$ mm 时,(D_0-D)值应不大于 1 mm;

当 20 mm<D≤60 mm 时,(D_0-D)值应不大于 1.5 mm;

当 D>60 mm 时,(D_0-D)值应不大于 2 mm。

密封圈的宽度应不大于或等于电缆外径的 0.7 倍,但必须大于 10 mm。密封圈无破损、不割开使用。电缆与密封圈之间不得包扎其他物体,保证密封良好。

③进线嘴连接紧固。接线后紧固件的紧固程度,大嘴以抽拉电缆不串动为合格,小嘴以 1 只手的五指使压紧螺母旋进不超过半圈为合格。压盘式线嘴压紧电缆后的压扁量不超过电缆直径的 10%。

④电缆护套穿入进线嘴长度一般为 5~15 mm。如电缆粗,穿不进时,可将穿入部分锉细,但护套与密封圈结合部位不得锉细。

⑤电缆护套按要求剥除后,线芯应截成适当长度,做好线头以后才能连接到接线柱上。接线应整齐、无毛刺,卡爪不压绝缘胶皮或其他绝缘物,也不得压住或接触屏蔽层。地线长度适宜,松开接线嘴拉动电缆时,三相火线拉紧或松脱,地线应不掉。

⑥当橡套电缆与各种插销连接时,必须使插座连接在靠电源的一边。

⑦屏蔽电缆与电气设备连接时,必须剥除主芯线的屏蔽层,其剥除长度应大于国家标准规定耐泄漏性的 D 级绝缘材料的最小爬电距离的 1.5~2 倍,见表 3.4。

表 3.4　爬电距离

额定电压/V	最小爬电距离/mm			
	A 级	B 级	C 级	D 级
36	4	4	4	4
60	6	6	6	6
127	6	7	8	10
220	6	8	10	12
380	8	10	12	15
660	12	16	20	25
1 140	24	28	35	45
3 000	45	60	75	90
6 000	85	110	135	160
10 000	125	150	180	240

注:设备的额定电压可高于表列数值的 10%。

(2)高压铠装电缆与电气设备连接

高压铠装电缆与电气设备连接时,设备引入(出)线的终端线头应用线鼻子或过渡接头接线,连接紧固可靠,必须按规定制作电缆头。高压隔爆开关接线盒引入铠装电缆后,应用绝缘胶灌至电缆三叉以上。

(3)电缆与电缆之间连接

①不同型号电缆之间不得直接连接(如纸绝缘电缆同橡套电缆或塑料电缆之间)。必须经过符合要求的接线盒、连接器或母线盒进行连接。

②相同型号电缆之间,除按不同型号电缆之间的连接方法进行连接外,还可直接连接,但

必须遵守下列规定：

a. 纸绝缘电缆必须使用符合要求的电缆接线盒连接,高压纸绝缘电缆接线盒必须灌绝缘充填物。

b. 橡套电缆的连接(包括绝缘、护套已损坏的橡套电缆的修补),必须用硫化热补或同热补有同等效能的冷补或应急冷包。

c. 塑料电缆连接,其连接处的机械强度以及电气、防潮密封、老化等性能,应符合该型矿用电缆的技术标准的要求。

d. 电缆芯线的连接应采用压接或银铜焊接,严禁绑扎。连接后的接头电阻不应大于长度线线芯电阻的1.1倍,其抗拉强度不应小于原线芯的80%。

e. 2根电缆的铠装、铅包、屏蔽层和接地芯线都应有良好的电连接。

f. 不同截面的橡套电缆不准直接连接(照明线上的分支接头除外)。

③屏蔽电缆之间连接时,必须剥除主线芯的屏蔽层,其剥除长度为D级绝缘材料的最小爬电距离的1.5～2倍。

4. 其他规定

(1)照明线必须使用阻燃电缆,电压不得超过127 V。

(2)井下不得带电检修、搬迁电气设备、电缆和电线。

(3)在总回风巷和专用回风巷中不应敷设电缆。在机械提升的进风的倾斜井巷(不包括输送机上、下山)和使用木支架的立井井筒中敷设电缆时,必须有可靠的安全措施。

(4)溜放煤、矸、材料的溜道中严禁敷设电缆。

(四)严禁违章作业和违章指挥

"违章指挥"、"违章操作"、""违反劳动纪律"简称为"三违","三违"是煤矿生产中,人的不安全行为所导致的各类事故的主要原因。违章指挥主要是由于指挥者不熟悉自己管辖内的各种作业规程,思想上不重视安全,没有严格按规程办事,布置工作时无视法规和制度,强令下属冒险作业。《煤矿安全规程》规定:职工有权制止违章作业,拒绝违章指挥;当工作地点出现险情时,有权立即停止作业,撤到安全地点;当险情没有得到处理不能保证人身安全时,有权拒绝作业。违章作业一般由以下几种思想行为引起:

1. 思想麻痹,存在侥幸心理。

2. 图省时、省力,怕麻烦。

3. 任务紧急忽视了安全。

4. 过于自信、骄傲自满。

5. 缺乏知识,未掌握正确的操作方法。

要杜绝违章操作,操作者就要在思想上重视安全,熟悉本人所操作的机器设备的操作规程,严格按规程操作。

三、相关知识

(一)产生过电流的原因及预防措施

1. 产生过电流故障的原因

(1)电气设备额定电压与电网额定电压不符,造成设备过电流。如额定电压为380 V的电机或变压器,误接在660 V电网上使用,造成过电流。

（2）所选设备的额定电流应大于或等于它的长时最大实际电流，否则设备会出现过电流。

（3）电缆截面的选择应满足设备容量的要求，不然电缆会过电流。

（4）高低压开关设备的额定断流容量应大于或等于线路可能产生的最大三相短路电流，否则会导致断路器损坏。

（5）电气设备安装前要测量绝缘电阻，不合格不能投入运行。电气设备使用中要定期测量绝缘电阻，绝缘电阻太低会导致击穿事故。

（6）安装电气设备的地点应无淋水、碰、撞、砸等伤害。因为淋水可能造成电网漏电或接地。

（7）按《煤矿安全规程》要求敷设电缆。电缆要防止砸、碰、压等伤害，按要求悬挂电缆，决不允许将电缆泡在水中，发现问题要及时处理。

2. 预防过流的措施

短路、过负荷和断相是常见的过流故障，对此类故障的预防办法主要应抓好设备的维护保养，让以上故障少发生或不发生。另外还要采取切实有效的保护措施，当过流发生时，靠保护装置切断过电流线路，或将过流的危害限制在最小程度。为此，应采取下列措施：

（1）正确选择和校验电气设备，其短路分断能力要大于所保护供电系统可能产生的最大短路电流。

（2）正确整定过电流、短路电流保护装置，使之在短路故障发生时，保证过流装置能准确、可靠、迅速地切断故障。

（3）井下高压电动机和动力变压器的保护。采用 PB 系列隔爆配电箱中的过流继电器和无压释放器，可以实现电动机和变压器的短路保护和欠电压释放保护。

（4）采区变电所动力变压器和移动式变电站及配电点馈出线上装设过流保护。这 3 种馈出线上可以装设短路保护装置，只要短路点选择合适，计算短路电流值准确，整定值合理，即可实现短路保护。

①由于 3 种馈出线都是干线，每条干线负责对多台设备供电，因设备功率不相同，当大电机启动时，其启动电流会超过采区变电所动力变压器二次侧额定电流。作为变压器二次侧总开关的 DW 系列馈电开关，只有电磁式速断过流继电器，因此无法实现变压器的过负荷保护。同样也可以加装一套电子式过负荷保护装置，配合 DW 系列馈电开关实现过负荷保护。配电点开关的负荷侧干线只控制一台电机时，馈电开关如果有过负荷保护功能，可以实现过负荷保护。如果负荷侧干线给多台电机供电，则过负荷保护无法实现。

②低压电动机可以采用新式的具有综合保护功能的起动器，它可以对电动机实现短路、过负荷和断相保护。

③除了使用过流继电器或过热继电器完成过流保护外，还可利用熔断器进行保护。熔断器和熔体要经过计算选择。

（二）产生漏电的原因及预防措施

1. 对漏电保护的要求

目前，已投入使用的漏电保护装置和系统很多。对于一个漏电保护装置或系统而言，应满足以下几个方面的具体要求。

（1）安全性。漏电保护的首要任务是保证安全供电。安全问题包括人身安全、矿井安全、设备安全三方面的内容。从保护触电人员的角度出发，要满足流过人身的电流小于 30 mA·s⁻¹ 的要求,只有这样,才能保证人身的安全。对设备而言,漏电电流会导致绝缘恶化,甚至导致绝缘损坏。但所需的漏电电流和漏电时间都要超过人身触电的安全要求。因此,漏电保护只要满足人身触电的安全条件,就可满足电气设备的安全要求。对矿井而言,漏电电流有可能引起火灾甚至瓦斯、煤尘爆炸。通过漏电保护的作用,可以有效地减小漏电电流和缩短漏电时间,降低出现严重事故的可能性,保证矿井的安全。

目前,用以提高漏电保护电气安全程度的方法,主要有电容电流补偿技术,旁路接地分流技术,自动复电技术,快速断电技术。其中,快速断电技术的电气安全程度最高,当电网发生漏电时,它能在 5 ms 的时间内切除供电电源,即通过缩短漏电时间来提高电气安全程度。

(2)可靠性。漏电保护的可靠性是指一不拒动,二不误动。漏电保护的可靠性依赖于装置或系统自身设计、制造质量以及它们的运行维护水平。

(3)选择性。漏电保护的选择性是指它要求在供电单元内只切除故障部分的电源,目的是为了减小出现故障时的停电范围。选择性分为横向选择性和纵向选择性。横向选择性是指漏电保护系统只切断漏电故障所在支路。漏电故障不在本保护系统保护的支路上,而是在电网的其他支路上时,保护系统不应动作。纵向选择性是指保护系统只切断漏电故障所在段的电源,并保护其他正常段的供电。如果故障点在下级磁力启动器的保护范围内,同时磁力启动器已切除了故障支路,那么本级保护就不应再动作,否则是越级动作,失去纵向选择性。

(4)灵敏性。漏电保护的灵敏性是指保护装置针对不同程度漏电故障的反应能力,要求对于最小的漏电故障,保护装置也能可靠动作,即对临界漏电故障具有较强的反应能力。

(5)全面性。煤矿井下的低压电网,多是 1 台动力变压器为一单独的供电单元。全面性是指保护范围应覆盖整个供电单元,没有动作死区,无论该供电单元的何处发生什么类型的漏电故障(对称或不对称的)。漏电保护都能起到保护作用。

2. 井下产生漏电的原因

(1)使用了绝缘不良的陈旧电缆或设备。

(2)电工接线工艺粗糙低劣,造成芯线毛刺触及设备外壳。

(3)电气设备和电缆淋水或严重受潮。

(4)受井下气候影响,防爆电气设备内部结露。

3. 预防漏电的措施

(1)更换绝缘电阻太低的电缆或设备。

(2)对电工加强技术培训,提高接线工艺水平。

(3)解决设备淋水问题,电缆严重受潮应升井干燥。

(4)设备内部结露导致对外壳漏电,可在设备内部放置高质量的干燥剂。

(5)必须按《煤矿安全规程》要求,安装使用检漏继电器。检漏继电器是井下漏电故障的"保护神",必须严格执行有关检漏继电器运行的各项规定和要求。

(三)保护接地的检查及测试

1. 保护接地的检查

(1)采区移动设备保护接地的检查

①工作面移动设备的金属外壳,要用橡套电缆中的接地芯线和自身的起动器外壳及配电点开关外壳可靠的连接,并最后与采区的总接地网连接在一起。

②由采掘设备的配电点通过满足规定要求截面的导体,与局部接地极相连,保证其可靠的

电气连接,并不受其他因素干扰。

(2)有专职司机的电气设备保护接地的检查

有值班人员的机电硐室和有专职司机的电气设备的保护接地,每班必须进行一次表面检查(交接班时),其他电气设备的保护接地,由维修人员进行每周不少于一次表面检查。发现问题,及时记入记录表3.5,并向有关领导汇报。

表3.5　接地检查记录

编　号	检查日期	检查地点	检查情况	检查人	整改情况		整改人
					时　间	情　况	
1							
2							
3							
4							
5							
6							
7							
8							
9							
10							
11							
12							
13							
14							
15							

(3)每年至少要对主接地极和局部接地极详细检查一次。其中主接地极和浸在水沟中的局部接地极应提出水面检查,如发现接触不良或严重锈蚀等缺陷,应立即处理或更换。但主、副水仓中的主接地极不得同时提出检查,必须保证一个工作。矿井水酸性较大时,应适当增加检查的次数。

2.接地电阻的测定

井下总接地网的接地电阻的测定,要有专人负责,每季至少测定一次;新安装的接地装置,在投入运行前,应测其接地电阻值,并必须将测定数据记入记录表3.6中。

在有瓦斯及煤尘爆炸危险的矿井内进行接地电阻测定时,应采用本质安全型接地摇表;如采用普通型仪器时,只准在瓦斯浓度1%以下的地点使用,并采取一定的安全措施,报有关部门审批。

(四)隔爆型电气设备失爆的原因及预防措施

1.隔爆型电气设备常见的失爆现象

电气设备的隔爆外壳失去了耐爆性或隔爆性(即不传爆性)就是失爆。井下隔爆型电气设备常见的失爆现象如下:

(1)隔爆外壳严重变形或出现裂纹,焊缝开焊以及连接螺丝不齐全,螺扣损坏或拧入深度少于规定值,致使其机械强度达不到耐爆性的要求而失爆。

(2)隔爆接合面严重锈蚀,由于机械损伤、间隙超过规定值,有凹坑、连接螺丝没有压紧等,达不到不传爆的要求而失爆。

表3.6　接地装置接地电阻测量记录

编　号	测量日期	测量地点	测量结果/Ω	整改情况	试验人签字	备　注
1						
2						
3						
4						
5						
6						
7						
8						
9						
10						
11						
12						
13						
14						
15						

(3)电缆进、出线口没有使用合格的密封胶圈或根本没有密封胶圈;不用的电缆接线孔没有使用合格的密封挡板或根本没有密封挡板而造成失爆。

(4)在设备外壳内随意增加电气元、部件,使某些电气距离小于规定值或绝缘损坏,灭弧装置失效,造成相间经外壳弧光接地短路、使外壳被短路电弧烧穿而失爆。

(5)外壳内两个隔爆腔由于接线柱、接线套管烧毁而连通,内部爆炸时形成压力叠加、导致外壳失爆。

2.隔爆型电气设备失爆的原因及预防措施

(1)电气设备维护和检修不当防护层脱落,使得防爆面落上矿尘等杂物,紧固对口接合面时会出现凹坑,有可能使隔爆接合面间隙增大。因此,维修人员在检修电气设备时,一定要注意防爆接合面,防止有煤尘、杂物沾在上面。

(2)井下发生局部冒顶砸伤隔爆型电气设备的外壳,移动和搬迁不当造成外壳变形及机械损伤都能使隔爆型电气设备失爆。为此电气设备应安装在支护良好的地点,移动和搬迁设备时要小心轻放。

（3）由于不熟悉设备的性能，在装卸过程中没有采用专用工具或发生误操作。如拆卸防爆电动机端盖时，为了省事而用器械敲打，可能将端盖打坏或产生不明显的裂纹，可能发生传爆的现象。拆卸时零部件没有打钢印标记，待装配时没有对号而误认为是可互换的，造成间隙过小，间隙过小对活动接合面可能造成摩擦现象，破坏隔爆面，所以每个零部件一定要打钢印标记，装配时对号选配。

（4）螺钉紧固的隔爆面，由于螺孔深度过浅或螺钉太长，而不能很好地紧固零件。为此应检查螺孔是否有杂质，螺扣是否完好，装配前应进行检查和处理。

（5）由于工作人员对防爆理论知识掌握不够，对各种规程不能正确贯彻执行，以及对设备的隔爆要求马虎大意，均可能造成失爆。为此应加强理论知识和规程的学习，克服麻痹大意的思想。

四、任务实施

（一）电气系统的安全检查

为防止电气事故发生，煤矿电气安全检查十分重要，检查的主要内容和要求应参照《煤矿安全规程》及相关行业的规程和规范。

1. 煤矿地面供电系统的安全检查

（1）供电系统设计、电气设备选型应符合《煤矿安全规程》和有关行业规程、规范的规定，必须有符合规定的井上、井下配电系统图。例如，应有分别来自区域变电所或发电厂的两回路电源线路，任一回路均能担负矿井全部负荷；矿井两回路电源线路均不得分接任何负荷，严禁装设负荷定量器；矿井 10 kV 及以下架空电源线路不得共杆架设，架空线应有防断线、防倒杆事故检查巡视记录。

（2）井下中央变电所、主要通风机、提升设备等一级负荷应有两回路来自各自母线段的电源线路。

（3）矿井高压电网必须采取措施限制单相接地电容电流不超过 20 A。

（4）继电保护装置完善，整定合理，动作可靠。

（5）电气系统操作的安全防护设施必须符合要求，并有明确的使用说明。

（6）维护运行、检查、检修制度必须完善，严格执行，有岗位责任制。

2. 煤矿井下电气系统的安全检查

（1）井下电气系统设计、电气设备选型应符合《煤矿安全规程》和相关专业规程、规范的规定。例如，对井下各水平中央变（配）电所、主排水泵房和下山开采的采区排水泵房不得少于两回路供电线路，任一回路停止供电时，其余回路应能承担全部负荷；严禁井下配电变压器中性点直接接地；井下各级配电电压应符合要求；井下电气设备选型必须符合规定，应具有"产品合格证"、"防爆合格证"、"煤矿矿用产品安全标志"。

（2）必须具有井下配电系统图、电气设备布置示意图，电力、电话、信号、电机车等线路平面辐射示意图。井下实际布置必须与设计图相符。

（3）井下配电线路均应按规定装设过电流、短路、漏电保护装置，动作值整定正确，动作可靠；煤电钻必须使用综合保护装置，每班使用前必须进行一次跳闸试验。

（4）井下电缆选用、架设、连接必须符合《煤矿安全规程》的规定。

（5）井下防爆电气设备必须符合防爆性能的各项技术要求，防爆性能遭受破坏的严禁继续使用。

（6）井下电气设备必须有保护接地，接地连接线、局部接地极与主接地极装设必须符合规定；任一保护接地点的接地电阻值不得超过 2 Ω；每一移动式和手持式电气设备至局部接地极之间接地连接导线的电阻值不得超过 1 Ω。

（7）煤矿井下必须按规定要求安装照明和信号装置；井下机电设备硐室及采掘工作面配电点的位置和空间必须符合规定要求。

（8）井下电气设备与电缆必须按规定进行检查、维护调整和试验，并应有相关记录；操作井下电气设备必须遵守有关规定，采取安全措施。

（9）具有防止电气火灾及相关事故的安全措施，灭火设施齐全。

（10）煤矿井下按规定要求装设风电闭锁装置、瓦斯电闭锁装置，其性能必须符合要求，动作必须可靠。

3.电气安全管理与作业安全检查

（1）应具有电气安全保障系统，如完善的电气安全信息系统，完整的安全责任制、岗位责任制和各种规章制度等。

（2）应建立本质安全型的人、机、环境关系，使三者在安全上达到最佳匹配。

（3）应具有电气技术培训、安全培训制度，以及安全自检、自查制度和上岗资格认证制度。

（4）应具有完善的电气操作作业制度与安全措施。

（二）防爆电气设备的安全检查

防爆电气设备入井前，应由指定的经培训考试合格的，电气设备防爆检查工，检查其"产品合格证"、"防爆合格证"、"MA 准用证"及安全性能检查合格后方准入井。

1.隔爆型电气设备的检查

（1）隔爆型电气设备必须经过考试合格的防爆电气设备检查员检查其安全性能，并取得合格证。

（2）外壳完好无损伤、无裂痕及变形。

（3）外壳的紧固件、密封件、接地元件齐全完好。

（4）隔爆接合面的间隙、有效宽度和表面粗糙度符合有关规定，螺纹隔爆结构的拧入深度和螺纹扣数符合规定。

（5）电缆接线盒及电缆引入装置完好，零部件齐全，无缺损，电缆连接牢固、可靠。一个电缆引入装置只连接一条电缆。

（6）接线盒内裸露导电芯线之间的电气间隙和爬电距离应符合规定；导电芯线无毛刺，接线方式正确，上紧接线螺母时不能压住绝缘材料；壳内部不得增加元部件。

（7）联锁装置功能完整，保证电源接通打不开盖，开盖送不上电；内部电气元件、保护装置完好无损，动作可靠。

（8）在设备输出端断电后，壳内仍有带电部件时，在其上装设防护绝缘盖板，并标明"带电"字样，防止人身触电事故。

（9）接线盒内的接地芯线必须比导电芯线长，即使导线被拉脱，接地芯线仍保持连接；接线盒内保持清洁，无杂物和导电线丝。

（10）隔爆型电气设备安装地点无滴水、淋水，周围围岩坚固；设备放置与地平面垂直最大倾斜角度不得超过 15°。

2. 本质安全型电气设备的检查

(1)本质安全型电气设备必须经过考试合格的防爆电气设备检查员检查其安全性能,并取得合格证。

(2)本质安全型电气设备应单独安装,尽量远离大功率电气设备,以避免电磁感应和静电感应。

(3)外壳完整无损、无裂痕和变形。外壳的紧固件、密封件、接地件齐全完好。

(4)连接的电气设备必须通过联检,并取得防爆合格证;外壳防护等级符合使用环境的要求。

(5)本质安全型防爆电源的最高输出电压和最大输出电流均不大于规定值。

(6)本安电路的外部电缆或导线应单独布置,不允许与高压电缆一起敷设。外部电缆或导线的长度应尽量缩短,不得超过产品说明书中规定的最大值。本安电路的外部电缆或导线禁止盘圈,以减小分布电感。

(7)两组独立的本安电路裸露导体之间、本安电路与非本安电路裸露导体之间的电气间隙与爬电距离符合有关规定。

(8)设有内、外接地端子的本安型电气设备应可靠地接地。内接地端子必须与电缆的接地芯线可靠地连接。

(9)设备在使用和维修过程中,必须注意保持本安电路的电气参数,不得高于产品说明书的额定值,否则应慎重采取措施。更换本安电路及关联电路电气元件时,不得改变原电路电气参数和本安性能,更不得擅自改变电气元件的规格、型号,特别是保护元件更应特别注意。更换的保护元件应严格筛选,保证与原设计一致。

(10)应定期检查保护电路的整定值和动作可靠性;在井下检修本安型电气设备时,也应切断前级电源,并禁止用非防爆仪表检查测量本安电路。

3. 增安型电气设备的检查

(1)增安型电气设备必须经过考试合格的防爆电气设备检查员检查其安全性能,并取得合格证。

(2)外壳完整无损、无裂痕和变形。

(3)外壳的紧固件、密封件、接地件齐全完好。

(4)外壳防护等级符合使用环境要求。

(5)裸露导体间的电气间隙和爬电距离符合有关规定。

(6)绝缘材料的绝缘性能符合有关规定。

(7)设备的工作温度符合有关规定。

(8)电路和导线的连接可靠,并符合有关规定。

4. 浇封型电气设备的检查

(1)浇封型电气设备必须经过考试合格的防爆电气设备检查员检查其安全性能,并取得合格证。

(2)浇封剂不得有缝隙、剥落等现象,被浇封部件不得外露。

5. 气密型电气设备的检查

(1)气密型电气设备必须经过考试合格的防爆电气设备检查员检查其安全性能,并取得合格证。

(2)气密外壳必须完整无损、无裂痕和变形。

6.充砂型电气设备的检查

(1)充砂型电气设备必须经过考试合格的防爆电气设备检查员检查其安全性能,并取得合格证。

(2)充砂型外壳必须完整无损、无裂痕和变形。

(3)填料覆盖高度符合要求。

7.正压型电气设备的检查

(1)正压型电气设备必须经过考试合格的防爆电气设备检查员检查其安全性能,并取得合格证。

(2)正压型外壳必须完整无损、无裂痕和变形。

(3)联锁装置完好。

(4)压力监控器完好。

(5)通风机等通风换气设备完好。

8.矿用一般型电气设备的检查

(1)矿用一般型电气设备必须经过考试合格的防爆电气设备检查员检查其安全性能,并取得合格证。

(2)矿用一般型外壳必须完整无损、无裂痕和变形。

(3)联锁装置完好。

(4)外壳防护等级符合要求。

(三)隔爆型电气设备防爆结合面的防锈处理

煤矿井下湿度大,隔爆型电气设备的接合面极容易生锈,如果锈蚀严重,对其隔爆性能影响极大,甚至造成失爆。为此,应采取如下防锈措施:

1.涂防锈油剂

在隔爆接合面上直接涂 204-1 防锈油。

2.涂磷化底漆

这是一种新的防锈涂漆,能代替钢铁的磷化处理。其特点是:漆膜薄,仅有 $8 \sim 12$ μm,且坚韧耐久,具有极强的附着力;涂抹方便,仅用 0.5 h 即可自然干燥;漆膜不怕瓦斯爆炸时的瞬时高温。

3.热磷处理

隔爆接合面经热的磷酸盐溶液处理后,在金属表面便形成一层难溶的金属薄膜,即磷化膜,可防止隔爆面的氧化锈蚀。

对在热磷处理时形成的质量差的磷化膜,可用浓度为 $10\% \sim 15\%$ 的盐酸(HCL)溶液(即氯化氢水溶液)或加热的浓度为 $15\% \sim 20\%$ 的苛性钠(NaOH)溶液(也叫火碱溶液)擦洗磷化膜,即可除去,也可用砂布等方法清除。

4.冷磷处理

隔爆接合面经大修后,一般采用冷磷处理,使其形成一层难溶的金属氧化膜,以防止隔爆接合面氧化锈蚀。

五、任务考评

有关任务考评的内容见表 3.7。

表 3.7　任务考评内容及评分标准

序　号	考评内容	考评项目	配　分	评分标准	得　分
1	电气设备安全管理	防爆电气设备的安全管理	10	错一项扣 4 分	
2	供电系统安全管理	预防过流的措施	20	错一项扣 5 分	
3	供电系统安全管理	预防漏电的措施	25	错一项扣 5 分	
4	电气系统安全检查	井下电气系统的安全检查	25	错一项扣 3 分	
5	电气设备安全检查	防爆电气设备的安全检查	20	错一项扣 3 分	
合　计					

复习思考题

3.11　煤矿供电的"三大保护"是什么?

3.12　什么叫"三违"? 违章作业一般由哪些思想行为引起?

3.13　井下哪些地点需要设置局部接地极?

3.14　同型号电缆之间直接连接,应遵守哪些规定?

3.15　过流保护包括哪些内容? 应遵守哪些规定?

3.16　井下产生漏电的原因是什么? 预防漏电有哪些措施?

3.17　隔爆型电气设备的检查包括哪些内容?

3.18　预防隔爆型电气设备的失爆有哪些措施?

3.19　隔爆型电气设备防爆结合面的防锈处理有哪些措施?

任务 3　煤矿机电设备的事故管理

知识点:◆　机电、运输事故的分类
　　　　◆　预防事故的三大对策和十一项准则
　　　　◆　事故追查三不放过及三不生产原则

技能点:◆　事故调查处理程序
　　　　◆　事故调查报告的编写

一、任务描述

事故是指人们在进行有目的的活动过程中,发生了违背人们意愿的不幸事件,使其有目的的行动暂时或永久地停止。发生事故的原因有直接原因和间接原因。直接原因是指促成事故发生的人的不安全行为(即主观原因或人的原因)和机械、物质或环境的不安全状态(即客观原因)的集合。违章作业、误操作、使用不合格的配件、不遵守规程规范、劳动纪律松懈等,均属主观原因。机电设备性能不良、带病运转、防护保险设施不全、工程质量不合格、生产条件恶劣等,均属客观原因。间接原因是指造成事故发生的直接原因得以产生和存在的原因,它是造成事故的根本原因。造成事故的间接原因是多方面的,主要有管理、工程技术、社会、教育、培训和个人身体素质及精神状态等方面。例如,企业领导贯彻安全生产方针及安全法规的态度不认真,安全监察和业务保安不健全,劳动纪律松懈等,均属管理方面的原因;设备有缺陷,工程设计低限度不符合规范要求,工程质量不符合规定等,均属工程技术方面的原因;政治动乱,对安全生产的干扰,破坏了安全生产规章制度等,均属社会方面的原因;职工安全技术素质低,缺乏安全生产知识等,均属培训教育方面的原因;视力、听觉障碍、患有禁忌症、休息不充分等,均属个人身体和精神方面的原因。

引起事故的人的原因和物的原因(即直接原因)都是互相关联不可分割的。实际上,每一次事故的发生,不可能是上述某一种原因,大多是多种原因促成的,但其中有主、次之分。例如,由于电气设备的防爆性能不良产生电火花引起瓦斯爆炸事故,显然这是一起由于物的原因(电火花和瓦斯积聚)造成的事故。但是也包含着使用不合格设备,瓦斯积聚检查不严或违章作业等人的原因。同时,也有没有严格执行设备检修制度,对工人进行安全教育不够等间接原因。因此,只有把导致事故的直接原因和间接原因都消除了,才能从根本上杜绝事故的发生。

二、任务分析

(一)矿井机电、运输事故的分类

事故的分类方法很多,且各企业根据自身情况及管理的需要、管理制度的严格程度,对事故的划分标准有所不同。《生产安全事故报告和调查处理条例》已经 2007 年 3 月 28 日国务院第 172 次常务会议通过,自 2007 年 6 月 1 日起施行。根据煤矿企业生产的特点,矿井机电、运输事故可根据事故发生的对象、事故的影响程度、事故的行为性质和是否造成人员伤亡等情况进行分类。

1. 按事故的成因分

(1)非责任事故

①自然事故也称自然灾害,在目前的科技条件下,如地震、海啸、暴风、洪水等都是不可抗拒的天灾。对于这些自然灾害,应尽可能地早期预测预报,把灾害限制在最小。这类事故在矿山井下还不多见。

②技术事故发生的原因是由于受到当代科学技术水平的限制,或人们尚未认识到,或技术条件尚不能达到而造成的事故。

③意外事故是指突然发生出乎意料的情况,来不及处理而造成的事故。

(2)责任事故

责任事故是人们在生产、工作中不执行有关安全法律法规,违反规章制度(包括领导人员违章指挥和职工违章作业)而发生的事故。

(3)破坏事故

破坏事故是指人员有意识的对设备进行破坏而导致的事故。

（4）受累事故

受累事故是指因其他原因造成事故后，累及自己造成的事故。如斜井因断绳跑车的运输事故，矿车撞坏电缆造成短路导致变压器损坏的电气事故。

2. 按事故的性质分

（1）顶板事故。顶板事故是指矿井冒顶、片帮、顶板掉矸、顶板支护垮倒、冲击地压、露天煤矿边坡移滑垮塌等事故。底板事故也视为顶板事故。

（2）瓦斯事故。瓦斯事故是指瓦斯（煤尘）爆炸（燃烧）、煤（岩）与瓦斯突出、中毒窒息事故。

（3）机械事故。机械事故是指煤矿企业使用的各种机械设备，如提升机、水泵、风机、车床、采煤机等设备发生的事故。

（4）电气事故。电气事故是指变配电设备及线路，如高低压开关、电线电缆、电机及电控设备等设备所发生的事故，以及发生人员触电的事故。

（5）运输事故。运输事故是指矿井运输设备在运行过程中发生的事故，包括机车运输事故、提升机运输事故和皮带运输事故，也包括运输设备在安装、检修、调试过程中发生的事故。

（6）放炮事故。放炮事故是指放炮崩人、触响瞎炮造成的事故。

（7）水害事故。水害事故是指地表水、老空水、地质水、工业用水造成的事故及透黄泥、流沙导致的事故。

（8）火灾事故。火灾事故是指煤与矸石自然发火和外因火灾造成的事故。煤层自然发火，未见明火，逸出有害气体中毒的属于瓦斯事故。

3. 按事故等级分

（1）轻伤事故。轻伤事故是指发生轻微伤害的事故。

（2）重伤事故。重伤事故是指含有重伤，但没有人员死亡的事故。

（3）一般事故。一般事故是指造成 3 人以下死亡，或者 10 人以下重伤，或者 1 000 万元以下直接经济损失的事故。

（4）较大事故。较大事故是指造成 3 人以上 10 人以下死亡，或者 10 人以上 50 人以下重伤，或者 1 000 万元以上 5 000 万元以下直接经济损失的事故。

（5）重大事故。重大事故是指造成 10 人以上 30 人以下死亡，或者 50 人以上 100 人以下重伤，或者 5 000 万元以上 1 亿元以下直接经济损失的事故。

（6）特别重大事故。特别重大事故是指造成 30 人以上死亡，或者 100 人以上重伤（包括急性工业中毒，下同），或者 1 亿元以上直接经济损失的事故。

（二）事故调查的目的和分级

1. 事故调查的目的

从加强管理的需要来说，发生机电运输事故后，无论事故大小，都应进行事故调查。事故调查的目的是：第一分析事故发生的原因；第二制定防止类似事故再次发生的措施；第三为了发现和掌握事故的发生规律，制定科学的劳动保护法规、安全生产规章制度和质量标准；第四为了对事故相关责任人的处理提供依据；第五为了增强职工的安全生产意识和遵章守纪的自觉性。

不论是一般事故还是重大事故，也不管是伤亡事故还是非伤亡事故，都会给煤矿生产造成不同程度的损失和破坏。尤其是伤亡事故，不但直接影响生产，而且还损害了煤矿的社会形象,伤残职工不但自己受到痛苦,国家受到损失,同时也给家庭和亲友带来痛苦和损失,所以必须对事故进行调查。

2.事故调查分级

特别重大事故由国务院或者国务院授权有关部门组织事故调查组进行调查。重大事故、较大事故、一般事故分别由事故发生地省级人民政府、设区的市级人民政府、县级人民政府负责调查。省级人民政府、设区的市级人民政府、县级人民政府可以直接组织事故调查组进行调查,也可以授权或者委托有关部门组织事故调查组进行调查。未造成人员伤亡的一般事故,县级人民政府也可以委托事故发生单位组织事故调查组进行调查。

(三)事故调查程序及调查报告

1.事故调查程序

(1)成立事故调查组,迅速展开调查。

(2)进行现场查勘,拍照、绘制和记录现场情况。

(3)讨论分析、作出结论。

(4)提出预防措施。

(5)提出对相关责任人的处理意见。

(6)事故调查报告报送负责事故调查的人民政府。事故调查的有关资料应当归档保存。

2.事故调查报告

事故调查报告应当包括下列内容:

(1)事故发生单位概况。

(2)事故发生经过和事故救援情况。

(3)事故造成的人员伤亡和直接经济损失。

(4)事故发生的原因和事故性质。

(5)事故责任的认定以及对事故责任者的处理建议。

(6)事故防范和整改措施。

事故调查报告应当附具有关证据材料。事故调查组成员应当在事故调查报告上签名。

三、相关知识

(一)事故预测

煤炭生产坚持"安全第一,预防为主"的方针。为了减少设备事故,需要对设备使用的环境、设备运行状况、操作人员素质、管理水平等因素进行事先辨识、分析和评价,运用各种科学的分析方法对事故发生的概率进行科学预测,从而制定有效的措施,预防事故发生。

1.事故预测的概念

事故预测,或称安全预测、危险性预测,是对系统未来的安全状况进行预测,预测系统中存在哪些危险及危险的程度,以便对事故进行预报和预防。通过预测,可以发现一台或一类设备发生事故的变化趋势,帮助人们认识客观规律,制定相应的管理制度和技术方案,对事故防患于未然。

预测是从过去和现在已知的情况出发,利用一定的方法或技术去探索或模拟未出现的或复杂的中间过程,推断出未来的结果。预测的过程框图,见图3.2。

2.事故预测的原则

单个事故的发生都是随机事件,但又是有规律可循的。对于设备事故的研究,是将其作为一种不断变化的过程来研究的,认为事故的发生是与它的过去和现状紧密相关的,这就有可能经过对事故现状和历史的综合分析,推测它的未来。预测的结论不是来自于主观臆断,而是建立在对事故的科学分析上。因此,只有掌握了事故随机性所遵循的规律,才能对事故进行预测预报。

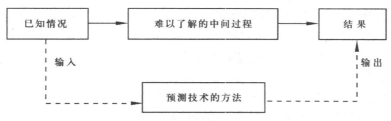

图 3.2 预测过程框图

认识事故的发展变化规律,利用其必然性是进行科学预测所应遵循的总的原则。进行具体事故预测时,还要遵循以下几项原则:

(1)惯性原则。按照这一原则,认为过去的行为不仅影响现在,而且也影响未来。尽管未来时间内有可能存在某些方面的差异,但对于系统的安全状态总的情况来看,今天是过去的延续,明天则是今天的未来。

(2)类推原则。即把先发展事物的表现形式类推到后发展的事物上去。利用这一原则的首要条件是两事物之间的发展变化有类似性;只要有代表性,也可由局部去类推整体。

(3)相关原则。相关性有多种表现形式,其中最重要的是因果关系。在利用这一原则预测之前,首先应确定两事物之间的相关性关系。

(4)概率推断原则。当推断的预测结果能以较大概率出现时,就可以认为这个结果是成立的,可以采纳的。一般情况下,要对可能出现的结果分别给出概率,以决定取舍。

3.事故预测方法

事故预测分为宏观预测和微观预测。前者是预测矿井在一个时期机电事故发生的变化趋势,例如根据预测前一定时期的事故情况,预测未来两年的事故增加或降低的变化;后者是具体研究一台或一类设备中某种危险能否导致事故、事故的发生概率及其危险程度。

对于宏观预测,主要应用现代数学的一些方法,如回归预测法、指数平滑预测法、马尔可夫预测法和灰色系统预测法等方法;对于微观预测,可以综合应用各种系统安全分析方法,目前较为实用的系统安全分析方法有排列图、事故树分析、事件树分析、安全表检查、控制图分析和鱼刺图分析等,这些方法中,既有定性分析方法,又有定量分析方法,都可以对事故进行分析和预测。

(二)事故分析

1.事故的影响因素分析

煤炭企业中所有事故产生的原因,都可分为自然因素(如地震、山崩、台风、海啸等)和非自然因素造成的。自然因素虽然不是人力所能左右的,但可以借助科学技术,提前采取预防措施,将事故的损失降低。矿井中更多的事故是非自然因素影响造成,非自然因素包括人的不安全行为和物的不安全状态,造成事故是物质、行为和环境等多种因素共同作用的结果。

具体来说,影响事故发生的因素有五项:人(Man)、物(Material)、环境(Medium)、管理

（Management）和事故处理。其中最主要的影响因素是前四项因素，又称为"4M"因素。用事故树来分析五项因素在事故中的影响，如图3.3所示：

（1）人的因素。人的因素包括操作工人、管理人员、事故现场的在场人员和有关人员等，他们的不安全行为是事故的重要致因。

（2）物的因素。物的因素包括原料、燃料、动力、设备、工具等。物的不安全状态是构成事故的物质基础，它构成生产中的事故隐患和危险源，当它满足一定的条件时就会转化为事故。

（3）环境因素。环境因素主要指自然环境异常和生产环境不良等。不安全的环境是引起事故的物质基础，是事故的直接原因。

（4）管理因素。管理因素即管理的缺陷，主要指技术缺陷以及组织、现场指挥、操作规程、教育培训、人员选用等方面的问题。管理的缺陷是事故的间接原因，是事故的直接原因得以存在的条件。

总之，人的不安全行为、物的不安全状态和环境的恶劣状态都是导致事故发生的直接原因。

2. 人为失误分析

在众多的安全管理理论中，有一种人为失误论的观点认为，一切事故都是由于人的失误造成。人的失误包括工人操作的失误、管理监督的失误、计划设计

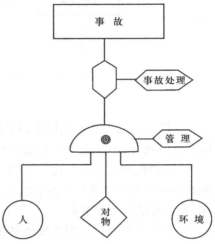

图3.3　事故致因关系

的失误和决策的失误等，是由于人"错误地或不适当地响应一个刺激"而产生的错误行为。这种事故模式可以对煤矿中的放炮事故和部分机电运输事故作出比较圆满的解释。但是，由于没有考虑物的因素和环境因素等对事故的影响，所以对大多数煤矿事故的解释难以令人满意。不可否认，在煤矿发生的事故中，大多数的事故都和人的因素相关，根据各方面的统计，在煤矿发生的事故中有80%是由于人为失误造成的，但如果一切都从人的因素去研究，就不能客观、全面地分析系统，忽视其他因素的存在，不能发现存在的其他隐患，如恶劣的作业环境、陈旧的设备、落后的技术等，这将不利于对事故的预防和安全管理水平的提高。

（三）预防事故的三大对策和十一项准则

1. 预防事故的三大对策

（1）工程技术对策。工程技术对策又叫本质安全化措施（简称"技治"）。

（2）管理法制对策。管理法制对策又叫强制安全化措施（简称"法治"）。

（3）教育培训对策。教育培训对策又叫人治安全化措施（简称"人治"）。

2. 预防事故（危险）的十一项准则

危险因素转化为事故是有条件的（如瓦斯有燃烧和爆炸的危险因素，但瓦斯要转化为燃烧爆炸事故，需要同时具备3个条件），只要危险因素不具备转化为事故的条件，事故也就避免了。危险因素如何才能不转化为事故的条件，应遵循以下十一项准则。

（1）消除准则。消除准则是指采取措施消除有害因素，如矿井加强通风吹散炮烟等。

（2）减弱准则。减弱准则是指无法消除者，则必须减弱到无危害程度，如煤矿抽放瓦斯等。

（3）吸收准则。吸收准则是指采取吸收措施,消除有害因素,如矿井排水、消除噪声、减震等。

（4）屏蔽准则。屏蔽准则是指设置屏障限制有害因素的侵袭或人员进入(接触)危险区,如常用的安全罩、防火门、防水闸门等。

（5）加强准则。加强准则是指保证足够的强度,万一发生意外,也不会发生破坏而导致事故,如为确保安全而采用的各种安全系数。

（6）设置薄弱环节准则。设置薄弱环节准则是指在一个系统中设置一些薄弱环节,通过提前释放能量或消除危险因素以保证安全,如供电线路上的熔断器、高压系统中的安全阀、防爆膜等。

（7）预警准则。预警准则是指静态系统中的预告标志(如井下盲洞的提示牌),动态系统中的极限值报警信号(如井下瓦斯监测的报警装置)。

（8）连锁准则。连锁准则是指有的机械运行时不能检修,检修时不能运行。

（9）空间调节准则。空间调节准则又称时空调节准则。如提升运输上的保险挡、保险栏、保险洞;又如"行车不行人,行人不行车"的规定等。

（10）预防性试验准则。预防性试验准则是指为了预防事故,确保安全,有的部件直至一个系统在选用前做好试验是必要的,如受压容器的水压试验、高速设备的超速试验等。

（11）预防化—自动化—机代人准则。这是一条减少人身伤亡事故的本质措施,目的在于尽量提高操作、管理的准确性和尽量避免人在危险条件下工作,从而达到消除人的伤亡和物的损失,如机械回柱放顶代替人工回柱放顶等。

四、任务实施

（一）事故处理

事故处理包括两方面内容:一是对事故造成的后果的处理,指生产现场的恢复、被损坏设备的修复,如设备未能在短时间内修复,需要采取的临时措施。二是对事故责任人员的处理。对责任人的处理,主要根据《生产安全事故报告和调查处理条例》进行处理。

（二）事故追查三不放过及三不生产原则

1. 事故追查三不放过原则

（1）事故原因分析不清不放过。

（2）事故责任者和群众没有受到教育(处理)不放过。

（3）没有防范措施不放过。

2. 坚持三不生产原则

（1）不安全不生产。

（2）隐患不处理不生产。

（3）安全措施不落实不生产。

（三）典型煤矿机电事故案例

1. 防爆电气设备喷火引起的事故

（1）事故案例

某矿 301 盘区第六部胶带运输机使用的 QC83-80 隔爆型磁力启动器,因开关内部短路,电弧顺隔爆间隙喷出,将附近堆积的油桶、油棉纱、废皮带等易燃物引燃酿成火灾,在处理火灾过程中,由于煤巷顶板冒落,扬起煤尘,引起爆炸,死亡23人,重伤2人,轻伤3人,直接经济损失5万元。

(2)原因分析

目前隔爆型电气设备的隔爆结构(电气设备隔爆外壳)不能保证在产生电弧短路时隔爆性能不受损害。也就是说不能保证不引燃开关周围的浓度达到爆炸极限的瓦斯。这起事故是因维护检修、检查不好,造成开关内部元件短路发生电弧所致,直接原因是隔离刀闸未合到最佳位置,又重载启动,产生电弧,因隔爆外壳的间隙超限所致。

(3)预防措施

①对防爆型电气设备应经常进行检查与检修,使其各触头接合处接合紧密,使其各部件有良好的绝缘水平,保持开关的良好状态,同时要教育使用人员按规定认真仔细操作,以防止类似电弧短路事故的发生。

②井下电气设备必须按《煤矿安全规程》的要求选用,同时在使用中还必须使防爆电气设备在确保有关沼气、煤尘等方面的安全作业环境中运行。

2.巷道带电作业引起瓦斯爆炸事故

(1)事故案例

某矿1010水平621011工作面左一未贯通巷道,在已停掘巷内,拆运耙斗撞倒棚子,把风筒断开,使该巷道长达500多m,37.5 h内无风,造成瓦斯积聚。瓦斯人员漏检,弄虚作假。机电工进入瓦斯积聚区修理开关,带电作业,产生电火花,引起瓦斯爆炸。死亡48人,轻伤8人,直接经济损失达204.96万元。

(2)原因分析

①搬运耙斗过程中将棚子撞倒,风筒断开造成左一顺槽内37.5 h无风,瓦斯积聚;瓦斯检查员漏检;机电工严重违章带电作业,产生电火花,是造成这次爆炸事故的直接原因。

②各级领导干部安全第一思想树立不牢,对通风工作的重要性、瓦斯的危害性、电气防爆工作的严肃性认识不足,重生产轻安全是酿成这次事故的根本原因。

③安全技术培训抓得不扎实,职工技术素质低,对断开风筒一事,曾有多人发现却无一人进行处理或汇报。是导致事故发生的重要原因。

(3)预防措施

①坚持安全例会制度,认真贯彻上级有关文件及规章制度,针对本矿实际存在的问题,研究制定落实措施,按时解决存在的不安全隐患,充实安全监察人员,强化安监工作。

②加强对"一通三防"工作的领导,严格执行各项管理制度。一要做到通风系统合理可靠,主扇防爆门结构,从设计上、采掘部署上为通风工作创造条件;二要加强局部通风管理,局扇必须实现三专两闭锁供电方式,保持连续运转;三要充实调整瓦检人员,煤巷及半煤岩巷设专职瓦检员,完善巡回检查制度、交接班制度和干部查岗制度,杜绝空班漏检;四要合理使用和维修好安全仪表、瓦斯检测系统,专职放炮员、班组长、电钳工、采掘区队长要逐步配齐瓦斯检定仪器;五要建立健全综合防尘系统,管理好、用好洒水灭尘装置,坚持使用水炮泥,提高煤体注水效果;六要充分发挥抽放系统作用,坚持不抽放不开采。

3.电气误操作引起的着火事故

(1)事故案例

某矿11-3层309盘区2号变电所,维修电工处理采煤六队设备不能正常启动问题,到变电所使用 MF-4 型万用电表测量采煤七队的变压器二次侧电压,测完后又用万用电表测电流,当万用电表卡子接触变压器二次侧接线柱时产生弧光,点燃了有油污的橡套电缆。着火后,工人又用毛巾抽打,用水浇,使火势扩大,造成 3 人中毒死亡,烧毁 320 kV·A 变压器 3 台、高压开关 1 台、低压开关 5 台、检漏继电器 2 台、皮带 20 m 及铠装电缆和橡套电缆各 100 m,直接经济损失 3.26 余万元。

(2)原因分析

①电工不懂万用电表性能,错误地以万用电表测变压器二次侧电流,造成相间短路产生电弧起火;

②变电硐室没有灭火器材,灭火方法不当,又错误地用毛巾抽打和用水浇,反使火势增大;

③未关防火门,使火势蔓延,引燃皮带;

④工人未佩带自救器。

(3)预防措施

①加强机电人员的培训,熟知仪器仪表的性能和正确的使用方法,不合格者不准上岗工作;

②变电硐室配备足够的灭火器材,并应有专门值班人员看变电所;

③入井人员必须佩带自救器。

4.人罐过卷事故

(1)事故案例

某矿副井提升高度 582 m,绳速 9.6 m/s。正司机在提升人员过程中,当上行罐笼距停车点还有 275 m 时,深度指示器的传动轴销子脱出,指针停止。司机思想旁骛,没有觉察,而副司机又擅离职守,没有在旁监护,使罐笼在超过减速点后仍全速上行,直至触发过顶开关后,在保险闸和楔形罐道制动力的作用下才被停住,但已过卷 11 m 之多。幸亏制动减速度在安全范围之内,6 名乘员未受伤害。

(2)原因分析

①深度指示器故障,又无故障保护;

②司机失误。正司机思想旁骛,长时不观察深度指示器指针的动作;副司机擅离职守,在提升人员时不进行监护。

(3)预防措施

①增设深度指示器故障保护。

②严格执行《煤矿安全规程》有关规定:在司机进行提升人员的操作时,必须有副司机在旁监护。

③研究在井筒内增设传感器,用以触发减速警铃和速度限制器,以作为深度指示器操作系统的备用装置。

5.刮板输送机机头翻翘伤人事故

(1)事故案例

某矿二井 604 掘进队,25 区风道,第四台 SGW-40T 链板运输机的刮板链,被磨损卷边的溜槽卡住,造成机头一侧掉链,用正转启动运转处理掉链时,上链出槽,同时机头翻翘,将处理掉链后尚未离开机头的工人碰击致死。

(2)原因分析

该工人在处理 SGW-40T 型链板运输机机头一侧掉链后跨过机头时,他人启动电动机,刮板链出槽崩击中工人,随即机头翻翘将工人碰击顶板死亡。机头翻翘的原因是在机头与过渡槽无连接螺栓固定或机头无支撑压柱的条件下,刮板链同时处于下列 3 种情况下而发生。

①向机头方向正转启动。

②在下槽被卡阻,负载骤增。

③在机头部分出槽。

(3)预防措施

①提高铺设质量。安装移动链板运输机时,必须将机头与过渡槽的连接螺栓安装齐全紧固;在工作面,为了防止机头下窜,可加设支撑柱,同时可以防止机头翻翘。支柱的支撑位置,应设在机头下部的撬板上,不得支撑在减速器或机头壳上;机头铺设位置应恰当。无论在工作面或运输巷,铺设机头的位置都必须恰当,以防止浮煤带入下槽,增加下槽阻力,或使刮板链受卡阻,造成机头翻翘的条件。

②加强维护注意安全质量和观察运行状态。在日常维护中应及时更换磨损过限的溜槽,边双链运输机缺螺栓的刮板应及时补齐,以免被下槽卡阻;处理机头或机尾故障、紧链、接链后,启动前人必须离开机头或机尾;刮板输送机运转中,人不得在机头、机尾及溜槽中行走或逗留;不得使用脚蹬出槽刮板链的方法,处理出槽的刮板链,因为这样做,除在机头、机尾有翻翘伤人的可能外,还存在刮板伤害脚或腿的可能。

6. 液压支架护帮板伤人事故

(1)事故案例

某矿 301 盘区 2 号层 8143 综采工作面,该工作面用 TZ720-20.5/32 型支撑掩护式液压支架 54 架做工业性试验,配 SGB-764/264 型链板运输机、AM-500 型无链牵引采煤机。在操作 2 号支架护帮板时,护帮千斤顶未动作,班长未将操作阀扳回零位,稍过一会儿,在其未注意的情况下,护帮板突然下落,将其头部压在 2 号支架溜槽挡煤板上,当场死亡。

(2)原因分析

班长在操作 2 号支架护帮板时,8 号与 25 号支架正在升柱。由于系统液压降低供液量不足,因此,2 号支架护帮板未能动作,当 8 号与 25 号支架升柱到位后,系统压力升高,在 2 号支架护帮板千斤顶操作阀未回零时,就开始动作,又因该千斤顶缸径小($\phi 80$ mm),因此,动作迅速,躲避不及,以致打死。

事故后检查 2 号支架时发现护帮千斤顶高压胶管接反,班长被打死可能是误操作所致。

(3)预防措施

①操作护帮板千斤顶时,应随时注意千斤顶的动作,如果不动作,必须及时把操作手把放到零位,查找原因后再操作,不得把操作手把停留在工作位置;

②保持液压支架上的每一根高压胶管都处在规定的位置,不得任意更改,以免他人误操作;

③加强设备维修,及时更换磨损的护帮板机械闭锁钩,避免护帮板失控自行脱落;

④操作护帮板时,必须在前探梁升起到接顶的工况下进行;

⑤工作面的行人应随时注意,不要碰击液压支架的操作手把。

7. 掘进机事故

(1)事故案例

某矿 14 号层 309 盘区皮带巷掘进工作面,该掘进工作面使用英国多斯科悬臂式煤巷掘进机,工作中司机图省事没有停止截割头的转动,就到工作面检查中心线,结果不小心被截割头割伤致死。

（2）原因分析

掘进机事故的发生都是由于司机工作马虎、违章作业和非司机操作等原因所造成。操作规程中规定"截割头运转中,机器前方不得停留任何人员",司机没有停止截割头的转动,就到工作面检查中线,从而造成事故。

（3）预防措施

预防的方法,司机不得贪图省事,必须认真贯彻操作规程、作业规程与岗位责任制度;非司机不得擅自开动机器。

五、任务考评

有关任务考评的内容见表 3.8。

表 3.8　任务考评内容及评分标准

序号	考评内容	考评项目	配　分	评分标准	得分
1	机电设备事故调查	设备事故调查处理程序	15	错一项扣 4 分	
2	机电设备事故调查	设备事故调查报告的编写	15	错一项扣 4 分	
3	机电设备事故预测	设备事故预测遵循的原则	20	错一项扣 5 分	
4	机电设备事故预测	预防事故的三大对策和十一项准则	30	错一项扣 3 分	
5	机电设备事故处理	事故追查三不放过及三不生产原则	20	错一项扣 4 分	
合计					

复习思考题

3.20　事故形成的基本条件是什么?

3.21　事故调查的目的是什么?

3.22　事故调查报告应包括哪些内容?

3.23　事故调查包含哪些程序?

3.24　事故预测应遵循哪些原则?

3.25　预防事故的三大对策和十一项准则其内容是什么?

3.26　事故处理应遵循的"三不放过和三不生产"原则是什么?

3.27　编写事故调查报告应包含哪些内容?

学习情境 4

煤矿机电设备的检修管理

任务 1　煤矿机电设备的检查管理

> 知识点：◆　设备的预防性检查
> 　　　　◆　设备的精度检查
> 　　　　◆　设备的技术性能测试
> 技能点：◆　设备的检查方法
> 　　　　◆　编制设备点检基准表
> 　　　　◆　编制设备点检作业表

一、任务描述

设备检修管理包括设备检查和设备修理两部分的管理工作,是设备维修管理的主要内容,其目的是通过预防性检查、精度检验、技术性能测定等工作,以较少的人力和物力资源,使设备在使用期内,故障少,有效利用率高,能可靠地运行和完成规定的功能,满足企业生产经营目标的要求。

设备的检查是掌握设备磨损规律的重要手段,是维修工作的基础。通过检查可以全面地掌握机器设备的技术状况及其变化,及时查明和消除设备的隐患。针对检查发现的问题,提出改进设备维护工作的措施,为计划预防性修理、设备技术改造和更新的可行性研究提供物质基础,有目的、有针对性做好设备修理前的各项准备工作,以提高设备的修理质量,缩短修理时间,保证设备长期安全运转。为此,设备检查要做到及时、准确,不影响设备运行精度和性能,检查费用和生产影响要少,并根据设备的结构特点、易发故障部位和故障类型、零件故障规律,以及设备的工艺和安全要求等,确定设备的检查项目、检查部位、检查内容、检查标准、检查时间和检查方法等,如表4.1所示。

表 4.1　常见零件的主要检查内容

序号	名　称	常见故障	故障信号	检查内容	检查方法
1	齿轮	磨损、疲劳	振动、音响	间隙、齿面、参数	直接测量、监测
2	轴承	磨损、润滑不良	振动、温度	间隙、表面	直接测量、监测
3	轴	磨损、疲劳	振动	尺寸、表面裂纹	直接测量、探伤
4	活塞与缸	磨损	振动、音响、性能	间隙、性能	直接测量、监测
5	滑块与轨道	磨损	振动、性能	间隙、性能	直接测量
6	密封件	老化、磨损	泄露、性能	间隙、性能	直接测量、监测
7	阀与弹簧	磨损、疲劳	性能	间隙、性能	直接测量、监测
8	摩擦片	磨损	性能	尺寸	直接测量
9	链轮与链	磨损、变形、断裂	尺寸、性能	尺寸、强度	直接测量
10	销、链环连接	变形、断裂	振动、裂纹	外观、强度	直接观测、探伤
11	销、键、螺栓	松动、断裂	振动、音响、	松紧、尺寸	直接测量
12	叶轮	磨损、不平衡、腐蚀	振动、音响、性能	尺寸、外观、平衡	直接测量、监测
13	连杆传动	变形、阻塞、脱落	位置变化	尺寸、位置	直接测量
14	吊装绳钩	断裂	断丝、变形、裂纹	断丝、尺寸、外观	直接观测、探伤
15	机架、机壳、底座、容器	变形、断裂、腐蚀	外观变化	裂纹、变形、壁厚	直接观测、探伤

二、任务分析

(一)设备检查的类型

1.设备维护保养检查

设备维护保养检查是指由操作人员和维修人员结合日常和定期维护保养进行的检查,如班检、日检、月检等。

2.安全预防性检查

安全预防性检查是指由专职人员为预防机电、运输、提升、排水、通风、压风和采掘等设备事故和人身事故所进行的必要检查。矿井主要电气设备、固定设备的安全检查项目及内容等要严格遵守《设备检修手册》的要求。

3.预防维修检查

预防维修检查是预防零件故障和设备其他故障,为预防修理或更换提供依据的检查,包括定期预防维修检查和修理前检查。常见的机电设备零件预防维修检查的主要内容见表4.1。

4.设备精度检验和技术性能测定

设备精度检验和技术性能测定是指为确定设备加工精度和设备的技术性能状态而进行的

检查,矿井主要设备的技术性能测定一定要遵守《设备检修手册》的要求。

5. 故障诊断检查

故障诊断检查是指对设备的异常状态和故障进行诊断的不定期检查。

（二）设备检查标准及方法

1. 设备检查的标准

设备检查的标准是指设备和零件正常状态时的技术参数和性能、设备故障状态和劣化状态的判断标准、需要更换或修理的零件的技术参数界限值等。有了标准才能判断异常、劣化程度及确定需要更换修理的零件和时间。各种检查标准可参考有关的《煤矿安全规程》《设备完好标准》、检修规程和质量要求等。

2. 设备检查的方法

（1）直接检查和间接检查

设备检查的方法有直接检查和间接检查,有在运转中检查测试、停机检查测试和拆卸检查测试等,检查前要准备所需仪器和工具。对重要部位的拆卸检查,必须按照检修工艺规程进行,以保证设备的精度、技术性能和工作安全。

（2）设备的监测检查

设备的监测技术或叫诊断技术,是在设备检查的基础上迅速发展起来的设备维修和管理方面的新兴工程技术。通过科学的方法对设备进行监测,能够全面、准确地把握设备的磨损、老化、劣化、腐蚀的部位和程度以及其他情况。在此基础上进行早期预报和跟踪,可以将设备的定期保养制度改变为更有针对性的、比较经济的预防维修制度。一方面可以减少由于不清楚设备的磨损情况而盲目拆卸给机器带来不必要的损伤;另一方面也可以减少设备停产带来的经济损失。对设备的监测检查可分以下几种情况:

①单件监测检查。对整个设备有重要影响的单个零件,进行技术状态监测。主要用于设备的小修。

②分部监测检查。对整个设备的主要部件,进行技术状态监测。主要用于设备的中修。

③综合监测检查对整个设备的技术状态进行全面的监测、研究,包括单件、分部监测内容。主要用于设备的大修。

（三）设备检查周期的制定方法

定期检查的检查间隔时间称为检查周期。有 3 种制定方法:

1. 根据设备检修制度的要求和有关规程的规定来确定。

2. 根据生产和安全的重要性,生产工艺和过程的特点,设备和零部件的故障规律,季节性的要求及经济性来确定。如班检、日检、月检、季检、半年检、年检等。

3. 根据经济性技术参数计算设备检查周期。当设备每次检查费用平均值为 C_2,设备出现故障后单位时间的损失为 C_1,设备故障率为 λ,则检查周期 T_0 为

$$T_0 = \sqrt{\frac{2C_2}{\lambda C_1}} \tag{4.1}$$

【例 4.1】 设某台设备一次检查费用平均 800 元,单位时间故障损失费用 2 500 元/h,故障率为 0.08% ,则该设备的检查周期为

$$T_0 = \sqrt{\frac{2C_2}{\lambda C_1}} = \sqrt{\frac{2 \times 800 \text{ 元}}{0.08\% \times 2\ 500 \text{ 元/h}}} = 800 \text{ h}$$

三、相关知识

（一）维修方式

设备维修是为了保持和恢复设备完成规定功能的能力而采取的技术活动，包括维护和修理。现代设备管理强调对各类设备采用不同的维修方式，在保证生产的前提下，合理利用维修资源，达到设备寿命周期费用最经济的目的。设备维修常用的方式有：

1. 事后维修

事后维修是在设备发生故障后，或设备的性能、精度降低到不能满足生产要求时才进行的修理。又称为被动修理。对设备采用事后修理，会发生非计划停机，对主要生产设备还要组织抢修，所造成的生产损失和修理费用都比较大。因此，它仅适合不重要的设备的维修。

2. 预防维修

预防维修一般指对重点设备，以及一般设备中的重点部位，按事先规定的修理计划和技术要求进行的维修活动，称为预防维修。对重点设备实行预防维修、预防为主的策略，是防止设备性能、精度恶化，是抓好维修工作的关键。预防维修包括以下几种维修方式。

（1）定期维修

定期维修是在规定时间的基础上执行的预防维修活动，是在设备发生故障前有计划地进行预防的检查与修理，更换即将失效的零件，处理故障隐患，进行必要的调整与修理。它具有周期性特点，根据设备零件的失效规律，事先规定修理周期、修理类别、修理内容和修理工作量。

（2）状态监测维修

状态监测维修是一种以设备技术为基础，按实际需要进行修理的预防维修方式。它是在状态监测和技术诊断基础上，掌握设备恶化程度而进行的维修活动，使之既能延长和充分发挥零件的最大寿命，又能提高设备使用率，创造最大生产效益。

（3）改善维修

改善维修是为消除设备先天性缺陷或频发故障，对设备局部结构和零件设计加以改进，结合修理进行改装，以提高其可靠性和维修性的措施，称为改善维修。设备改善维修与技术改造是不同的，主要区别为：前者的目的在于改善和提高局部零件的可靠性和维修性，从而降低设备的故障率和减少维修时间和费用；后者的目的在于局部补偿设备的无形磨损，从而提高设备的性能和精度。

（二）维修方式的选择

选择设备维修方式，不仅要从经济上考虑故障损失（产量损失、质量损失、设备损失）和维修费用，还要考虑生产类型、工艺特点和影响范围等。可依据故障类型、零件特点、对设备的综合评价和维修费用等分类选择设备的维修方式。

1. 按故障类型和零件特点选择

设备故障从不同的角度进行分类，有助于对不同类型的故障，采取相应的维修方式。其特点是：一是设备发生故障不能预测，设备发生故障后通常采取事后修理方式；二是设备故障发生前是可以预测的，通过运行监视和保护系统可以提前防范，这类设备多采取定期维修、改善维修和预测维修方式；三是根据设备维修费用（零件费、检查费、工时费和零件的复杂性）、故障造成的损失及安全性的要求选择维修方式。维修方式的选择原则是：

（1）维修费用高的复杂更换件和不宜拆卸的精密零件,可采用预测维修;有时也采用故障维修,使零件得到充分利用。

（2）维修费用低、简单可更换的一般性零件,可采用定期维修。

（3）简单可更换的易损件,可在检查的基础上进行更换。

（4）故障率高的复杂更换件,可采用改善维修,或采用组件更换。

（5）永久性部件如机壳、汽车底盘、水泵底盘、提升机机架等,可采用检查基础上,进行针对性维修。

（6）不影响生产和安全的简单可换件,可采用事后修理。

2. 按设备分类选择维修方式

根据综合评分(表4.2)将设备分为三类,即重点设备、主要设备和一般设备。重点设备实施预防维修和定期维修,占总数的10%左右;主要设备实施定期维修,其关键设备实施预防性维修;一般设备实施事后修理。现代设备管理主张所有设备都要实施预防性维修和定期维修方式,尽可能地避免事后修理。

表 4.2　设备综合评分表

项目	序号	内容	评分	评分标准	项目	序号	内容	评分	评分标准
生产方面	1	设备开动情况	5	三班连续运转	维修方面	7	故障频率	5	故障频发
			3	两班开动				3	故障中等
			1	一班或一班不足开动				1	几乎无故障
	2	发生故障时可否代替,或有无备用	5	无备用,不能代替		8	故障修理难易	5	困难,时间长,费用大
			3	无备用,可外援				3	一般,有时需要外协
			1	有备用,可代替				1	简单,本厂矿可解决
	3	专用程度	3	完全的专用设备		9	备件情况	3	备件准备时间长
			1	可用其他设备代替				1	有库存,采购、加工时间短
	4	发生故障时对生产的影响	5	影响全厂矿	费用方面	10	设备价格	5	昂贵,大小精稀设备
			3	影响车间(采区)				3	价格昂贵的主要设备
			1	影响设备本身				1	一般设备
质量方面	5	设备与质量关系	5	对产品精度有决定性的影响		11	故障造成损失	5	50万元以上
			3	对零件主要参数有影响				3	2万到50万元
			1	与产品精度无关				1	2万元以下
	6	设备精度的稳定性	5	需经常调修精度的	安全方面	12	故障对人身及环境影响	5	危及人的生命
			3	需按季节调修的				3	危害人的健康及环境
			1	精度稳定的				1	对人身无健康

3.维修方式的经济性

对设备故障的事后修理、定期维修和预测维修的选择,还要考虑一个重要指标,即维修的经济性。对 3 种维修方式单位时间费用进行比较,才能使设备故障的维修方式更合理。计算公式如下:

事后修理费用 F_1

$$F_1 = \frac{C_1}{T_1} + \frac{1}{T_1} t_1 C_4 \ \text{元/h} \tag{4.2}$$

定期维修费用 F_2

$$F_2 = \frac{C_2}{T_2} + \frac{1}{T_2} t_2 C_4 + K_1 \ \text{元/h} \tag{4.3}$$

预测维修费用 F_3

$$F_3 = \frac{C_3}{T_3} + \frac{1}{T_3} t_3 C_4 + K_2 \ \text{元/h} \tag{4.4}$$

式中　F_1, F_2, F_3 ——事后、定期、预测维修费用,元/h;

T_1, T_2, T_3 ——平均故障间隔期(MTBF),h;

t_1, t_2, t_3 ——故障的平均停机时间(修复时间),h;

C_1, C_2, C_3 ——每次故障的平均修理费用,包括零件费、工时费和附加材料费,元;

C_4 ——单位时间故障停机损失费,元/h;

K_1 ——1 个修理周期内的预防检查和大、中、小修的单位时间平均费用,元/h;

K_2 ——1 个监测周期内的预防性检查、状态监测和针对性修理的单位时间平均费用, 元/h。

对于同一台设备,由于定期维修和预测维修可以消除故障和隐患,故障率降低,显然 $T_3 \geq T_2 > T_1$;较大的故障可以得到预防,一般地 $C_3 \leq C_2 < C_1$ 和 $t_3 \leq t_2 < t_1$ 。上述 3 个公式中的第一、二项为故障停机单位时间费用损失。

当 $F_1 > F_2 \geq F_3$ 时,可采用定期修理和预测修理;当 $F_1 < F_2 \leq F_3$ 时,可采用事后修理。采用定期维修和预测维修,需在降低故障率和故障程度,减少故障停机损失上有较大效果,才能显出其经济性。

只有当定期维修更换一个零件的平均费用与事后修理更换一个零件的平均费用之比 $K < 0.2$ 时,定期维修才比事后维修费用低;当 $K = 0.1$ 时,大约可以降低 25% 的费用。

矿山生产是在一个复杂的环境中进行,经济性只是选择维修的一个指标,由于安全和其他因素,必须采用费用较高的定期维修和预测维修。

四、任务实施

(一)设备点检制

点检制是把设备检查工作规范化、制度化的管理制度,它是在设备需要维修的关键部位设置检查点,通过日常检查和定期检查,及时、准确地获取设备的技术状态信息,作为维护的依据,实施定期预防维修或预测维修。随着设备状态监测技术的发展,扩大了检测的信息量,提高了点检的可能性。

1.实行点检制的准备工作

(1)编制设备点检基准表

点检基准表中要确定设备点检单位、点检项目、点检内容、点检周期、点检人员等。点检基准的样式见表4.3。

表4.3　××设备点检基准表

点检部位	点检项目	点检内容	点检周期		点检人员		设备状态		点检方法			判断标准
			日检/h	定检/d	操作工	维修工	运转	停机	感官	仪器	……	
主轴齿轮	啮合质量	润滑良好磨损合理啮合合适	三班检查/d		维修工:×××			停机检查	润滑、磨损用感官啮合用塞尺测量			符合完好标准

（2）编制点检作业表

点检作业表是根据点检基准表编制的日常点检和定期点检的作业记录表,是列有点检内容和点检记录的空白表格。每天填写一张,填写时要按照检查周期和设备状态,用符号标记在空白表格内。

（3）技术培训

对点检人员进行技术培训,明确点检意义、目的和内容,掌握点检和标准,学会填写点检作业记录表。

2.点检的实施

（1）明确组织分工,建立点检工作系统。

（2）定期对点检记录进行检查和整理。

（3）根据日常和定期点检记录,对设备技术状态和故障隐患进行分析,编制预防修理计划,确定大修理的设备,提出备件和维修用工料计划。

（4）做好点检资料的分类、归档和保管工作。

（二）设备维修制度

设备维修制度具有维修策略的含义。现代设备管理强调对各类设备采取不同的维修制度,强调设备维修应遵循设备物质运动的客观规律,在保证生产的前提下,合理利用维修资源,达到寿命周期费用最经济的目的。

1.事后维修制度

事后维修是在设备发生故障后或性能精度不能满足生产要求时进行维修。采用事后维修制度修理策略是坏了再修,可以发挥零件的最大寿命,使维修经济性好,但不适用于对生产影响较大的设备,一般适用范围:

（1）对故障停机后再修理不会给生产造成损失的设备;

（2）修理技术不复杂而又能及时提供备件的设备;

（3）设备利用率低或有备用的设备。

2.预防维修制度

预防维修制对重点或主要设备实行预防维修、预防为主。预防维修有以下几种维修方式。

（1）定期维修制度

我国目前实行的设备定期维修制度主要有计划预防维修制、计划预防检修制和计划保养制三种。

①计划预防维修制度。它是根据设备的磨损规律,按预定修理周期及其结构对设备进行维护、检查和修理,以保证设备正常运行。主要特征是:

a. 按规定要求,对设备进行日常清扫、润滑、紧固和调整等,以延缓设备磨损,保证设备正常运行;

b. 按规定的日程表对设备的运行状态、性能和磨损等进行定期检查和调整,以及时消除设备隐患,保证设备完好运行;

c. 有计划有准备地对设备进行预防性修理,定期对设备进行大、中、小修等。

②计划预防检修制度。它是由班检、日检、周检、月检(称"四检")、日常检修(中修、项修、年修)、大修理及停产检修等组成。主要特征是:

a. 把设备检查和日常维修列为预防检修的首要内容,规定主要大型设备日检不能少于 1～2 h,周检每次不少于 2～3 h,月检每次不少于 3～5 h,采掘设备每天要有 4～6 h 的检修时间,矿山重要设备每天要保证 2～4 h 的检修时间,并规定全年有 12～15 h 的停产检修日;

b. 规定严格的安全预防检查和试车项目、内容、时间和制度,保证矿井安全生产;

c. 突出了以检修为基础的针对性修理,以保证设备正常运转,降低维修费用。

③计划保养修理制度。它是把维护保养与计划检修结合起来的一种修理制度。主要特征是:

a. 根据设备使用的技术要求和设备结构特点,按设备运行(产量、公里)参数,制定相应的保养类别和修理周期;

b. 在保养的基础上,制定设备不同的修理类别和修理周期;

c. 当设备运转到规定时限时,要严格对设备进行检查、保养和修理。

(2)状态监测维修制度

在技术监测和诊断的基础上,掌握设备运行质量的进展情况,在高度预知的情况下,适时安排预防性修理。这种维修能充分掌握维修活动的主动权,做好修前准备,协调安排生产与检修工作。它适合于重要设备,利用率高的精、大、稀有设备等。现代设备管理条例要求企业应当积极的采取以状态监测为基础的设备维修方式。

(3)改善维修制度

为消除设备先天性缺陷或频发故障,对设备局部结构和零件进行改进,结合修理进行改装以提高其可靠性和维修性措施。

五、任务考评

有关任务考评的内容见表4.4。

表 4.4　任务考评内容及评分标准

序　号	考评内容	考评项目	配　分	评分标准	得　分
1	设备检查管理	设备检查的类型	25	错一项扣 5 分	
2	设备检查管理	设备检查周期的制定方法	15	错一项扣 5 分	
3	设备点检制	实行点检制的准备工作	15	错一项扣 5 分	
4	设备点检制	设备点检制的实施	20	错一项扣 5 分	
5	设备维修管理	设备维修方式的选择原则	25	错一项扣 4 分	
合　计					

复习思考题

4.1 简述设备检查的种类和内容？

4.2 设备检查的方法有哪些？

4.3 根据经济性技术参数如何计算设备的检查周期？

4.4 如何理解设备点检制的意义？

4.5 什么叫设备的监测技术？设备的监测可以分为哪几种情况？

4.6 设备维修方式的选择有哪些原则？

4.7 简述设备维修制度及具体内容？

4.8 计划预防检修制度有哪些特点？

任务 2 煤矿机电设备的修理管理

知识点：◆ 设备修理周期
　　　　◆ 设备修理周期定额
　　　　◆ 设备修理工艺规程
　　　　◆ 设备修理竣工验收

技能点：◆ 编制设备修理技术任务书
　　　　◆ 编制设备大修开工报告
　　　　◆ 编制设备检修计划
　　　　◆ 编制矿井停产检修计划

一、任务描述

设备修理是为了保持和恢复设备完成规定功能的能力而采取的技术活动，包括事后修理和预防修理两大类。预防修理按设备修理工作量的大小、修理内容和恢复性能标准的不同，将设备修理分为小修、中修、项修、大修等。

小修：按设备定期维修的内容或针对日常检查（点检）发现的问题，部分拆卸零部件进行检查、修理、更换或修复少量磨损件，基本上不拆卸设备的主体部分。通过检查、调整、紧固机件等手段，以恢复设备的正常功能。小修的工作内容还包括清洗传动系统、润滑系统、冷却系统，更换润滑油，清洁设备外观等。小修一般在生产现场进行。

中修：中修与大修的工作量难以区别，我国很多企业在中修执行中普遍反映"中修除不喷漆外，与大修难以区分"。因此，许多企业已经取消了中修类别，而选用更贴切实际的项修类别。

项修：项修是根据对设备进行监测与诊断的结果，或根据设备的实际技术状态，对设备精度、性能达不到工艺要求的生产线及其他设备的某些项目、部件按需要进行针对性的局部修理。项修时,一般要部分解体和检查,修复或更换磨损、失效的零件,必要时对基准件要进行局部刮削、配磨和校正坐标,使设备达到需要的精度标准和性能要求。

在实际计划预修制中,有 2 种弊病:一是设备的某些部件技术尚好,却到期安排了中修或大修,造成过剩修理;二是设备的技术状态劣化已不能满足生产工艺要求,因没到期而没有安排计划修理,造成失修。采用项修可以避免上述弊病,并可缩短停修时间和降低检修费用。

大修:大修理是为了全面恢复长期使用的机械设备的精度、功能、性能指标而进行的全面修理。大修是工作量最大的一种修理类别,需要对设备全面或大部分解体、清洗和检查,采用新工艺、新材料、新技术等修理基准件,全面更换或修复失效零件和剩余寿命不足一个修理间隔的零件,修理、调整机械设备的电气系统,修复附件,重新涂装,使精度和性能指标达到出厂标准。大修更换主要零件数量一般达到 30% 以上,大修理费用一般可达到设备原值的 40% ~70%。

设备的项修、大修和停产检修的工作量大、质量要求高,而且有一定的设备停歇时间限制,为了保质、保量和按时完成修理工作任务,应当作好设备修理前的准备工作、检修作业实施、修理文件的档案归档管理及竣工验收等。

二、任务分析

设备检修计划是企业组织设备检修工作的指导性文件,是企业生产经营计划的重要组成部分。设备检修计划由企业设备管理部门负责编制。

设备检修计划的内容主要有:设备名称、修理类别、检修项目、执行日期、检修工时等。矿用机电设备检修计划的一般格式见表 4.5,表 4.6,表 4.7,表 4.8。

表 4.5　＿＿＿＿＿＿年度设备修理计划表

制表时间　　　年　　月　　日

序号	使用单位	设备编号	设备名称	规格型号	设备类别	设备修理系数			修理类别	主要修理内容	修理工时定额					停歇天数	计划进度			修理费用	承修单位	备注
						机	电	热			合计	钳工	电工	机加工	其他		一季度	二季度	三季度			

表 4.6　＿＿＿＿＿＿季度设备修理计划表

制表时间　　　年　　月　　日

序号	使用单位	设备编号	设备名称	规格型号	设备类别	设备修理系数			修理类别	主要修理内容	修理工时定额					停歇天数	计划进度			修理费用	承修单位	备注
						机	电	热			合计	钳工	电工	机加工	其他		月	月	月			

表4.7 _____月份设备修理计划表

制表时间　　　　年　　月　　日

序号	使用单位	设备编号	设备名称	规格型号	设备类别	设备修理系数			修理类别	主要修理内容	修理工时定额					停歇天数	计划进度		修理费用	承修单位	备注
						机	电	热			合计	钳工	电工	机加工	其他		起始	终止			

表4.8 _____年度设备大修计划表

制表时间　　　　年　　月　　日

序号	使用单位	设备编号	设备名称	规格型号	设备类别	设备修理系数			修理类别	主要修理内容	修理工时定额					停歇天数	计划进度		修理费用	承修单位	备注
						机	电	热			合计	钳工	电工	机加工	其他		季	月			

（一）设备检修计划的种类和编制

1. 设备检修计划的种类

设备检修计划按时间分为年度计划、季度计划和月度计划；按检修性质类别分为大修计划、项修计划、改善维修计划、技术改造计划、矿井停产检修计划等；按检修目的分为设备合理修理计划、安全预防性检查和验收计划、设备性能测定计划等。

（1）年度计划

年度计划要编制年度内一年的设备检修项目和检修工作量，并按季、月等分别安排。安排设备检修计划的重点是年度计划，年度计划的重点是设备大修计划，能列入年度计划的大修设备，其大修资金才有保证。年度计划可作为计划年度的资金平衡，是编制企业材料和备件的依据。如表4.5，表4.8。

（2）季度计划

季度计划是年度计划的分解，是按季度进一步调整和落实年度检修计划。在季度计划中要分月落实检修项目、数量和工作量，并落实检修用的主要材料和备件计划。如表4.6。

（3）月度计划

月度计划是年度计划的具体执行计划，要求比较详细地编写检修项目、检查内容、开竣工时间、工作量、材料及备件用量等，并落实到区（队）和班组。如表4.7。

（4）滚动计划

明年的年度检修计划上报后，一般要在本年度的12月份才能批准下达到矿，这使明年的年度计划中的第一季度检修工作准备不够充分,故引入滚动计划来弥补这一不足。编制滚动计划,可在每年 6 月份着手考虑明年的年度检修计划,到 8 月份可基本确定,本年的第四季度就要做好明年第一季度的检修准备工作。这样提前半年考虑检修计划,提前一个季度做好准备,不断向前滚动。滚动计划可参考月度计划。

2.编制检修计划的依据

矿井设备检修计划编制的依据是设备检修工作量、检修资源量(劳动力、时间、资金、装备等)。

(1)设备检修工作量

设备检修工作量有确定型的计划检修工作量和随机型的计划外检修工作量。计划检修工作量有在线(运转)设备、离线设备检修工作量,新采区、新采掘工作面安装工作量设备改善维修、技术改造和环保工程工作量;计划外检修工作量有故障停机修理和其他抢修工作量等。设备检修工作量是编制确定的,可以预计的检修工作量,在检修资源上给计划外检修留有余地。计划检修工作量有:

①按设备修理周期结构、检修周期和状态监测确定的在线固定设备的大修、项修、年修和预检工作量,状态监测工作量。

②按检修周期规定的固定设备的备台轮换检修工作和季节性检修工作量。

③井下采掘、运输移动设备和电气设备的离线备台和部件的检修工作量。

④采区和采掘工作面结束的升井设备大修、项修工作量。

⑤新采区、新采掘工作面的设备准备和安装工作量。

⑥《煤矿安全规程》及其他有关安全规程规定的各项定期安全性预防检修和试验的工作量。

⑦定期的设备技术性能测定工作量。

⑧其他可以预计的设备检修工作量分设备、修理类别、检修项目统计所需工时或工日工作量,大修设备要预算大修费用。

(2)检修资源量

矿井的检修资源量代表了所具备的检修能力,编制检修计划时,要进行检修工作量与检修资源的平衡工作。

①在年度计划中,以大修费用资源核定大修项目,使大修项目与检修费用平衡。

②进行年、季、月度检修工作量与劳动力资源平衡,劳动力资源为所能提供的检修工时量。车间劳动力资源不足的,可先在企业内部有关车间、区队进行检修工作量平衡;内部劳动力资源不足的,可进行外协委托大修;劳动力资源富裕的,可劳务输出。

③检修装备资源与检修项目平衡,检修装备水平能达到的或有检修许可证的,对一些设备的大修、项修或年检可内修;装备水平和检修工人技术水平达不到的或没有检修许可证的,则需外委。

④年、季、月度的计划检修工作量与相应计划期间的检修时间资源平衡,检修时间资源,主要是指可供检修的设备、固定设备的停歇时间。离线的井下采掘、运、通和电气备用设备、采区和工作面结束后升井检修设备、固定设备的备台、季节性运转的设备都有可计划安排的检查时间资源,在线连续运转的无备台设备,有全年 12 ~ 15 d 的停产检修时间和每天 2 ~ 6 h 的停运检修的生产间隙时间。计划检修工作量与计划检修时间资源在总量上平衡外,重点是单台设备的平衡,特别是在线连续运转无备台设备每次计划停歇时间和计划检修工作量的平衡,如

一次停歇时间不足以完成大修或项修工作量,可分次、分部安排检修计划,也可采取部件、组件或成套更换。

（3）检修日期

设备检修日期是编排季度和月度检修计划的依据。设备的检修日期按设备检修周期、设备备用的轮换检修日期、预防检查周期、季节性设备检修日期、矿井采掘工程计划中工作面搬家日期等,分月度编排设备检修项目和矿井停产检修时间。

3. 设备检修计划编制程序

（1）编制时间

矿井设备检修计划随矿井生产计划编制时间进行,年度计划在每年9月份着手进行编制,重点备台的轮换检修日期、重点的设备技术改造和环保工程等,12月份以前由生产计划部门下达下一年度的设备检修计划。

下季度检修计划在本季第二个月编制,重点落实矿井停产检修日期及需要检修项目,在季末月10日前下达下一个季度检修计划。月度计划在每月中旬开始编制,20日前下达下月检修计划。

（2）编制程序

①收集资料。在计划编制前,要做好资料搜集和分析工作。主要包括2个方面:一是设备技术状态方面的资料,如定期检查记录、故障修理记录、设备普查技术状态及有关产品的工艺要求、质量信息等,以确定修理类别;二是年度生产大纲、设备检修定额、有关设备的技术资料及备件库存情况。

②编制草案。在正式提出年度修计划草案前,设备管理部门应在主管厂长或总工程师的主持下,组织工艺、技术、生产等部门进行综合的技术经济论证,力求达到综合的必要性、可靠性和技术经济性基础上的合理性。

③平衡审定。计划草案编制完毕后,分发生产、计划、工艺、技术、财务及使用部门讨论,提出项目的增减、修理停产时间长短、停机交付修理日期等各类修改意见,经过综合平衡,正式编制出修理计划,由设备管理部门负责人审定,报主管矿长批准。

④下达执行。每年12月份以前,由企业生产计划部门下达下一年度设备修理计划,作为企业生产、经营计划的重要组成部分进行考核。

（二）设备大修计划和矿井停产检修计划

1. 设备大修计划

（1）年度设备大修计划

矿井固定设备因基准零件磨损严重,主要精度、性能大部分丧失,必须经过全面修理才能恢复其效能。其中多采用新技术、新工艺、新材料等技术措施,因此其修理工作量较大,大修计划更应详细,如表4.8。

（2）设备大修理计划的编制

设备大修理计划的编制是先由主管设备大修的技术人员会同使用单位,根据设备技术状态提出大修草案,经矿机电、计划、供应和财务等部门会同审核同意后,由矿机电负责人确定,上报批准。

2. 矿井停产检修计划

编制矿井检修计划要根据矿井生产计划确定停产日期和停产时间,对检修项目的工作量、检修人员、主要材料和备件供应、检修所需时间和停产时间等进行综合平衡。停产检修计划要编制检修明细表,见表4.9。

表4.9　大型固定设备停产检修明细表

计划检修日期:　年　月　日至　年　月　日

计划停电日期:　年　月　日至　年　月　日

局编号	矿编号	设备安装地点	受查设备		主要检修内容	纯检修时间			试运转/h	需要人员			检修用主要材料和备件							
			名称	规格		开工时间	竣工时间	累计/h		技术员	工人	作业班数	名称规格	单位	总需量	已有		自制		外购	尚缺
																矿	局	矿	局		

三、相关知识

(一)设备修理定额

设备修理定额包括劳动定额、材料消耗定额、修理费用定额和设备停歇时间定额。由于设备修理工作的差异性较大,设备修理定额一般是以大修内容为准进行制定,部分修理或中、小修,可按大修的定额打折制定。设备修理定额是核定用工、计发奖金、核定材料消耗和编制用料计划、控制维修费用和考核劳动成果的依据,也是对外劳务收费的依据。因此,修理定额应达到合理先进水平,以促进维修、降低费用。

1. 设备修理工时定额

(1)设备修理复杂系数

设备修理复杂系数是用来衡量设备修理复杂程度和修理工作量大小以及确定各项定额指标的一个参考单位。设备修理复杂系数可分为机械复杂系数 JF 或 $F_机$,电气复杂系数 DF 或 $F_电$,仪表复杂系数 $F_仪$,动力(热工)复杂系数 $F_热$,砌体复杂系数 $F_砌$ 等五类。

煤矿使用的通用机械、电气设备的修理复杂系数,可按下列方法确定:

一是出口压力为 0.8 MPa 的 L 型空压机复杂系数以进口流量分:10 m³/min 为 17～17.3,20 m³/min 为 21.5～22.5,40 m³/min 为 33.5,60 m³/min 为 45.8,100 m³/min 为 56。

二是用公式计算。矿井通用设备的修理复杂系数计算公式见表4.10。

表4.10　矿井通用设备修理复杂系数

名　称	计算公式	符号说明
通风机	离心 $F_热 = 0.19(n+1)K_1K_2$ 轴流 $F_热 = 0.09(n+1)K_1K_2$	n——风机号;K_1——电动机直联为1,联轴器为2,皮带为3;K_2——通用为1,防爆为1.1。
多级离心泵	$DF = a(0.18\sqrt{Q} + 0.1\sqrt{H})$	Q——流量,m³/h;H——扬程,m;a——2级到10级分别为0.7,0.8,0.9,1.0,1.1,1.2,1.3,1.4,1.45。
普通油浸变压器	$DF = KK_1K_2\sqrt[3]{P_H}$	P_H——变压器容量,kV·A;K——1 kV 以下为1;K_1——1～11 kV 为1.1;K_2——油浸为1.6,干式为0.66。
电动机	$DF = a\sqrt{P_H}(1 + K_2 + K_3)$	P_H——电动机容量,kW;K_3——1 kV 以下为0.3;K_2——防爆 0.5,井用防爆为 0.7,起重防爆为 0.8;a——鼠笼为 0.7,绕线为 1.1,同步直流为 1.5。

（2）设备修理工时定额

修理工时定额是指完成设备修理工作所需要的标准工时数。一般是用一个修理复杂系数所需的劳动时间来表示。设备大修的工时定额如表4.11。

表4.11 一个复杂系数的大修工时

修理复杂系数类别	$F_{机}$	$F_{电}$	$F_{热}$	$F_{仪}$	$F_{砌}$
F/工时	48	16	48	16	48

例如，已知某种电动机的修理复杂系数为8.5，则其大修工时为$8.5 \times 16 = 136$。采、掘、运等重要设备的中修可打折，按大修的50%～60%计算，项修可按大修的20%～30%计算。

2. 材料消耗定额

设备修理用的材料消耗是指修换零件的备件、材料件、标准件、二三类机电产品等；修理用的钢材、有色金属材料、非金属材料、油料及辅助材料等。

单台设备的修理材料消耗定额是指按设备修理类别编制的，它是根据各修理类别的修理内容，制定每次修理标准的零件更换种类、数量及修理用料数量，并可根据设备修理复杂系数，制定单位复杂系数大修材料消耗标准。煤矿设备品种繁多、结构复杂，一般情况下，通过诊断故障程度，有针对性制定修理过程中的材料消耗定额。

3. 设备修理费用定额

设备修理费用定额是指为完成各种修理工作所需的费用标准，主要包括：直接材料费用、直接工资费用、制造费用、企业管理费用和财务费用等。设备修理费用与修理工时和备件材料消耗有直接关系，而这两种消耗又取决于修理内容，一般应对各种修理工作内容的工时和材料消耗进行统计分析，制定各种修理工作费用定额。

（二）设备大修和矿井停产检修

1. 设备大修

（1）设备大修应考虑的因素

设备大修理是全面恢复设备原有功能的手段。由于检查和检修工作量大，更换的零部件多，设备大修费用一般要达到原值的30%以上，老旧设备要达到50%～60%，高的可达70%～80%，在企业设备维修费中占有相当大的比例。在确定大修时，除了考虑设备的检修周期、设备技术状态外，还要考虑以下因素：

①大修的对象必须是固定资产。

②大修周期一般在一年以上。

③一次大修费用需大于该设备的年折旧额，但不得超过其重置价值的50%。

对大修费用上限的规定：随着大修次数的增加，耐磨件及更换数量也增加，设备大修费用一次比一次多，设备性能和效率逐渐下降。因此，设备在大修理两次以上应当考虑设备技术改造及设备更新，从技术经济上分析设备的经济寿命，以确定设备是否再安排大修。

（2）煤矿井下设备的检修周期

煤矿井下采掘、运输和其他移动设备，都保持一定的备用数量，实行按计划轮换检修。由于井下条件的限制，设备大、中、项修等需要在井上进行，综采设备在采完一个工作面或采煤100万t以上，应升井检修。煤矿主要设备修理周期结构见表4.12，以供参考。

表 4.12　煤矿主要设备检修周期

序号	设备名称	检修周期/月			参考使用年限/a
		大修	中修(项修)	小修	
1	多绳摩擦轮提升机	72	12	3	30
2	XKT、JK 系列 2～6 m 提升机	48	12	3	25
3	D,DG,DA 型水泵	12	6	2	10
4	70B2 型轴流式通风机	36	6	3	20
5	10～40 m³/min 空压机	24	12	3	15～20
6	采煤机组	24～36	6	1	10
7	液压支架	24～36	6	1	7
8	刮板输送机	12	6	1	5
9	KDS,SPJ 型胶带输送机	12	6	1	10
10	装岩机	48	6	1	7
11	架线式电机车(井下用)	12	6	2	10

2.矿井停产检修

矿井停产检修,主要是对连续生产线上的矿井主副井提升系统、主要上下运输线、井口及井筒装备等,在日常生产中不能进行或检修时间不够的大修、项修和年检以及某些需要停产进行的安全性预防性检查和试验、设备技术性能测定和设备技术改造等。

(1)矿井停产检修日期

矿井停产检修日期以法定节假日作为当月的固定检修日,每月各有一天停产检修,全年安排 12～15 d 停产检修。根据停产检修任务量,各月停产检修日可按月使用,也可部分集中使用,以便矿井组织均衡生产。

(2)矿井停产检修的主要工作内容

①根据设备检修周期或点检和状态监测,对已达到磨损更换标准或有缺陷的零部件,以及提升容器、钢丝绳、罐道等进行修复和更换。

②对需要解体检查的隐蔽部件,如提升机和天轮轴瓦、减速箱齿轮、绳卡等进行定期检修,如发现问题,力争当场解决,或在下次检修解决。

③对停产检修设备的关键部件,如提升机主轴等进行无损探伤。

④对设备进行全面彻底的清扫、换油、除锈和防腐工作。

⑤主要固定设备性能的全面测定。

⑥需要停产进行的安全预防性检查和试验。

⑦需要停产进行的设备技术改造工程。

⑧处理故障或事故性检修等。

四、任务实施

设备的项修、大修和停产检修的工作量大、质量要求高,而且有一定的设备停歇时间限制,为了保质、保量和按时完成修理工作任务,应当作好设备修理前的准备工作、检修作业实施、竣工验收和修理文件的档案归档管理等。

（一）设备修理前的准备工作

设备修理前的准备工作过程见图4.1。设备修理前的准备工作包括技术准备和生产准备,主要准备工作的内容如下:

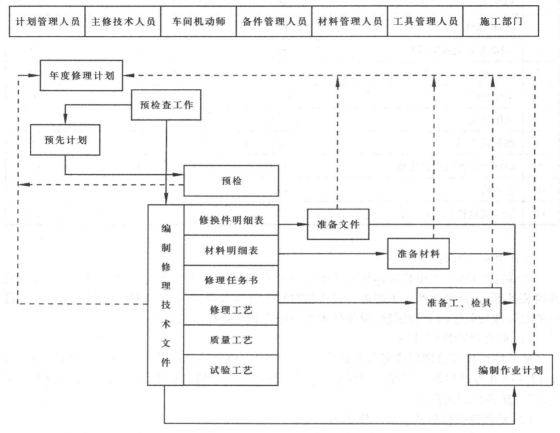

图4.1　修理前准备工作程序

1. 预检工作

设备项修、大修和停产检修应提前2~4个月作好预修设备的预检工作,全面了解设备技术状态,确定修理及更换零部件的内容和应准备的工具,并为编制检修工艺规程搜集原始资料。预检即对设备不拆卸检查,了解设备精度,作好预检记录。

2. 编制修理技术任务书

修理技术任务书的格式如表4.13。表中设备技术状态主要指设备性能和精度下降情况,主要件的磨损情况,液压、润滑、冷却和安全防护系统等的缺陷情况。修理内容包括清洗、修复和更换零部件,治理泄漏,安全防护装置的检修,预防性安全试验内容,使用的检修工艺规程等。修理质量要求应逐项说明检修质量的检查和验收所依据的质量标准名称及代号等。

3. 编制更换件明细表

明细表中应列出更换零件的名称、规格、型号、材质和数量等,对外出加工或修复的零件,提早给出图纸,包括:

表 4.13　设备修理技术任务书

使用单位		修理复杂系数	*JF/DF*
设备名称		修理类别	
资产编号		承修单位	
型号规格		施工令号	
1.设备修前技术状态：			
2.主要修理内容：			
3.修理质量要求：			
批准	审查	使用单位设备员	主修技术人员

（1）需要铸、锻和焊接毛坯的更换件。

（2）制造周期长、加工精度高的更换件。

（3）需要外购或外委托的大型、高精度零部件。

（4）制造周期不长，但需要量大的零部件。

（5）采用修复技术的零部件。

（6）需要以半成品形式，及成对供应的零部件，应特意标明。

4.编制材料明细表

在明细表中列出直接用于修理的各种型钢、有色金属型材、电气材料、橡胶、炉料及保温材料、润滑油和脂、辅助材料等的名称、规格、型号和数量。

5.提出检修工艺规程

设备检修工艺规程是保证设备修理的整体质量，设备大修工艺规程一般包括以下内容：

（1）整机及部件的拆卸程序，拆卸过程中应检测的数据和注意事项。

（2）主要零件的检查、修理工艺，应达到的精度和技术要求。

（3）部件装配程序和装配工艺，应达到的精度和技术文件。

（4）关键部位的调整工艺和技术要求。

（5）需要的检测的量具、仪表、专用工具等明细表。

（6）试车程序及特别技术要求。

（7）安全技术措施。

6.检修质量标准

检修质量标准包括：零部件装配标准和整机性能和精度标准。它是设备检修工作应遵守的规程，是检修质量验收的依据。检修质量标准已经有了定型的规范，如《煤矿机电设备检修质量标准》、《综采设备检修质量标准》等。

7.生产准备

（1）如期备齐修理用的材料、辅助材料、修理更换用的零部件。

（2）准备好检修用的起吊工具、专用工具、量具和测量仪表等，整理检修作业场所。

（3）编制设备大修或矿井停产检修作业计划，主要包括：作业内容和程序；劳动组织分工和安排;各阶段作业时间;各部分作业之间的衔接或平行作业的关系;作业场地布置图;作业进度的横道图和网络计划图;安全技术措施等。

(4)矿井停产检修的重大项目应成立检修指挥组,负责统一指挥和协调检修工作,每项检修任务都应指定负责人,并明确分工。在停产前,要做好停风、停电、停水、停气和停机等方面的具体事宜。

(5)设备大修作业程序如下:解体前检查→拆卸零部件→部件解体检查→部件修理装配→总装配→空运转试车→负荷试车和精度检查→竣工验收。

8.编写设备大修理开工报告和大修理预算

【例4.2】 编制某矿井摩擦轮副井提升机更换提升钢丝绳的停产检修的作业规程。

(1)施工方法

更换钢丝绳一次进行,共更换左、右捻向各两根。用设置在上井口南北侧的慢速提升机向井下-600 m 水平下放新、旧绳,在两侧马头门内回收旧绳。在副井上口罐道梁处加装四个10 t 滑轮作为新绳下放导向用,用井塔四楼的两台回柱绞车起吊罐笼。

(2)作业程序

①将相同捻向的新绳分别缠在两台稳定绞车上,新绳要排列整齐,绳根螺丝要紧固,并要校准新绳长度。

②东罐笼吊挂装置于井塔二楼东,置西罐笼吊挂装置于-600 m 水平摇台处,并用两根长2.5 m 的 24 kg/m 矿用工字钢穿过西罐笼横搪在罐梁上。

③二回柱绞车滑轮组钩头与东罐笼起吊绳连接后,将东罐笼吊起 1.5 m 高。

④在副井上口用20#工字钢四根和专用铁楔、板卡将西罐笼提升钢丝绳留牢,在铁楔上方约 5 m 处用氧气割断旧绳。

⑤将两台稳定绞车上的新绳各穿过副井上口的滑轮,用连接装置与四根旧绳连接,在-600 m 水平处将西罐笼四根旧绳用氧气割断,开动稳车向-600 m 水平下放新旧绳,由专人回收旧绳,并直接盘放在矿车内。

⑥新绳头到达-600 m 水平西罐笼处拆下连接装置,把新绳与西罐吊装置卡接。

⑦二稳车收紧新绳,在副井上井口用铁楔、板卡将 4 根新绳留牢后,松下 80 m 新绳,要保证四根绳长度一致。

⑧将四根新绳头对应四根旧绳连接,开动提升机用旧绳将新绳带入车房,绕过主滑轮、导向轮与东罐吊挂装置卡接。

⑨开动井塔四楼回柱绞车将东罐笼下放,上井口和-600 m 水平分别拆除铁楔、搪罐物后,进行试车。

(3)安全技术措施

①施工前组织检修人员认真学习规程,做到心中有数、安全第一。

②施工前,施工负责人要指定专人认真检查稳车和回柱绞车的刹车、电控、钩头、钢丝绳是否可靠,如不可靠,不准施工。

③施工前要作好各项准备工作,对每个作业部位、关键环节都要由施工负责人指定专人负责,明确分工。

④作业时,所有参加检修人员要听从施工负责人指挥,不得擅自改变作业方法,如发现不安全因素要及时汇报或令停车。

⑤施工前,所有进入或靠近井口作业人员及高空作业人员,要认真检查保险带,确保其无损、可靠,在作业时必须佩带保险带、安全帽,并将保险带固定在可靠位置,所有随手工具要用白带紧好,打大锤时不得带手套。

⑥作业人员进入井筒作业或有碍作业进行时,必须停止提升。

⑦严禁上下同时作业,以防掉物伤人。

⑧井口周围20 m范围内,不得有非作业人员停留,并设专人警戒。

⑨在西罐搪好后,应切断副井提升机的高低压电源,未经施工负责人同意,不准送电。

⑩东罐起吊到位后,要用两根专用钢丝绳将东罐吊在罐道梁上。

⑪作业时,副井提升机必须由副司机监护,正司机开车,要集中精力慢速开车,车速不得大于0.3 m/s,信号联系要清楚,交接班交接要清楚。

⑫副井上、下口信号工,在施工时要集中精力,发准信号,不得脱岗。

⑬二稳车、二回柱绞车司机要集中精力,听准信号,同升、同停和同速,升停及时,刹车迅速,收紧新绳时,二稳车必须点动。

⑭上、下井口罐笼卡绳处,要用4 000 mm×200 mm×80 mm木板搭好脚手板,并用扒钩钉牢。

⑮下放新绳时,新旧绳卡接用22 mm元宝卡,并不得少于4个,向车房带新绳时,新旧绳卡接用元宝卡不得少于两个。

⑯上井口的滑轮要有专人看管,防止脱绳槽,同时要注意滑轮、绳头、钢梁有无异常现象,发现问题要及时令其刹车,并汇报处理。

⑰向车房带新绳时,井塔各楼要有专人观察,注意主导轮和导向轮,看准绳路,严防新绳之间、新旧绳之间扭劲交叉。

⑱新绳在卡接截绳时,余绳长度为绕绳环后不小于2 m。

⑲更换钢丝绳后,要调整4绳的张力差和长短差。

⑳换绳完毕后要试运转,确认无问题方可收工。

（二）设备大修和矿井停产检修的实施

设备大修和矿井停产检修管理工作的重点是质量、进度和安全,应抓好以下几个环节:

1. 设备解体检查

设备解体后要尽快检查,对预检没有发现需要更换的零部件的故障隐患,应尽快提出补充更换件明细表和补充修理措施。

2. 临时配件和修复件的修理进度

对需要进行大修理的零部件和解体检查后提出的临时配件应抓紧完成,避免停工待件。

3. 生产调度

要加强调度工作,及时了解检修进度和检修质量,统一协调各作业之间的衔接,对检修中出现的问题,要及时向领导汇报,采取措施,及时解决。

4. 工序质量检查

每道修理工序完成后,须经质量检查员检验合格后方可转入下道工序,对隐蔽的修理项目,应有中间检验记录,外修设备的修理项目,必要时要有交修方参加的中间检验。

5. 矿井停产检修的安全措施

矿井停产检修的安全措施要有安全监察部门人员参加审批,并在施工中监督执行。

(三)竣工验收

设备大修竣工,先由承修部门进行自检、试车,然后组织使用部门共同验收。设备大修竣工验收程序如图4.2所示。竣工验收应做好以下几方面的工作:

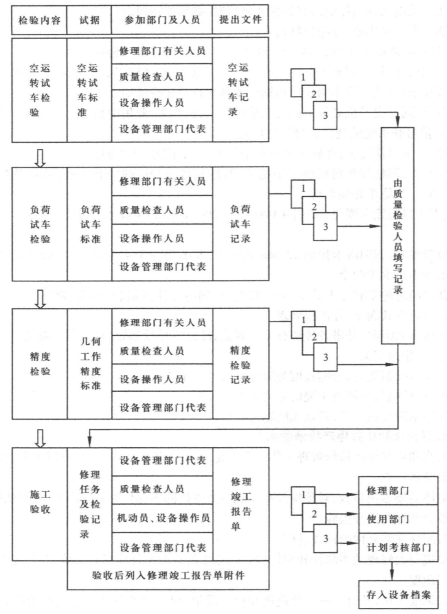

图4.2　设备大修竣工验收程序图

1.验收人员组成

设备大修质量验收,以质量管理部门的专职质检员为主,会同设备管理部门、使用单位、设备操作工人和承修部门人员等共同参加。

2. 验收依据

按设备检修质量标准和修理技术任务书进行验收；隐蔽项目应有中间验收记录；主要更换件应有质量检验记录，对实际修理内容与委托修理内容进行核对和检查。

3. 空运转试车和负荷试车

大修设备的试车，按设备试车规程进行验收。要认真检测规定的试车检查项目，并作好记录；试车程序要符合规程，试车时间要按规定执行，设备空运转和负荷试运转的时间，分别不少于：主通风机 4 h 和 48 h；空压机 8 h 和 24 h；提升机 8 h 和 48 h；主水泵负荷试车 8 h。

（四）编写竣工文件和大修档案归档

大修竣工验收后，应填写大修竣工报告，编写或审核大修决算书。大修归档的资料主要包括：设备检修内容及验收记录（表 4.14）、空重试车及性能测定记录、隐蔽项目中间验收记录、大修开工与竣工报告单（表 4.15）、修换件和材料明细表、修理费用预算表、遗留问题记录等。

表 4.14 设备交修单

资产编号	资 产 名 称		型 号 规 格		
交修日期	年 月 日	合同名称、编号			
随即移交的附件及专用工具					
序 号	名 称	规 格	单 位	数 量	备 注
需要记载的事项					
使用部门	部门名称		承修单位	单位名称	
	负责人			负责人	
	交修人			接收人	

（五）售后服务

承修单位应实行保修制，保修期一般不少于 3 个月，在保修期内，由于修理质量发生的问题，应由承修单位免费修理。

五、任务考评

有关任务考评的内容见表 4.16。

表 4.15 设备修理竣工报告单

使用单位： 修理单位： 年 月 日

设备名称		规格型号		复杂修理系数	
设备编号			JF	DF	
设备类别	精、大、重、稀、关键、一般	修理类别		施工令	

续表

修理时间	计划	年 月 日至 年 月 日 共修理 天
	实际	年 月 日至 年 月 日 共修理 天

修理工时/h					
工 种	计 划	实 际	工 种	计 划	实 际
钳工			油漆工		
电工			起重工		
机加工			焊工		

修理费用/元					
名 称	计 划	实 际	名 称	计 划	实 际
人工费					
备件费					
材料费					

修理技术文件及记录	1. 修理技术任务书　份　　4. 电气检查记录　份
	2. 修换件明细表　份　　5. 试车记录　份
	3. 材料表　份　　6. 精度检验记录　份

设备修理竣工报告单　　　　　　　反面
主要修理及改装内容
遗留问题及处理意见

总工程师批示	验 收 单 位		修 理 单 位		质检部门检验结论
	使用单位	操作者	计划调度员		
		机动员	修理部门		
		主管	机修工程师		
	设备管理部门代表		电修工程师		
			主 管		

表 4.16　任务考评内容及评分标准

序号	考评内容	考评项目	配 分	评分标准	得 分
1	设备修理管理	设备修理前的准备工作	30	错一项扣 4 分	
2	设备修理管理	设备修理工作定额	15	错一项扣 5 分	
3	设备修理管理	矿井停产检修的工作内容	25	错一项扣 4 分	
4	设备检修的计划管理	设备检修计划的种类	15	错一项扣 3 分	
5	设备检修的计划管理	设备检修计划编制程序	15	错一项扣 3 分	
合计					

复习思考题

4.9　何谓设备修理复杂系数？煤用的设备的修理复杂系数按什么方法确定？

4.10　设备修理前应做哪些技术准备？

4.11　确定设备大修理时应考虑哪些因素？

4.12　矿井停产检修的主要工作内容包括哪些？

4.13　编制设备检修计划的依据有哪些？

4.14　编制设备停产检修计划的依据有哪些？

4.15　设备大修工艺规程一般包括哪些内容？

4.16　设备大修竣工验收工作包括哪些内容？

学习情境 **5**

煤矿机电设备的备件管理

任务1　备件的消耗定额及储备方式

> 知识点：◆　备件及分类
> 　　　　◆　备件管理的任务和内容
> 　　　　◆　备件定额管理
> 技能点：◆　备件消耗定额的制定
> 　　　　◆　备件储备定额的制定

一、任务描述

随着煤矿机械化、电气化程度的提高，矿山机电设备的种类和数量也越来越多。设备在长期使用过程中，零部件受摩擦、拉伸、压缩、弯曲、撞击等物理因素的影响，会发生磨损、变形、裂纹、断裂等现象。当这些现象积累到一定程度时，就会降低设备的性能，形成安全隐患，轻者造成设备不能正常工作，重者发生意外事故，影响煤矿安全生产。为了保证设备的性能和正常运行，要及时对设备进行检修，把磨损腐蚀过限的零部件更换下来。由于设备数量大、种类多，这就使零部件准备成为企业一项日常工作。因此，备件管理是维修活动的重要组成部分，只有科学合理地供应与储备备件，才能做好设备维修工作。如果备件储备过多，会造成积压，影响流动资金周转，增加维修成本；如果备件储备过少，就会影响备件的及时供应，妨碍设备的维修进度。所以要做到合理储备备件，就需要我们对这一工作进行系统地总结和研究，在实践中找出它的科学规律。

二、任务分析

（一）备件消耗定额

1. 消耗定额

定额是人们对某种物资消耗所规定的数量标准。备件消耗定额是指在一定的生产技术和生产组织条件下,为完成一定的任务,设备所必须消耗的备件数量标准。煤炭企业备件消耗定额分企业原煤生产备件综合消耗定额、单项备件消耗定额(亦称个别消耗定额)等几种。应该注意的是,这里所指备件的消耗是指备件投入使用后而发生的耗费,不包括使用前的运输损坏、保管损失及使用过程中发生重大事故(如水患淹井)等所引起的损耗。

备件消耗定额是一个预先规定的数量标准。作为一个标准,不是实际消耗多少就是多少,不能把不合理的消耗也包括进去,也不是以个别最先进的消耗水平为标准,而是大多数单位和大多数人经过努力可以实现的水准,是一个合理的消耗数量标准。

2.备件消耗定额的制定

备件消耗定额的制定是备件管理的一项基础工作,它是企业编制备件需用计划的依据,是考核设备使用和维修的技术、经济效果的重要尺度。正确制定和执行备件消耗定额,不仅可以促进设备使用和维修水平的提高,还可以有效地降低库存,减少流通环节的资金占用,提高经济效益。据统计,目前我国每生产 1 万 t 原煤,备件消耗量为 3.5~5 t。可见,科学制定备件消耗定额对煤炭生产成本管理,提高经济效益是显而易见的。备件消耗定额制定常用以下几种方法:

(1)统计分析法

经验统计法是煤矿企业常用的制定消耗定额的方法,可再分以下两种:

①统计法:即根据历年或前期统计资料制定定额的方法;

②统计分析法:即在统计资料的基础上,进行分析研究,把相关因素考虑进去制定定额的方法。

统计法的优点是简单易行,容易掌握,具有一定的可靠性。但是,它是以实际发生的历史资料作为依据,容易掩盖不合理因素,把备件在实际使用中的不合理因素保留在消耗定额内,会直接影响备件需用计划的准确性。因此,它是比较粗糙不够科学的方法,通常是在缺乏技术资料、影响消耗的因素比较复杂的情况下应用,一般在制定企业原煤生产备件综合消耗定额时采用。其计算公式如下:

$$企业原煤生产备件综合消耗定额 = \frac{企业原煤生产实际消耗备件总量(t)}{企业原煤生产实际总产量(万\ t)} \qquad (5.1)$$

式中　企业原煤生产实际消耗备件总量——企业原煤生产各部门消耗的备件之和;

企业原煤生产实际总产量——包括井工和露天开采产量。

对于备件个别消耗定额,注意依据各统计期的备件消耗资料(如表 5.1 所示)的具体数值。其计算分两步进行:

a.计算各统计年份备件的平均每台消耗量

$$平均每台消耗量 = \frac{统计年份备件消耗量}{统计年份设备使用台数}(件/a·台) \qquad (5.2)$$

b.分析历年平均每台消耗变化,确定其定额数值

历年备件平均每台消耗可能会出现以下 3 种情况,应根据不同的情况,采取不同的确定方法。

第一种,如果历年备件平均每台消耗基本接近,各年份之间变化幅度很小,则备件消耗定额可以历年单耗的算术平均值为基础,并考虑计划期可能发生的变化,修正求得。

表5.1 备件消耗定额核定表

定额制定单位： 主机名称型号：

备件名称	图号	规格	材质	单位	单价	每台件数	历年设备使用台数					备件定额数值（件/a·台）
							20 年		20 年		20 年	
							台		台		台	
							历年配件消耗情况					
							20 年		20 年		20 年	
							年消耗量/件	平均每台消耗（件/a·台）	年消耗量（件）	平均每台消耗（件/a·台）	年消耗量（件）	平均每台消耗（件/a·台）

$$备件消耗定额 = \frac{\sum 统计年份平均每台消耗}{统计年份个数} \times 计划期修正系数 \qquad (5.3)$$

【例5.1】 某矿某统计年份平均使用 SGW-40T 型刮板输送机 50 台，消耗轴圆弧伞齿轮（m7.75,z11）60 件，则平均每台消耗量为：

$$平均每台消耗量 = \frac{60 件}{50 a·台} = 1.2 件/(a·台)$$

【例5.2】 某矿计划期前三年 SGW-40T 型刮板输送机的轴圆弧伞齿轮（m7.75,z11）每年平均每台的消耗量分别为 1.2 件、1.3 件、1.2 件，根据计划预期可能在过去的基础上降低10%，则计划期该种备件的消耗定额为：

$$备件消耗定额 = \frac{(1.2+1.3+1.2) 件}{3 a·台} \times (1-10\%) = 1.1 件/(a·台)$$

第二种，如果历年备件平均每台消耗有趋势性变化（下降或上升），则备件消耗定额可以接近计划期年份的平均每台消耗为基础，加以修正求得。

$$备件消耗定额 = 接近计划期年份平均每台消耗 \times 计划期修正系数 \qquad (5.4)$$

【例5.3】 某矿计划期前三年 SGW-40T 型刮板输送机的轴圆弧伞齿轮每年平均每台的消耗量分别为：前三年 1.4 件、前二年 1.3 件、前一年 1.2 件。考虑计划期备件质量有新的提高，可能比上一年降低消耗5%，则计划期该种备件消耗定额为：

$$备件消耗定额 = 1.2 \times (1-5\%) = 1.14 （件/a·台）$$

第三种，如果历年平均每台消耗的变化没有什么规律，则需对历年消耗情况作进一步分析，剔除不正常和不合理因素，取其中能反映统计期内消耗趋势的 1~2 a 平均每台消耗相加平均，并加以修正求得。

统计分析法能够发现并消除一些不合理因素，所制定的定额，能接近实际。但它所用的技术资料必须准确，编制人员必须具有相当的技术和业务水平。

（2）经验估计法

根据技术人员和工人的经验，经过分析来确定备件消耗定额。这种方法简单易行，但不精确。

（3）技术计算法

根据备件的图纸和技术参数，应用相应的理论计算，并结合实际使用条件，在实验室内进行模拟试验，测出相关数据，确定备件使用寿命。这种方法比较准确，但工作量大，对实验室条件、专业人员的技术理论水平有一定要求。对于消耗量大或材料贵重的备件，通常采用这种方法。

（二）备件储备定额

1. 经常消耗件的储备定额

经常消耗件储备定额的制定，主要取决于备件每日（月）需用量和合理储备时间（日、月）两个因素，表示如下：

$$备件储备定额＝平均每日（月）需用量×合理储备时间（日、月）\tag{5.5}$$

式中，合理储备时间对经常储备来说可用供货间隔期，对保险储备定额可用保险储备期。则

$$经常储备定额＝平均每日（月）需用量×供货间隔期（日、月）\tag{5.6}$$

$$保险储备定额＝平均每日（月）需用量×保险储备期（日、月）\tag{5.7}$$

供货间隔期一般是由主管部门规定的备件储存期限，而保险储备期是根据统计资料确定的平均供货延误时间。保险储备一般是固定不动用的。

经常储备和保险储备的库存量随时间变化的情况见图5.1。

2. 不经常消耗件的储备定额

不经常消耗也就不经常订购，其保险储备量受供货条件（生产、运输）的影响小，主要取决于主机使用台数的多少，以及每台件数和备件使用的期限等。主机多、单台件数多、使用期限长，储备数量自然可以相对减少。因此，这类备件的保险储备定额应采取备件系数法计算，即

$$不经常消耗件储备定额＝\frac{主机台数×单台件数×主机增多调整系数×台件增多调整系数}{备件使用期限（月）}$$
$$\tag{5.8}$$

两种调整系数见表5.2、5.3。

3. 特准储备件的储备定额

特准储备同样采用备件系数法来确定，计算公式与不经常消耗件的储备定额基本相同。即

$$特准储备定额＝\frac{主机台数×单台件数×主机增多调整系数×台件增多调整系数}{备件使用期限（年）}\tag{5.9}$$

单台件数增多的调整系数见表5.3，主机台数增多调整系数见表5.4，备件使用期限单位为年。

表5.2　主机增多调整系数

主机台数	1～5	6～10	11～15	16～20	21～25	26～30	31～50	50以上
调整系数	1.0	0.9	0.8	0.7	0.6	0.5	0.4	0.2

表5.3　单台件数增多调整系数

单台件数	1～2	3～4	5～6	7～8	9～10	11以上
调整系数	1.008	0.7	0.6	0.5	0.4	0.3

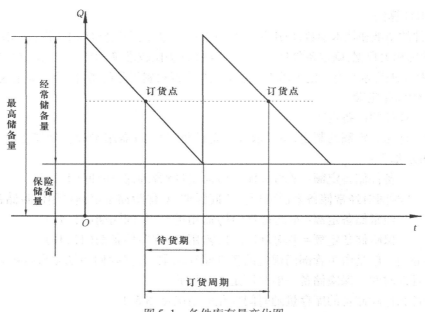

图 5.1　备件库存量变化图

表 5.4　特准储备主机增多调整系数

主机台数	1~10	11~20	21~40	41~70	71~90	91~100	100 以上
调整系数	1.00	0.3	0.2	0.17	0.15	0.13	0.11

【例 5.4】　某矿业集团有 5L-40/8 型空压机 20 台,每台有曲轴 1 件,使用期限为 10 a,求该种备件的特准储备定额。

　　解　根据例题条件查表 5.3,单台件数调整系数为 1.0,查表 5.4 主机增多调整系数为 0.3,代入特准储备定额计算公式求得:

$$曲轴特准储备定额=\frac{20\ 台×1\ 件×0.3×1.0}{10\ a}=0.6\ 件$$

即特种储备为 1 件。

　　4.备件储备资金定额

　　备件储备资金包括库存备件和在途备件所占用的流动资金。《煤炭工业企业设备管理规程》规定:备件储备资金一般可占企业设备原值的 2%~4%,引进设备和单一关键设备的备件可适当地增加储备。建立备件储备资金定额是从经济方面管理备件储备,做到既保证供应,又经济合理。资金定额主要由以下几个方面组成。

　　(1)库存资金定额

　　库存资金定额和备件资金定额是综合储备定额的 2 个主要指标。库存资金定额是综合反映计划期内某类或全部库存备件合理数量的标准。它是在计算各种备件最高储备定额资金的基础上,再乘一个供应交叉系数而得。这是由于随着备件的领用,每种备件占用的资金经常在最大占用额和最小占用额之间波动,同时各种备件不可能同时达到最大储备量,因此可以互相

调剂资金占用数,故可以乘一个小于1的供应交叉系数,也叫供应间隔系数。计算公式如下:

$$库存资金定额 = \sum (各种备件个别储备定额 \times 计划单价) \times 供应交叉系数 \tag{5.10}$$

$$供应交叉系数 = \frac{基年某类或全部备件库存资金平均余额}{基年某类或全部备件最高储备定额资金} \times 100\% \tag{5.11}$$

$$基年备件库存资金平均余额 = \sum \frac{各月库存资金平均余额}{12} \tag{5.12}$$

$$月库存资金平均余额 = \frac{月初库存资金余额 + 月末库存资金余额}{2} \tag{5.13}$$

(2)储备资金定额

它是综合反映计划期内某类或全部备件建立备件储备所允许占用资金的数额。

库存资金是储备资金的基本组成部分,但并不等于储备资金。因为在常见的供货结算中,一般是付款在先到货在后,这样在货件入库之前就占用了一部分资金,为了保证在货款付出到供货入库这段期间资金的需要,在计算储备资金定额时,还必须加上在途备件占用的资金,计算公式如下:

$$储备资金定额 = 备件库存资金定额(1 + 备件在途资金率) \tag{5.14}$$

$$备件在途资金率 = \frac{基年在途资金平均余额}{基年库存资金平均余额} \times 100\% \tag{5.15}$$

$$基年在途资金平均余额 = \sum \frac{各月在途资金平均余额}{12} \tag{5.16}$$

$$月在途资金平均余额 = \frac{月初在途资金余额 + 月末在途资金余额}{2} \tag{5.17}$$

说明:由于现在市场结构发生变化,很多矿业集团采取集中采购,设备及备件采取先供货后付款的方式,这种情况则不考虑在途备件占用的资金。

(3)吨煤占用备件储备资金额

这是考核煤炭企业工作的主要经济指标,是指生产1 t原煤占用的备件储备资金额。计算公式如下:

$$吨煤占用储备资金额 = \frac{备件储备资金平均占用额}{原煤总产量} \tag{5.18}$$

$$储备资金平均占用额 = \frac{月初占用余额 + 月末占用余额}{2} \tag{5.19}$$

(4)储备资金周转期

它尽管不是一个资金数额,但它反映了资金的利用率。备件资金周转得越快,完成一次周转所需要的时间越短,资金的利用率越高。考核资金占用效率,可用资金完成一次周转所需的天数进行衡量。计算公式为:

$$备件资金周转天数 = \frac{360\ d}{年度资金周转次数} \tag{5.20}$$

备件资金的来源是企业的流动资金,企业流动资金预算中有"修理零备件"这一项目。因此,备件资金只能由备件范围内的物资占用,如果资金占用不当,使本来不该占用备件资金的物资占用了备件资金,就给备件工作造成困难。

有些设备大修时,需要更换一些高精度大备件,这些备件价格几千元甚至几万元,制造周期长,进货困难,为了保证修理需要,必须提前准备。这样,不但占用资金多,而且占用时间长,很不合理。所以属于大修专用的、单价在某一数额(不同的企业规定不一样,一般为 2 000 元)以上的备件,可用大修基金储备,在大修结算时冲销。

三、相关知识

(一)备件的范围与分类

1. 备件的范围

配件:为制造整台设备而加工的零件或在设备维修工作中,用来更换磨损和老化旧件的零件称为配件。

备件:为了缩短修理停歇时间,在仓库内经常储备一定数量的形状复杂、加工困难、生产(或者订购)周期长的配件或为检修设备而新制或修复的零件和部件,统称为备件。所谓部件是由两个或两个以上的零件组装在一起的零件组合体,它们不是独立的设备,只是设备的一个组成部分,用于检修则属于备件的范畴。备件的范围包括:

(1)维修用的各种配套件,如滚动轴承、传动带、链条。

(2)设备说明书中所列的易损件。

(3)设备结构中传递主要载货而自身又较弱的零件。

(4)因设备结构不良而产生不正常损坏或经常发生事故的零件。

(5)设备或备件本身因受热、受压、受摩擦或受交变载货而易损坏的一切零部件。

(6)保持设备精度的主要运动件。

(7)制造工序多、工艺复杂、加工困难、生产周期长及需要外胁的复杂零件。

(8)特殊、稀有、精密设备的全部配件。

2. 备件的分类

在工矿企业备件管理中,备件的分类方法很多。在煤矿机电设备管理中,最常见的是按设备类别分类,主要分为以下几类;

(1)煤矿专业设备备件

①固定机械备件:提升机、压风机、通风机等备件。

②采掘设备备件:采煤机、装煤机、凿岩机、装岩机等备件。

③综采综掘设备备件:综采、综掘和高档普采设备等备件。

④运输设备备件:刮板机、皮带机、矿车、小绞车等备件。

⑤防爆电器备件:高低压防爆开关、启动器、综保装置、防爆电机、煤电钻等备件。

⑥其他备件:如矿灯、充电架、安全仪器等备件。

(2)工矿备件

①矿山类型设备备件:直径 2 m 以上的提升机、3 m^3 以上的挖掘机、破碎机、球磨机、锻钎机、汽车吊、推土机等备件。

②流体机械和液压件:空压机、通风机、泵类、阀类、油马达等备件。

③冶金锻压设备备件:2 t 以上的自由锻锤、3 t 以上模锻锤等备件。

④风动工具设备:风镐、风钻、凿岩机等备件。

⑤洗选设备备件:跳汰机、浮选机、重介质选机、筛分机、压滤机、给煤机、斗式提升机、脱水

机等备件。

⑥大型铸锻件:毛坯单重在 5 t 以上的铸钢件、1 000 t 以上水压机锻造的锻钢件。

⑦铁路专用备件。

⑧地质钻机备件。

⑨机床备件。

⑩汽车备件、内燃机、拖拉机备件等。

3.不属于备件范围的检修用件

(1)材料件

①工具类的消耗件:如截齿、钎头、刀具、砂轮等。

②设备的管路、线路零件:如道岔、道钉、鱼尾板、托绳地滚、管路法兰盘、电缆接线盒、架空线路金具等。

③毛坯件和半成品:如铸锻件毛坯、各种棒料、车辆轮毂等。

(2)标准件

符合国家或行业标准,并在市场上可以买到的各种紧固件、连接件、油杯、油标、皮带卡子、密封圈、高压油管及其接头等。

(3)二、三类机电产品

如互感器、接触器、断路器、继电器、控制器、变阻器、启动器、熔断器、开关、按钮、电瓷件、碳刷、套管、防爆灯、蓄电池等。

(4)非标准设备

属于设备管理范围的,如减速器、箕斗、罐笼、电控设备等。

(二)备件储备

备件储备是指备件的储存备用。为保证矿山设备的正常运转,备件要有一定的储备。但是由于设备的种类不同,对生产的影响程度不同,同一种设备的数量不同以及检修方式的不同,备件在储备上也有所差异。从备件的供应渠道看,有的市场上可以随时买到,有的需要专门加工,有的要现金订货等,这就需要在储备上有不同的对策。为了减少储备资金,各种备件应根据不同情况制定不同的储备标准。同时,也应该有个合理的综合备件储备,这就是储备定额问题。

综合备件的储备,是按备件类别或全部品种制定的多品种储备定额。它是反映各类或全部备件的储备水平,便于对备件的储备进行财务监督;以实物量表示的备件储备定额,叫做备件储备绝对定额,也叫备件储备定额。以时间表示的储备定额,叫做备件储备相对定额,也叫储备天数,它是计算备件储备量的基础。

备件储备有经常储备、保险储备、间断储备和特准储备等几种方式。储备方式的选用要根据备件消耗量大小、供应条件、对企业正常生产的影响程度、备件加工周期及工艺复杂程度、资金占用量等因素确定。

1.经常储备(周转储备)

同型号设备多且经常消耗的备件,或同型号设备不多,但其中某个零件消耗量大,应建立经常储备。备件的经常储备是波动的,常从储备的最高量降到最低量,又从最低量升到最高量,呈周期性变化。

2.保险储备

保险储备是为了避免因供应时间延误而造成备件使用中断,在经常储备的基础上,根据供应可能延误的时间而建立的一种储备。另外,对不经常消耗件,由于其零件使用寿命长、消耗量小,也可建立保险储备。

3. 间断储备

间断储备是一种短期储备,它是根据设备状态监测,判定零件劣化趋势和疲劳度,或根据零件剩余寿命而提前一定时间作更换准备的备件,或根据设备停产检修、大修和项修计划作提前准备的备件。

4. 特准储备

特准储备是对加工周期长、工艺复杂、短期内采购困难、占用资金多、不易损坏(一般使用年限在 7~8 a 以上)而又关系生产和安全的大型关键件的储备,它是一种安全性的保险储备。如大型提升机的减速箱、齿轮、联轴器、轴,大型通风机的叶片、传动轴、联轴器,20 m³ 以上空压机的曲轴、连杆、缸体等。特准储备要按上级规定储备和动用。

对于经常消耗的备件,应建立周转储备,当然,也要建立适当的保险储备;对于不经常消耗的备件,可只建立保险储备;对于极少消耗的一般零件可不必考虑储备;对于关键性的零件,应建立特准储备。

四、任务实施

(一)备件管理的主要任务和内容

1. 备件管理的主要任务

煤炭企业备件的储备和消耗事关重大。如果备件储备过多,会造成积压,影响流动资金周转,增加维修成本;如果备件储备过少,就会影响备件的及时供应,妨碍设备的维修进度。所以要做到合理储备备件。据统计,目前煤矿企业备件储备资金占生产流动资金的 25%~35%。因此,加强计划性,千方百计降低备件储备和消耗,对整个企业的正常经营至关重要。近年来,备件管理正在得到人们的高度重视,煤矿企业都在建立并加强专兼职备件管理队伍,备件管理的新措施也不断出现。备件管理的主要任务如下:

(1)最大限度地缩短检修所占用的时间,为设备顺利检修提供必备的条件。

(2)科学地计划、调运、储备、保管备件,降低库存,减少流动资金占有量,进而降低生产成本。

(3)最大限度地降低备件消耗。

(4)搞好备件的统计、分析,向制造厂商反馈信息,使厂商不断提高备件质量,增强备件的可靠性、安全性、经济性和易修性。

2. 备件管理的主要内容

备件管理工作是以技术管理为基础,以经济效果为目标的管理。其内容按性质可划分如下:

(1)备件的技术管理

备件技术管理的内容包括:对备件图样的收集、积累、测绘、整理、复制、核对,备件图册编制;各类备件统计卡片和储备定额等技术资料的设计、编制及备件卡的编制工作。

(2)备件的计划管理

备件的计划管理是指由提出外购、外协和自制计划开始,直至入库为止这一段时间的工作内容。它是根据备件消耗定额和储备定额,编制年、季、月的自制备件和外购备件计划,编制备件的零星采购和加工计划,根据备件计划进行订货和采购。备件的计划管理可分为:

①年、季、月度自制备件计划;

②外购备件的年度及分批计划;

③铸、锻毛坯件的需要量申请、制造计划;

④备件零星采购和加工计划;

⑤备件的修复计划。

(3)备件的经济管理

主要是核定备件储备金定额、出入库账目管理、备件成本的审定、备件的耗用量、资金定额及周转率的统计分析和控制、备件消耗统计和备件各项经济指标的统计分析等。

(4)备件的使用管理

合理的使用备件,备件的使用去向要明确,对替换下来的废旧件要进行回收并加以修复利用。

(5)备件的库房管理

备件库房管理包括备件入库时的检查、验收、清洗、涂油防锈、包装、登记入账、上架存放、领用发放、统计报表、清查盘点和备件质量信息的收集等。

(6)备件库存的控制

备件库存控制就是对备件进行计划控制,记录和分析(评价)。要求备件系统提供迅速而有效的服务。包括库存量的研究与控制;最小储备量、订货点以及最大储备量的确定等。

(二)备件消耗定额的管理

备件消耗定额的管理,包括定额的制定、修改、执行和考核等具体工作,应着重抓好以下几个方面:

1. 按专业归口,实行专业分工

设备检修管理部门负责各类设备大、中、小修及日常维修工作中的备件消耗原始记录(包括数量和原因分析);备件仓库负责建立以设备为单位的备件发放记录;备件管理部门负责收集、整理、统计、研究分析原始资料,制定备件定额。

2. 实行局、矿分级管理,建立严格的计划供应制度

(1)矿务局(集团公司)对矿一般实行综合定额,在编制年度消耗计划时,下达定额指标,按季(或月)设备维修计划或设备检修单项工程计划,组织实施。

(2)矿级定额管理,一般采用3种形式,即定额、定量和资金限额。主要是加强区队定额管理,并与区队经济核算结合起来。

3. 建立执行定额的管理制度

为了保证定额的贯彻执行,还应该建立一套相应的管理制度。这个制度应当既有利于定额的贯彻执行,又能调动各级管理人员和生产人员的积极性。定额管理制度的内容基本上可以分为2种,一种是与业务有关的制度,另一种是与责任有关的制度。与业务有关的制度主要是关于备件计划、分配、发放、核算、资金管理等具体规定;与责任有关的制度,主要是关于各级备件管理机构和使用单位在定额执行上的职权责,如定额管理的岗位责任制,节约或超支的奖惩制度等。

4. 做好定额执行情况的检查分析

在定额执行过程中,一方面各级备件部门要做好备件消耗的记录统计和调查研究工作,把备件的入库、出库、消耗动态,及时、正确、系统、全面地记录和反映出来,并且要深入现场调查研究,及时掌握生产第一线使用和消耗备件的情况;另一方面,在统计和调查的基础上,做好定额执行情况考核分析工作,按月、季、年度逐级考核,并分析备件消耗的增减、节约、浪费情况。

5. 做好定额的修订工作

随着新技术、新工艺、新材料的推广应用以及管理水平的不断提高,备件消耗定额应经常修订,但也要保持相对稳定性。正常情况下,1~2 a 修订一次为宜。

五、任务考评

有关任务考评的内容见表5.5。

表5.5 任务考评内容及评分标准

序　号	考评内容	考评项目	配分	评分标准	得　分
1	备件管理	备件管理的主要内容	25	错一项扣4分	
2	备件消耗定额	备件消耗定额的制定方法	15	错一项扣5分	
3	备件消耗定额	备件消耗定额的管理	20	错一项扣4分	
4	备件储备	备件储备方式	20	错一项扣5分	
5	备件储备	备件储备资金定额的组成	20	错一项扣5分	
合　计					

复习思考题

5.1　什么叫配件、备件?备件如何分类的?

5.2　备件管理的主要内容有哪些?

5.3　备件资金定额由哪几部分组成?

5.4　备件消耗定额有几种?常采用哪些方法制定的?

5.5　备件消耗定额管理应着重抓好哪几方面的工作?

5.6　备件储备方式有哪几种?备件储备定额有哪些?

任务 2　备件的订货、验收与码放

> 知识点：◆　设备的订货
> 　　　　◆　设备的验收
> 　　　　◆　设备的 ABC 分类管理
> 技能点：◆　经济订购批量法订购备件
> 　　　　◆　抽样方案表进行备件验收
> 　　　　◆　备件在仓库中的码放及台账管理

一、任务描述

备件可以通过市场采购、自制加工、外协等方式获得。备件管理人员不但要有管理理论，还要有丰富的实践知识，了解备件的消耗情况，了解设备的未来使用计划，认真组织货源，通过合理的订货，保障设备的正常运转和生产的正常进行，尽量减少库存。备件订货方式有定期订货、定量订货和经济批量订购。备件的验收以 ISO2859"计数抽样检查程序表"进行备件抽样检查验收。ABC 分类法在备件管理中的应用主要观点是：A 类备件要严格管理；B 类备件控制进货批量；C 类备件简化管理。仓库管理重点是分类码放、搞好备件的资料和账目管理、做好备件的保养工作以及搞好仓库的清洁工作。

二、任务分析

（一）备件的订货

备件的订货，对于经常消耗的备件一般是按一定的批量、一定的时间间隔进行订购，订购方式通常有定期订货和定量订货两种。

1. 定期订货

定期订货的特点是订货时间固定，每次订货数量可变。图 5.2 反映订货周期、待货期、储备量、订货点、订货量等多种因素之间的关系。

从图中可以看出定期订货的特点：

（1）订货周期不变，即 $T_{P_1} = T_{P_2} = T_{P_3}$；

（2）订货点的库存量和订货量是随消耗速度变化的，即 $P_1 \neq P_2 \neq P_3$，$q_1 \neq q_2 \neq q_3$；

（3）待货期（到货间隔期）在一般情况下是不变的，即 $T_{D_1} = T_{D_2} = T_{D_3}$；

（4）备件消耗速度变化不大。

设时间为 0 时，备件库存量为 $Q_{\max}$，随着设备检修，备件储存量减少，当库存量降到 P_1（订货时间为 t_1）时，计算出订货量 q_1 并组织订货，经过一定的待货期，库存量降到 a 时，新进的备件 q_1 到货，库存量升到 b。再经过订货周期 T_{P_1}，到订货时间 t_2，经过清查，库存量为 P_2，算出订货量 q_2，再组织订货。这种订货方式的优点是，因订货时间固定使工作有计划性，对库存量控制得比较严，缺点是手续麻烦，每次订货都必须清查库存量才能算出订货量。它适用于备件需用量变化幅度不大、单价高、待货期可靠的备件。

2. 定量订货

定量订货的订货周期、待货期、订货点、订货量、储备量、储备恢复期等多种因素之间的关系如图 5.3 所示。

从图中可以看出定量订货的特点：

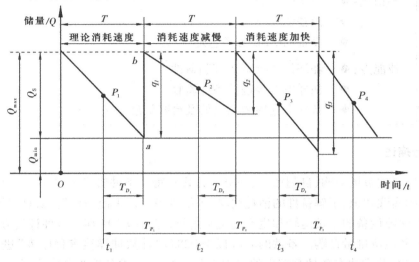

图 5.2　定期订货法

Q_{max}—最高储备量；P—订货点；T—储备恢复期；Q_{min}—保险储备量；q—订货量；

T_D—到货间隔期；Q_S—周转储备量；t—订货时间；T_p—订货周期

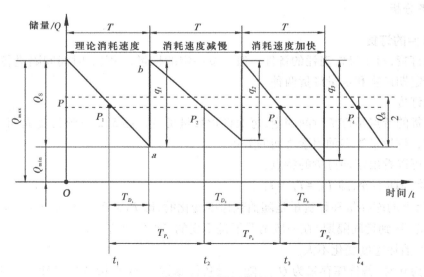

图 5.3　定量订货法

Q_{max}—最高储备量；P—订货点；T—储备恢复期；Q_{min}—保险储备量；q—订货量；

T_D—到货间隔期；Q_S—周转储备量；t—订货时间；T_p—订货周期

（1）各订货点的库存量、订货量相等，即 $P_1 = P_2 = P_3$，$q_1 = q_2 = q_3$；

（2）订货周期不等，即 $T_{P_1} \neq T_{P_2} \neq T_{P_3}$；

（3）待货期（到货间隔期）一般是相等的，即 $T_{D_1} = T_{D_2} = T_{D_3}$；

（4）备件消耗速度变化较大。

设时间为 0 时，备件库存量为 $Q_{\max}$，随着设备检修，备件因消耗库存量减少。当库存量降到规定的订货点 P_1 时，按订货量 q 去订货，经过待货期 T_{P_1}，库存量降到 a 时，新进的备件 q_1 到货，库存量上升 b，经过第一个订货周期 T_{P_1}，备件库存量又降到规定的订货点 P_2 时，再按 q 去订货，这样反复进行的订货方式即为定量订货。这种订货方式的优点是手续简单、管理方便，只要确定订货点和订货量，按上述过程组织订货即可。缺点是订货时间不固定，最高库存量控制得不够严格，库存量容易偏多。这种订货方式适用于订货量较大、货源充足、单价较低、可以不定期订购的备件或批量的自制、外协加工备件。

（二）经济订购批量

经济订购批量是在满足生产需要的前提下，订货费用最小时的备件订购批量。备件的订购费用（如差旅费、管理费等）和仓储保管费用（如仓库管理费、保养费等）是随每次订购批量大小而变化的。从图 5.4 可以看出，每次订购的批量大，每年的订购次数少，则年订购费用小，但备件年平均仓储保管费用增加；每次订购的批量小则相反。备件的年订购费用与年平均仓储保管费用之和有一个最低点，与其对应的订购批量即为经济订购批量，即两次费用的代数和最小时的订购批量。设备件的年需用量为 A，备件的每次订购费用为 C_2，单位备件的年仓储保管费用为 C_3，则经济订购批量 Q_0 可用下式求得：

$$Q_0 = \sqrt{\frac{2AC_2}{C_3}} \tag{5.21}$$

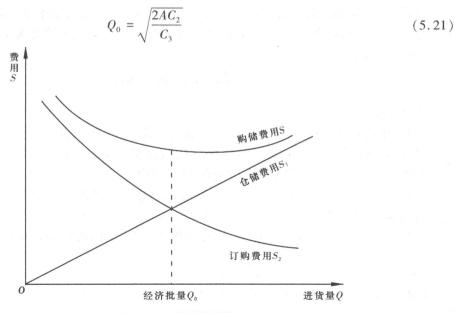

图 5.4　经济定购批量

三、相关知识

(一)新的备件采购方法

1.零库存管理法

随着社会主义市场经济的发展,市场的性质正发生根本性变化,买方市场已经形成。大型的煤炭企业集团已建立了自己的产品超市,甚至建立了保税仓库,中外企业的设备和备件分别在超市和保税仓库寄售。生产型企业的物料需求计划(material requirements planning, MRP)实现计算机管理,产品从销售到原材料采购,从自制零件的加工到外协零件的供应,从工具和工艺装备的准备到设备维修,从人员的安排到资金的筹措与运用,形成一整套新的方法体系,使企业的物料"零库存管理"由设想变为现实。MRP 的基本思想是围绕物料转化组织制造资源,实现按需要准时生产。因为生产环节复杂变数多,"零库存管理"没有计算机是实现不了的,它是信息技术应用于生产管理的结果,目前 MRP 软件越来越成熟。

产品超市、保税企库和 MRP,再加上发达便捷的物流,为备件的采购和管理提供了一种新模式,即"零库存管理法"。零库存管理使企业无需自己的仓储,供货商实行产品寄售,不占用需方流动资金,因此其储购成本最低。

2.网络采购法

随着互联网的遍及,电子商务、网络营销也运用而生,网上销售、订购已经在企业得到了很好的实践,网络采购也降低了备件的采购成本。

3.目标函数法

以采购成本最低为目标,在备件年用量一定的前提下,求出最经济的采购次数。将购储费用 C 定义为函数 Y,要求 Y 值愈小愈好,备件的年用量 A 为常量,采购批次 n 为变量,A/n 为一次采购批量 Q_0,由此得出关系式为:

$$Y = C_2 + \frac{A}{n}C_3 + n(300 + 60) \text{ 元} \tag{5.22}$$

约束条件:

(1)一年只允许出差一次,订货成本 C_2 包括车费、住宿费、补助费等。

(2)中转费用是指企业到货站取货的费用,包括车费和人工费。一般城市的中转费用控制在 300 元以内,电话联系费用每次控制在 60 元以内。

(3)库存电费、房屋修缮费、损耗、占用资金的利息等金额较小,忽略不计。

(4)n 取整数且不超过 12,超过 12 也取 12,因为一年 12 个月。

由于网络采购没有出差费,保持了中转费和电话费用,则网络采购的购储费用为:

$$Y = \frac{A}{n}C_3 + n(300 + 60) \text{ 元} \tag{5.23}$$

【例 5.5】 某企业备件年需用量为 1 200 件,每次订货费 500 元,备件单价为 80 元,单件年保管费率为 10%,分别用分批订货、经济批量采购、目标函数采购、网络采购等方法,计算其购储费用。

解 已知 $A = 1\ 200$,$C_2 = 500$,$C_3 = 80 \times 10\% = 8$,求购储费用 Y。

①分批订货

一次性订货:1 200 件,消耗费用为:

$$Y_1 = (1 \times 500 + 1\ 200 \times 8)\,元 = 10\ 100\ 元$$

二次订货:每次 600 件,消耗费用为:

$$Y_2 = (2 \times 500 + 600 \times 8)\,元 = 5\ 800\ 元$$

三次订货:每次 400 件,消耗费用为:

$$Y_3 = (3 \times 500 + 400 \times 8)\,元 = 4\ 700\ 元$$

四次订货:每次 300 件,消耗费用为:

$$Y_4 = (4 \times 500 + 300 \times 8)\,元 = 4\ 400\ 元$$

五次订货:每次 240 件,消耗费用为:

$$Y_5 = (5 \times 500 + 240 \times 8)\,元 = 4\ 420\ 元$$

六次订货:每次 200 件,消耗费用为:

$$Y_6 = (6 \times 500 + 200 \times 8)\,元 = 4\ 600\ 元$$

②经济批量采购

$$Q_0 = \sqrt{\frac{2AC_2}{C_3}} = \sqrt{\frac{2 \times 1\ 200\ 件 \times 500\ 元}{8\ 元}} = 387\ 件$$

Q_0 取 400,年分三次订货,消耗费用为:

$$Y = (3 \times 500 + 400 \times 8)\,元 = 4\ 700\ 元$$

③目标函数采购

$$Y = C_2 + \frac{A}{n}C_3 + n(300 + 60)\,元 = (500 + 1\ 200/n \times 8 + n(300 + 60))\,元$$

当 $1\ 200/n \times 8$ 元 $= n(300 + 60)$ 元时,Y 有极小值。求得 $n = 5.16$,取 $n = 5$,则

$$Y = (500 + 1\ 200/5 \times 8 + 5(300 + 60))\,元 = 4\ 220\ 元$$

④网络采购

$$Y = \frac{A}{n}C_3 + n(300 + 60)\,元 = (1\ 200/5 \times 8 + 5 \times (300 + 60))\,元 = 3\ 720\ 元$$

结论:就本例而言,网络采购肯定优于其他采购方式,目标函数采购优于分批采购和经济批量采购。但在实际采购中,要充分考虑货物的确定性、采购成本、运输成本、仓储费用等诸多因素,才能确定采用何种采购方法。

(二)控制库存的 ABC 管理法

1.库存备件的分类

维修备件种类繁多,各类备件的价格、需要量、库存量和库存时间有很大差异。对不同种类、不同特点的备件,应当采取不同的库存量控制方法。控制库存的 ABC 管理法是一种从种类繁多、错综复杂的多项目或多因素事物中找出主要矛盾,抓住重点,照顾一般的管理方法。ABC 管理法把库存备件分为三类。

(1)A 类备件

A 类备件是关键的少数备件,但重要程度高、采购和制造困难、价格贵、储备期长。这类备件占全部备件的15% ~20%,但资金却占全部备件资金的65% ~80%。对 A 类备件要重点控制,利用储备理论确定储备量和订货时间,尽量缩短订货周期,增加采购次数,加速备件储备资金周转。库房管理中要详细作好备件的进出库记录,对存货量应作好统计分析和计算,认真做好备件的防腐、防锈保护工作。

（2）B 类备件

其品种比 A 类备件多,占全部备件的 30% ～40% ,占用的资金却比 A 类备件少,一般占用全部备件资金的 15% ～20% 。B 类备件的安全库存量较大,储备可适当控制,根据维修的需要,可适当延长订货周期、减少采购次数。

（3）C 类备件

其品种占全部备件的 40% ～55% ,占用资金仅占全部备件资金的 5% ～15% ,对 C 类备件,根据维修的需要,储备量可大一些,订货周期可以长一些。

2. 库存备件的管理

对 A 类备件要严格管理,按备件储备定额进行实物量和资金额控制,确定合理的供货批量和供应时间,做到供应及时、储备降低;对 B 类备件按消耗定额和储备定额,分类控制储备资金,按供应难易程度控制进货批量;对 C 类备件只按大类资金控制,其中单价低且经常消耗的备件可一次多进货,以减少采购费用,简化管理。

四、任务实施

（一）备件的验收

把好入库验收关是提供合格备件的关键。备件入库前要进行数量和质量验收,查备件的品种规格是否对路,质量是否合格,数量是否齐全。验收的依据是定货合同和备件图纸（样）。对于标准件通用件,根据采购计划和备件出厂检验合格证进行验收;属于专用备件,要按外协加工订购备件的要求进行验收;对于进口备件,要按合同约定的技术标准（如进口国标准、国际标准、出口国标准）进行验收。

1. 全数检验

（1）全数检验的一般内容

①外观检查:检查备件包装有无损坏,备件表面有无划痕、砂眼、裂缝、损伤、锈蚀和变质等;

②尺寸和形位检验:检验备件的几何尺寸和形位偏差;

③物理性能检验:如硬度、机械强度、电气绝缘和耐压强度等检验;

④隐蔽缺陷检验:对关键备件进行无损探伤（工业 CT）,查明材料质量和焊接质量等。

（2）全数检验的适用范围

①当检验费用较低、批量不大、且对产品的合格与否比较容易鉴别时,就采用全检验收。

②对于精密、重型、贵重的关键备件,若在产品中混杂进一个不合格品将造成致命后果的备件,必须采用全检。

③随着检测手段的现代化,许多产品可采用自动检测线进行检测,最近产品又有向全检发展的趋势。

（3）全数检验存在的问题

①在人力有限的条件下全检工作量很大,要么增加人员、增添设备和站点,要么缩短每个产品的检验时间,或减少检验项目。

②全检也存在着错检漏检。在一次全检中,平均只能检出 70% 左右的不合格产品,检验误差与批量大小、不合格品率高低、检验技术水平、责任心强弱等因素有关。

③不适用于破坏性检测等一些检验费十分昂贵的检验。

④对价值低批量大的备件采用全检很不经济。

2. 抽样检验

抽样检验是从一批备件中随机抽取一部分备件(样本)进行检验,以样本的质量推断整体质量。

(1)抽样检验的适用范围

抽样检验的适用范围是:量多低值产品的检验,检验项目较多、希望检验费用较少的检验。

(2)抽样检验结果的判断标准

抽样检验结果的判断标准有:GB 2828—87《逐批检查计数抽样程序及抽样表(适用于连续批的检查)》,GB 2829—87《周期检查计数抽样程序及抽样表》,GB 8051—87《计数序贯抽样检查程序及表》,GB 8052—87《单水平和多水平计数连续抽样检查程序及表》等标准,国际标准化组织(ISO)颁布的有 ISO 2859—1974《计数抽样检查程序表》等标准。

(二)仓库管理

备件通过验收后,要放进仓库进行保管、发放,因此仓库管理也是备件管理的一部分。由于备件本身技术性很强,备件仓库管理往往需要机电部门的密切配合,或直接由技术人员担任这项工作。仓库管理如果不当,造成规格混杂,缺套丢件,锈蚀变质,将随时可能影响生产,甚至造成事故。一些大的矿业集团都有自己的机械化、现代化仓库,实行计算机管理,采用高层货架,取存备件完全靠机械手操作。但不论什么样的仓库,都应做好以下工作:

1. 仓库设计合理

仓库设计合理应考虑仓库的实用性,进出货装卸方便,便于备件合理分类、堆码,满足通风防火等方面的要求。

2. 分类码放

矿山备件品种繁多,技术性能各异,贮存放置条件要求也各不相同,要进行合理的分类。如仪表备件、采矿设备备件以及可室外露天堆放的备件等。要根据具体情况做出合理布置,本着既提高仓库利用率、降低保管费用,又易于查找拿放。备件应按类别目录编号存放,采取"四号定位"、"五五摆放"等方法,做到标记鲜明、整齐有序、放置合理。

"四号定位"的四号就是备件所在的库号、架号、层号、位号,表示备件存放的位置。任何备件都要固定位置,对号入座,并在该备件的货架上挂上标签,使标签和库存明细账、卡的货号一致,发料时只要弄清备件所属主机名称、备件名称、规格,在账、卡上查明货号,就可以找到相应的库、架、层、位,从而做到迅速准确发放。

"五五摆放"就是根据备件的性质和形状,以五为计量基数,成组存放,这样摆放整齐美观,过目知数,便于清点。对于能够上架的备件要本着"上轻、下重、中间常用"的原则摆放,对于不能上架的大型备件,应放置门口附近或有起重设施的位置,以便搬运,对于精密件要存放在条件适宜的位置或货架上。

3. 搞好备件的资料、账目管理

备件经验收入库后,就需登记立卡,建明细账。明细账分门别类地记录备件的名称、规格、重量、单价、单位、进货日期、出库时间、领货人等。备件卡是在备件货位上的一种卡片,主要栏目有备件名称、规格、主机、收付动态信息等。仓库管理人员要勤登记,勤统计,随时做到账卡一致,保证账、卡、物、金额"四对口"。对库存情况、合同到货情况以及各领用单位的备件使用情况,要做到心中有数。

4.做好备件的保养工作

备件的维护保养是根据备件的物理化学性质、所处环境等,采取延缓备件变化的技术措施,它包括库房的温度、湿度控制,防腐、防锈、防霉等化学变化,防损伤、弯曲、变形、倒置、震动等物理损伤。

五、任务考评

有关任务考评的内容见表5.6。

表5.6 任务考评内容及评分标准

序 号	考评内容	考评项目	配 分	评分标准	得 分
1	备件的订货	备件的订货方式	10	错一项扣5分	
2	备件的订货	新的备件采购方法	20	错一项扣5分	
3	备件的验收	全检的内容和存在的问题	35	错一项扣4分	
4	备件库存管理	库存备件的ABC管理法	15	错一项扣5分	
5	仓库管理	仓库管理工作内容	20	错一项扣5分	
合 计					

复习思考题

5.7 简述定期订货和定量订货的具体过程?

5.8 备件新的采购方法有哪些?

5.9 备件全数检验的一般内容包括哪些方面?

5.10 ABC管理法把种类繁多的备件分为哪几类?

5.11 仓库管理应做好哪几方面的工作?

学习情境 **6**

煤矿机电设备的改造、更新与新产品开发管理

任务 1　设备的改造与更新管理

> 知识点：◆　设备的磨损与寿命
> 　　　　◆　设备的改造与更新
>
> 技能点：◆　确定设备的磨损量与经济寿命
> 　　　　◆　会对设备改造与更新方案进行决策
> 　　　　◆　会对设备改造与更新方案进行经济评价

一、任务描述

设备的改造,是指对机器设备的结构作某些局部的改变,改善它的性能,提高其精度和生产效能。设备的改造,本质上也是一种更新,它是在原有设备基础上运用现代技术成就和先进经验来改变旧设备的结构,给旧设备装上新部件、新装置,以提高和改善现有设备的生产技术性能和效率,使它达到或接近新型高效设备的功能水平。设备的更新从广义讲,是指设备的修理、更换和技术改造。从狭义讲设备的更新是指更换。设备更新可分为两种:设备的原型更新与技术更新。设备的原型更新是指用结构相同的新设备替换由于有形磨损严重、在技术上不宜继续使用的旧设备。这种简单更换不具有技术进步的性质,只解决设备的损坏问题。设备的技术更新是指在技术进步的基础上,制造出新设备来代替旧设备。新设备与旧设备相比较,不仅结构性能好、效率高、安全,而且节约能源和原材料,利于环保,符合人机工程学。因此,在设备更换时,企业应积极采用技术更新。

设备的改造和更新是生产发展、技术进步的必然要求,其目的都是为了提高企业生产的现代化水平。设备在使用过程中,随着运转时间的延长,零部件逐渐磨损,性能逐渐劣化。维修虽能减轻磨损程度,防止设备损坏,恢复设备良好状态,但是却无法解决设备陈旧一类的无形磨损问题。如果说在过去技术进步缓慢的条件下,设备故障是设备管理的主要问题,那么在当今科学技术飞速发展的条件下,设备陈旧便成了设备管理的主要问题。因此,当设备超过了最

佳使用期后,一般就应更换。但是更换设备需要资金,还要有相应的新型设备。受这两个因素的制约,使企业在加强设备管理方面就不能仅限于研究设备的维修技术、组织和方法,还必须考虑如何提高设备维修的综合经济效益和设备的技术进步,必须重视对陈旧设备的改造与更新工作。

二、任务分析

(一)设备的改造

1. 设备改造的意义

(1)设备技术改造是扩大再生产的主要途径

设备的技术改造是用先进的技术代替落后的技术,是从生产的具体需求出发来改造设备,是与生产要求紧密结合的,因此,它的针对性强,对生产的适应性高,从而大大提高了劳动生产率,扩大了企业生产规模,保持企业技术进步,使企业设备性能和运行质量保持先进水平。

(2)设备技术改造是提高经济效益的重要手段

设备技术改造由于充分利用现有设备的物质基础、企业的经营管理人员、技术人员、生产工人和现代科学技术,把旧的通用设备改为专用设备、自动化或半自动化设备等,使拥有的构成比向先进的方向转化,从而提高了产品的竞争能力。据统计,通过设备技术改造满足市场对产品的需求,投资一般可节省2/3,材料可节约60%,建设时间可缩短1/2以上。企业不断将先进技术用于生产实际中去,使劳动力节省,产量增加,产品质量提高,成本降低,从而提高了企业的经济效益。

(3)设备技术改造是实现国民经济可持续发展的需要

资源是有限的,尤其是在人类存续期间不可再生的煤炭资源。我国国民经济的能源结构中煤炭占近70%,如果我们能充分利用现有资源,就能既满足当代人的需要,又不削弱子孙后代的需要,实现国民经济的可持续发展。

2. 设备技术改造应遵循的原则

企业设备的技术改造是一项复杂而细致的工作,要根据生产发展需要,结合本企业具体情况,综合考虑技术上的先进性、经济上的合理性、工艺上的可能性和生产上的安全性。在进行这项工作时,应遵循以下原则:

(1)要在原有设备基础上,结合设备的大修进行技术改造。它既要消除有形磨损,也要消除无形磨损。

(2)在技术改造过程中,要注意把学习和创新结合起来。认真学习国内外有关成就和经验,并注意结合本企业实际,依靠科技人员和广大职工的智慧与力量,同时又要不断采用新技术、新装备,加速技术改造步伐,促进企业技术进步。

(3)坚持生产、改造两手抓。工业生产为技术改造提供了物质和资金条件,技术改造又促进了生产力的发展,两者相辅相成,企业应在抓生产的同时,搞好技术改造工作,做到统筹兼顾、相互支持。

(4)要注意把专业队伍重点项目的攻关同群众性的合理化建议结合起来,广泛发动群众献计献策,在技术改造之前,必须进行可行性研究,只有通过财务评价、国民经济评价、可持续发展评价的项目才可组织贯彻实施。以提高企业经济效益、社会效益和环境效益为目标。

3.煤矿企业设备技术改造的重点

近年来,煤矿事故屡次发生,暴露出诸多问题。其中生产装备超期服役,老化落后,工业化程度低,技术创新能力不足,先进技术普及推广和改造的格局没有形成是主要问题。今后,煤矿企业设备技术改造的重点应是:煤层瓦斯含量及涌出量测定、安全检测仪表、矿井通风及设备、煤矿电气化及自动化控制装备、煤矿瓦斯抽放技术、煤与瓦斯突出防治技术、洁净煤技术、掘进与巷道支护技术、综合利用与矿区环保技术等。

(二)设备更新

设备更新是企业经营管理中一个重要的决策内容,是一个复杂的经济活动,因为它直接关系着企业的投资收益和社会的利益,因此,设备更新应遵循以下原则:

1.宏观原则

(1)应与国家宏观发展目标相一致。国家发展目标可划分为政治目标、经济目标、社会目标。通过设备更新促进技术进步,实现经济持续增长、公平分配、充分就业、社会稳定、巩固国防。

(2)应符合科学技术发展的规律。从整体上把握科学技术发展的趋势,选择正确的技术发展方向。

(3)应与其制约因素相适应。设备更新的制约因素有:需求制约、价格制约、资源要素制约、环境制约等。

(4)应与国际先进国家接轨。我们的市场是国际市场,产品要服务全人类,其设备选择必须依据国际准则。只有掌握了世界各国科技发展的动向与政策,产品或服务才能满足国际市场的要求,才有企业更大的生存与发展空间。

2.微观原则

(1)能对原有设备替代或升级,以促进技术进步。

(2)能与现有技术衔接。考虑原企业生产系统的设备、工艺技术条件的衔接情况。

(3)产品应有创新性、先进性、实用性。

(4)应符合国际国内的标准化。

(5)要与劳动力素质相一致。劳动力素质高低对发挥设备效能,产品质量的高低有极大关系。

(6)应考虑生产产品所需资源。这些资源应满足就近、优质、廉价、充足地供应的要求。

(7)应考虑生产产品的市场容量。设备投资收益率的高低取决于它所生产产品在市场的销售量和价格。

(8)必须具备合法性。所选设备的技术领域、技术等级应与国家的产业政策、部门的技术政策、行业的技术标准相融合。

三、相关知识

机器设备在使用(或闲置)过程中,会逐渐发生磨损。磨损分为有形磨损和无形磨损2种形式。

(一)设备的有形磨损

1.设备有形磨损的概念

机器设备在使用(或闲置)过程中所发生的实体的磨损称为有形磨损亦称物质磨损。

引起设备有形磨损的主要原因是在生产过程中对设备的使用。运转中的机器设备,在外力的作用下,其零部件会发生磨损、振动和疲劳,以致机器设备的实体发生磨损。这种磨损通常表现为:

(1)机器设备零部件的原始尺寸发生改变,甚至形状也会发生变化。

(2)公差配合性质发生改变、精度降低。

(3)零部件损坏。

有形磨损可使设备精度降低,劳动生产率下降。当这种有形磨损达到一定程度时,整个机器的功能就会下降,发生故障,导致设备使用费用剧增,甚至难以继续正常工作,失去工作能力,丧失其使用价值。

自然力的作用是造成有形磨损的另一个原因,这种磨损与生产过程中的使用无关。如金属件生锈、腐蚀、橡胶件老化等。设备闲置时间长了,会自然丧失精度和工作能力,失去使用价值。以上2种有形磨损都是从设备本身就可以看出的,它们能使设备的价值和使用价值降低。

2.设备有形磨损规律

在设备的整个寿命周期内,随着使用时间的推移、设备的磨损速度和程度是不平衡的。机器设备在使用过程中,其磨损规律可以用图6.1表示。

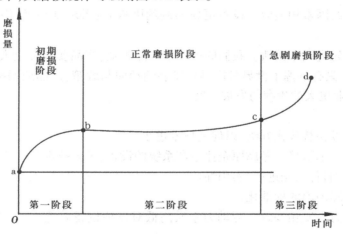

图6.1 设备有形磨损曲图线

从图中可以看出设备磨损分3个阶段:初期磨损、正常磨损(或叫平稳磨损)、急剧磨损阶段。

第一阶段:初期磨损阶段,新机器设备零部件表面凸凹不平,设备投入运营后,经过啮合、转动,表面相互接触摩擦,使零部件适应运转状态,外表棱刺很快磨平,表现出磨损速度上升较快。因此,在新设备投产,开始运转,处于初期磨损时期,要加强检查,及时调整,以减少磨损。

第二阶段:正常磨损阶段,由于设备相互之间配合比较融洽,相互间适应增强,因而在这段时间内磨损较小且稳定时间较长,磨损量增加缓慢。这个阶段的时间长短在相当程度上取决于设备的运转时间,负荷强度以及设备在运转过程中的维护保养及修理情况。因此,在这个时期,要加强设备的维护保养。

第三阶段:急剧磨损阶段,当设备的磨损超过一定限度,正常磨损关系被破坏,磨损率急剧上升,以致设备的工作性能急剧降低,这时如果不停止使用,设备就可能被损坏。一般情况下,应在合理磨损极限点之前,即正常磨损阶段后期,就要认真研究设备修理的维修性,也就是对比修理、改造、更新的经济效果,进行决策。

设备在整个寿命周期内,磨损的发展变化及其内部的相互关系,就是设备的磨损规律。研究认识设备的磨损规律,遵循磨损规律的客观要求,正确合理地使用设备,可以减轻设备的磨损,保持良好的工作性能,延长设备的使用寿命,为生产顺利进行创造有利条件。

3.有形磨损的度量

有形磨损的技术后果是导致设备的使用价值降低,甚至完全丧失使用价值;经济后果是使设备的价值逐步下降,产品成本升高。

有形磨损的度量可以采用技术指标,也可采用价值指标。价值指标的度量方法之一是补偿费用法,其关系式是

$$L_V = \min\{(K_N - S), F_r\} \qquad (6.1)$$

式中　L_V——有形磨损的价值损失;

　　　K_N——原有设备的再生产价值;

　　　S——设备残值;

　　　F_r——消除有形磨损的修理费用。

4.故障规律

设备在使用期内,磨损的发展变化使设备发生这样或那样的故障。设备的故障一般分为两类:突发故障和劣化故障。突发故障的时间是随机性的,而且故障一旦发生就可能使设备完全丧失功能,必须停产修理。劣化故障是由设备性能逐渐劣化所造成的故障,一般说来这类故障的发生有一定的规律。在设备管理中研究故障是为了掌握设备在使用过程中故障出现的规律而加以预防,使设备可靠地运转。设备的故障率与设备的新旧程度有很大的关系,刚投产的新设备及寿命后期的老设备故障率都较高,如图6.2所示分为3个时期。初期故障期,故障率高,主要由于材料缺陷、制造质量和操作不熟练等原因造成;偶发故障期,设备已进入正常运转阶段,故障率低,发生故障的原因多属于维护不当或操作失误等一些偶然因素造成;磨损故障期,设备中的许多零部件加速磨损老化,或已经磨损老化,故障率上升并不断发展。

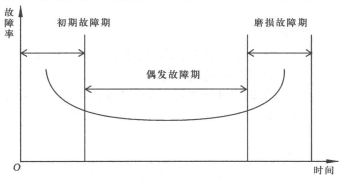

图6.2　设备故障率变化图

认识设备的故障规律,可以针对设备不同时期的问题,分别采取相应的措施,进行管理,降低故障的发生率,提高生产的计划性。

(二)设备的无形磨损

1. 设备无形磨损的概念

机器设备除遭受有形磨损之外,还遭受无形磨损(精神磨损)。无形磨损不是由于生产过程中的使用或自然力的作用造成的,所以它不表现为设备实体的变化,而表现出设备原始价值的贬值。无形磨损按形成原因也可分为两种形式:

(1)第一种形式由于设备制造工艺不断改进,成本不断降低,劳动生产率大幅度提高,原材料、动力消耗减少,生产相同结构设备所需的社会必要劳动减少,因而机器设备的市场价格降低,这样就使原来购买的设备价值相应贬值了。这种无形磨损的后果只是现有设备的原始价值部分贬值,设备本身的技术特性和功能即使用价值并未发生变化,故不会影响现有设备的使用,只需对原有设备进行重新估价。

(2)第二种形式是由于技术进步,社会上出现了结构更先进、技术更完善、生产效率更高、耗费原材料和能源更少的新型设备,而使原有的机器设备在技术上显得陈旧落后。它的后果不仅是使原有设备价值降低,而且会使原有设备局部或全部丧失其使用价值。这是因为,虽然原有设备的使用期还未达到其物理寿命,能够正常工作,但由于技术上更先进的新设备的发明和应用,使原有设备的生产效率大大低于社会平均生产效率,如果继续使用,就会使产品成本大大高于社会平均成本。在这种情况下,由于使用新设备比使用旧设备在经济上更合算,所以原有设备应该被淘汰。一般说来,技术进步越快,无形磨损也就越快,原有设备淘汰也就越快。

2. 无形磨损的度量

第一种无形磨损的价值损失等于设备的原来价值和现在的再生产价值之差,即

$$L_{i01} = K_0 - K_N \tag{6.2}$$

式中　L_{i01}——第一种无形磨损的价值损失;

　　　K_0——设备的原来价值;

　　　K_N——该型号设备的再生产价值。

第二种无形磨损的价值度量是将先进设备和原有设备在制造成本、使用费用和生产成果进行综合比较后才能得出。

四、任务实施

(一)设备更新的技术经济分析

设备的更新不是简单的替换,更新的实质是以先进设备取代落后设备,以高效设备取代一般设备。设备在使用过程中发生磨损,超过一定的技术准备,经过修理仍然恢复不了使用性能;或者进行修理很不经济,这就需要进行更新。在设备管理中,决定设备的更新改造时,要同时考虑设备的 3 种寿命,即物质寿命、经济寿命和技术寿命,以便确定设备的最优更新期。

1. 设备的 3 种寿命

(1)物质寿命(或叫自然寿命)

是指设备由于有形磨损到一定程度,就会丧失技术性能和使用性能,且又无修复价值。这种从设备投入使用开始到报废为止所经历的整个时间,叫做设备的物质寿命,也叫自然寿命。加强设备的维护保养和修理,能够延长设备的物质寿命。

(2)经济寿命

是指设备在物质寿命后期,由于设备老化,使用费用(包括能源消耗费用、维护保养和修

理费用等)日益增加。依靠大量使用费用来维持设备的物质寿命,经济上不一定是合理的,又无大修和改造价值。这种由使用费用决定的设备使用时间,就叫做设备的经济寿命。其报废界限是综合效益低劣又有新设备可更新的时间。

(3)技术寿命

由于科学技术的迅猛发展,在设备使用过程中出现了技术上更先进,经济上更合理的新型设备。新设备应用和推广以后,致使原有设备在物质寿命尚未结束以前就被淘汰。这种从设备投入使用开始,直至因技术落后而被淘汰为止所经历的时间,叫做设备的技术寿命,也叫做技术老化周期。

从上述设备的 3 种寿命可知,设备不一定要等到物质寿命的终结时才更新。随着科学技术的飞速发展,技术寿命、经济寿命往往大大短于设备的物质寿命。依靠高额的使用费用来维护设备的寿命,在经济上是不合理的。因此,在设备更新时,既要考虑到设备的物质寿命,也要考虑技术寿命和经济寿命,来确定最优更新期。

2.设备寿命周期费用的组成

设备寿命周期费用(life cyele cost,LCC)是指设备一生所花费的总费用,包括 4 个方面:研制费用;生产与施工费用;使用与维修费用;淘汰与处理费用。其中研制费用、生产与施工费用之和称为设备的原始费用;使用费用、维修费用、淘汰与处理费用之和称为运行费用。

(1)研制费用。研制费用包括系统管理费用、系统规划费用、系统研究费用、工程设计费用、编制设计文件费用、编制系统软件费用、系统试验鉴定费用等。

(2)生产与施工费用。生产与施工费用包括生产与施工管理费、工程管理分析费、制造(设备、材料、生产装配、检验等)费、设施(设备环境)费、质量控制费、初次后勤保障费、运输费、装卸费等。

(3)使用与维护费用。使用与维护费用包括设备寿命周期管理费、系统使用费、系统分配费、系统维护费、被监测物质保障费、操作与维护工培训费、技术文件资料费、系统技术改造费等。

(4)淘汰与处理费用。淘汰与处理费用包括不可修复件处理费、系统淘汰费、编制文件费等。

3.设备经济寿命计算方法

由设备原始费用和运行费用的特点可以看出设备的经济寿命,即年平均总费用成本最低的那一年,就是该类设备的合理经济寿命。

(1)不考虑资金时间价值的年平均总费用法

$$AC(N) = \frac{P - L_N}{N} + \frac{1}{N}\sum_{j=1}^{N} C_j \qquad (6.3)$$

式中　$AC(N)$——设备使用 N 年时,年平均总费用;

　　　P——设备的原始费用;

　　　L_N——第 N 年的设备残值(或转让价格);

　　　C_j——第 j 年设备的运行费用;

　　　N——设备第 N 年更换。

若 $AC(N)$ 最小,则设备的经济寿命为 N^*。

(2)考虑资金时间价值的年平均总费用法

$$AC(N) = \left[P + \sum_{j=1}^{N} C_j (1+i)^{-j} - L_N (1+i)^{-N} \right] (A/P, i, N) \tag{6.4}$$

式中 i——利率或基准收益率；

$A/P, i, N$——资金回收系数。

其他符号意义同前。

当 $AC(N)$ 最小时,则设备经济寿命为 N^*。

【例6.1】 某矿井用 10 000 元购入一设备,经预测此设备物质寿命为 8 年,使用后逐年的运行费用见表 6.1,该矿基准收益率为 10%,设设备残值为 0,试求此设备的经济寿命。

表 6.1 设备逐年运行费用表   单位:元

年 限	1	2	3	4	5	6	7	8
运行费用	500	1 000	1 800	2 600	3 500	4 500	6 500	9 600

解 将表中数据依次代入 $AC(N) = \left[P + \sum_{j=1}^{N} C_j (1+i)^{-j} - L_N (1+i)^{-N} \right] (A/P, i, N)$

得 $AC(1) = 11\ 499.95$ 元 $AC(2) = 6\ 497.57$ 元

$AC(3) = 5\ 078.18$ 元 $AC(4) = 4\ 538.55$ 元

$AC(5) = 4\ 376.62$ 元 $AC(6) = 4\ 392.56$ 元

$AC(7) = 4\ 598.68$ 元 $AC(8) = 5\ 033.25$ 元

因为 $AC(5) = 4\ 376.62$ 元最小,所以此设备的经济寿命为 5 年。

(3)设备低劣化值计算法

设备在使用过程中,由于磨损的逐渐加剧,设备的年运行费用逐年递增,这种现象称为设备的低劣化。若这种低劣化以每年 λ 的数值等额增加,则设备使用第 N 年时的运行费为:

$$C_N = C_1 + (N-1)\lambda \tag{6.5}$$

设备使用 N 年时,年平均总费用为

$$AC(N) = \frac{P - L_N}{N} + C_1 + (N-1)\frac{\lambda}{2} \tag{6.6}$$

式中 C_1——设备使用第一年的运行费用；

其他符号意义同前。

确定设备经济寿命,即计算 $AC(N)$ 为最小时,N 为几年。一般设 L_N 为常数,求 AC 的极小值。

【例6.2】 某设备原始费用 10 000 元,第一年运行费用 5 000 元,以后每年增加 800 元,设残值为 0,试求该设备的经济寿命和对应的年平均费用。

解 将数据代入公式 $AC(N) = \frac{P - L_N}{N} + C_1 + (N-1)\frac{\lambda}{2}$

$$AC(N) = \frac{10\ 000 - 0}{N} + 5\ 000 + (N-1)\frac{800}{2}$$

令 $\frac{dAC(N)}{dN} = 0$,解得 $N = 5$ a

$$AC(5) = \left(\frac{10\ 000 - 0}{5} + 5\ 000 + (5-1)\frac{800}{2} \right) 元 = 8\ 600 元$$

即该设备的经济寿命是 5 年,5 年的年平均费用是 8 600 元。

(二)设备大修、改造与更新的方案决策

设备磨损形式不同,所采取的补偿方式也不同。一般补偿可分为局部补偿和完全补偿。设备有形磨损的局部补偿是修理;设备无形磨损的局部补偿是现代化技术改造;有形磨损和无形磨损的完全补偿是更新。设备的磨损经过补偿,才能恢复和保持良好的技术状态。

1.设备的大修

设备的大修是指通过调整、修复或更换磨损的零部件来恢复设备的精度、生产效能,恢复零部件或整机的全部或接近全部的功能,达到或大致达到设备原有出厂水平。

设备大修的经济界限是一次大修理的费用(R)必须小于在同一年份该种新设备的再生产价值(K_n)。采用这一评价标准,还应考虑设备的残值(L)因素,如果设备在该时期的残值加上大修的费用等于或大于新设备价值时,则该大修费用在经济上是不合理的,此时宁可去买新设备也不进行大修,所以大修理的条件为:$R < K_n - L$。

设备大修方案的经济性如何,其评价标准是在大修后使用该设备生产的单位产品的成本,在任何情况下,都不超过用相同新设备生产的单位产品成本,这样的大修在经济上才是合理的。

设备大修的经济效果取决于在大修后的设备上与在新设备上加工单位产品的成本比例关系或两者成本之差。即 $I_Z = C_Z \div C_N \leqslant 1$ (6.7)

$$\Delta C_Z = C_N - C_Z \geqslant 0 \tag{6.8}$$

式中 I_Z——大修后设备与新设备加工单位产品成本的比值;

      C_Z——在大修后的设备上加工单位产品的成本;

      C_N——在新设备上加工单位产品的成本;

      ΔC_Z——新设备与大修后设备加工单位产品成本的差额。

2.设备的技术改造

技术改造是花钱少、用时短(矿井的主提升设备、主通风机若更新,矿井停产时间长,若改造,则停产时间短)、效果明显的好方案。但是,这里存在着各部件间功能匹配的问题。

技术改造一般有相当大的针对性,能及时满足企业生产经营活动发展的需要,且所需费用比更换设备一般来讲要少,它也是企业不断提高技术水平,加快技术进步的一项重要措施。

3.设备的更新

更新通常有两个方案:一是原形更新,二是技术更新。

在实际工作中,经常会遇到以下 3 种情况:一是设备在使用期间其效能突然消失者,如电灯泡的灯丝一断,其寿命即告结束,这种情况平时不需保养,坏后也难以修理,在无新产品时,通常采用原形更新的方法;二是现有矿井储量较大,需要改扩建扩大生产能力,被迫更换掉部分技术上比较先进、服务年限还较长的设备,如矿井变电所的主变压器等;三是设备在使用期间,其效能逐渐降低,维护、保养和修理费用逐渐增高。设备更新的大多数属于这一类。

4.方案选择与评价方法

对目前企业正在使用的设备,其更新方式实际上包括:继续使用现有设备;现有设备大修理;对现有设备进行现代化改装;用同类型设备更换现有设备;用新型高效设备更换现有设备 5 种不同方式。对设备更新方式的选择与评价一般用总成本现值法或等值年成本法。这里介绍总成本现值法,现有设备投资为沉没成本,以上 5 种方式的总成本现值计算公式如下:

$$PC = \frac{1}{\beta}\left[L - L_N(1+i)^{-N} + \sum_{j=1}^{N} C_j(1+i)^{-j}\right] \qquad (6.9)$$

若年运行费用等额或是年平均运行费用,则公式为:

$$PC = \frac{1}{\beta}\left[L - L_N(1+i)^{-N} + C_j(P/A,i,N)\right] \qquad (6.10)$$

式中　PC——设备更新后使用 N 年时的成本现值;

　　　β——设备更新后生产效率系数;

　　　L——设备更新需追加投资;

　　　L_N——设备更新后 N 年末残值;

　　　C_j——设备更新后第 j 年运行费用;

　　　$(P/A,i,N)$——等额支付现值系数。

以上 5 种更新方式的选择,一般和 N 的取值大小有关,在 N 值一定的情况下,选择成本现值小的更新方式。

【例 6.3】　设备决策时旧设备可售价 3 000 元,企业资产年利率 i 为 10%,其他数据如表 6.2 所示,设 5 年末的残值为 0,试计算 N 为 5 年时各种方案的设备总成本现值。并确定其中的最佳方案。

表 6.2　各种方案数据　　　　单位:元

项　目　＼　方　案	现有设备继续使用	现有设备大修	现有设备改造	相同新设备	先进新设备
决策时旧设备可售价	3 000	3 000	3 000	3 000	3 000
新设备原始费用				10 000	13 000
追加投资		4 000	7 000	7 000	10 000
生产效率系数	0.4	0.82	1.25	1	1.65
年平均运行成本	1 000	400	300	250	200

解　设备继续使用时的总成本现值

$$PC = \frac{1}{0.4}[-0 \times 0.621 + 1\,000 \times 3.791]\text{元} = 9\,477.5\text{ 元}$$

现有设备进行大修方式的成本现值

$$PC = \frac{1}{0.82}[4\,000 - 0 \times 0.621 + 400 \times 3.791]\text{元} = 6\,727.3\text{ 元}$$

现有设备现代化改装方式的成本现值

$$PC = \frac{1}{1.25}[7\,000 - 0 \times 0.621 + 300 \times 3.791]\text{元} = 6\,509.8\text{ 元}$$

用同类型设备更换现有设备方式的成本现值

$$PC = \frac{1}{1}[7\,000 - 0 \times 0.621 + 250 \times 3.791]\text{元} = 7\,947.8\text{ 元}$$

用新型高效设备更换现有设备方式的成本现值

$$PC = \frac{1}{1.65}[10\,000 - 0 \times 0.621 + 200 \times 3.791]\text{元} = 6\,520.1\text{ 元}$$

由于现有设备现代化改装方式的成本现值最小,故选用现有设备现代化改装方式。

五、任务考评

有关任务考评的内容见表6.3。

表6.3　任务考评内容及评分标准

序　号	考评内容	考评项目	配　分	评分标准	得　分
1	设备的改造	设备技术改造的意义	15	错一项扣5分	
2	设备的改造	煤矿企业设备改造的重点	20	错一项扣5分	
3	设备的更新	设备更新应遵循的原则	30	错一项扣4分	
4	设备更新的经济分析	设备寿命周期费用的组成	20	错一项扣5分	
5	改造与更新方案决策	大修、改造与更新方案决策	15	错一项扣5分	
合　计					

复习思考题

6.1　名词解释

　　设备的有形磨损、无形磨损、经济寿命、技术寿命、物质寿命。

6.2　设备的3种寿命是什么?

6.3　设备技术改造有何意义?

6.4　煤矿企业设备改造的重点是什么?

6.5　设备技术改造与更新应遵循的原则是什么?

6.6　某设备购置费用5 000元,使用年限10年,第一年运行费用1 000元,以后每年递增400元,不计残值,求设备经济寿命为多少年?（答案:$N=5$年）

任务2　设备的新产品开发管理

> 知识点:◆　新产品开发的途径
> 　　　　◆　新产品开发的工艺方案选择与评定
> 技能点:◆　会简述新产品开发程序
> 　　　　◆　会编制简单零件的工艺规程

一、任务描述

新产品开发,即产品的开拓与发展。它的内涵主要包括两点:整顿、改造老产品和开发新产品。整顿和改造老产品是指不断改革老产品的性能,淘汰技术老化、性能和款式落后的老产

189

品,形成产品的创新,重新赋予老产品新的"生命力"。企业老产品常用"奥斯本法则"进行创新。这是世界创造学之父、美国的奥斯本提出的著名的"6M"法则。这一法则包括6个问题,一是可以改变吗? 二是可以增加吗? 三是可以减少吗? 四是可以替代吗? 五是可以颠倒吗? 六是可以重新组合吗? 按照这一法则通过简单的改变、增加、减少、替代、颠倒、组合,就可以激发产品创新的思路,对老产品进行有效的创新。"奥斯本法则"是在实际解决问题的过程中,根据需要创造的对象或需要解决的问题,先列出有关的问题,然后逐项地加以讨论、研究,从中获得解决问题的方法和创造发明的设想。有人认为,"奥斯本法则"几乎适用于各种类型和场合的创造活动,因而可把它称作"创造技法之母",具体应用如下:

1. 现有的产品有无其他用途? 保持原状不变能否扩大用途? 稍加改变,有无别的用途?

2. 现有的发明成果能否引入其他创造设想? 原有产品能否从别处得到启发? 能否借用别处的经验或发明? 外界有无相似的想法,能否借鉴? 过去有无类似的产品,有什么产品可供模仿? 谁的产品可供模仿?

3. 现有的产品是否可以作某些改变? 改变一下会怎么样? 可否改变一下形状、颜色、音响、味道? 是否可改变一下意义、型号、模具、运动形式? 改变之后,效果又将如何?

4. 现有的产品能否扩大使用范围? 能不能增加一些东西,能否添加部件,拉长时间,增加长度,提高精度,延长使用寿命,提高价值,加快转速?

5. 现有的产品可否缩小,缩小一些怎么样? 现在的产品能否缩小体积,减轻重量,降低高度,压缩、变薄?

6. 现有产品可否被替代? 现有的产品能否借用? 可否由别的产品代替,由别的企业代替,用别的材料、零件代替,用别的方法、工艺代替,用别的能源代替? 可否选取其他地点?

7. 现有的产品可否反过来? 倒过来会怎么样? 上下是否可以倒过来,前后是否可以对换位置? 里外可否倒换? 正反是否可以倒换? 可否用否定代替肯定?

8. 现有的几个产品可否加起来? 从综合的角度分析问题,组合起来怎么样? 能否装配成一个系统? 能否把目的进行组合? 能否将各种想法进行综合? 能否把几种部件进行组合?

9. 现有的产品可否分解开?

开发新产品主要指增加新品种,实现产品"更新换代"。现代企业开发新产品是建立在产品整体概念基础上的、以市场为导向的系统工程。从单个项目看,它表现为产品某项技术经济参数质和量的突破与提高;从整体考察,它贯穿产品构思、设计、试制、营销全过程,是功能创新、形式创新、服务创新多维交织的组合创新。为了正确理解新产品开发,应注意以下几点:

(1)无论新产品开发还是整顿改造老产品,均应以企业的产品调查和市场分析研究为基础,须经科学论证,才能作出决策。

(2)开发新产品和整顿改造老产品,涉及资金、设备、技术、市场营销、企业效益和社会生态效益,应统筹安排,分清轻重缓急,做到生产一代、研制一代、预研一代、设想一代"流动式"向前发展。把现实效益和长远效益,现实市场需求与潜在需求有机结合起来,确保产品开发工程的质量。

(3)老产品的改造措施,可以小改小革,即对原设计结构不做大变动,而改善个别零件的结构或材料,以改善性能,方便操作,也可以动大"手术",如:改进产品结构、型式、增加辅助装置、改进产品造型、包装装潢等,以提高产品性能、效率、审美价值等。

新产品开发是设备综合管理中的重要环节,属技术开发。企业产品的先进性,制造工艺的先进性,以及研制开发新品种的能力,是反映企业技术水平的重要标志,也是企业技术工作和经营管理工作的重要任务,它直接关系到企业的生存与发展,是企业开拓市场、提高竞争能力的基本手段,也是提高经济效益的有效途径。因此,企业要满足社会发展的种种需要,就必须不断提高它的适应能力和创新能力,提高生产技术水平和经营管理水平,积极改造老产品和开发新产品。

二、任务分析

(一)新产品开发所经历的阶段

新产品开发程序,是指新产品从开始构思到正式投入市场所经历的全部过程。企业开发新产品,既要求准确地预测市场的需要、盈利的可能性和产品的发展前景,又要解决许多科学技术和生产经营管理问题,做好一系列准备工作和组织工作。这是一项艰巨而且又有风险的工作。从根据用户需要提出设想到正式生产大批投放市场为止,其中要经历许多个阶段,这些阶段之间相互促进、相互制约,形成了新产品开发程序。由于产品与产品之间存在着差别、行业与企业的特点和情况不同,新产品开发所经历的阶段和具体内容并不完全一样,没有统一的标准。从理论上概括,新产品开发都可以划分为四个阶段:

1. 开发决策阶段

这一阶段主要是在搞好技术经济及市场需求调查与预测的基础上,提出新产品开发的战略决策,选定开发目标,构思和选择新产品开发的基本方案。在新产品开发的全过程中,企业领导人要把主要精力和大部分时间用于这个阶段。

2. 前期开发阶段

这一阶段主要是根据新产品开发的决策,做好技术储备、资金筹措、人员培训等方面的准备工作,并组织专门班子对新产品开发的基本方案进行技术经济的可行性分析、论证以及修改或完善这一方案,为新产品开发的实施做好前期准备工作。这个阶段投入的技术力量比较多,日本企业一般要占到整个企业技术力量的 40%。

3. 后期开发阶段

这一阶段主要包括新产品设计、工艺准备试制、鉴定以及商业性投产的各项工作。它是新产品的实际开发阶段。企业必须统一部署、严格管理、集中力量、组织攻关,要力争又快又好地把新产品开发出来。

4. 开发反馈阶段

这一阶段主要是收集、整理新产品的市场信息,及时地反馈到后期开发阶段,并根据用户的意见和要求,进一步改进新产品,以便更好地打开市场销路。这是新产品开发的继续。它是通过市场信息反馈工作,一方面改善新产品的技术性能,另一方面创造打开市场销路的条件。

(二)新产品开发程序

1. 新产品开发的构思创意

创意指对产品的一种新启示或新意向,构思指据此所作的进一步设想或方案。构思创意不是凭空瞎想,而是企业根据市场需求和自身条件,充分考虑用户的要求和竞争对手的动向,有针对性地提出开发想法的有创造性的思维活动。新产品构思实际上包括了两方面地思维活动:一是根据得到的各种信息,发挥人的想象力,提出初步设想的线索;二是考虑到市场需要什么样的产品及其发展趋势,提出具体的产品设想方案。可以说,产品构思创意是把信息与人的创造力结合起来的结果。企业新产品开发构思创意主要来源于本企业职工、专业人员、竞争对手、科技情报、用户。构思创意是新产品孕育、诞生的开始,企业领导人要采取各种方法,集思广益,尽量多地收集创意。一种新产品的设想,可以提出许多的方案,而一个好的构思,必须同时兼备两点:

(1)构思创意要非常奇特,创造性的思维,就需要有点异想天开。富有想象力的构思,才会形成具有生命力的新产品。

(2)构思创意要尽可能接近于可行性,包括技术和经济上的可行性。根本不能实现的设想,只能是一种空想。

2.新产品开发构思创意的筛选与评价

(1)新产品构思创意的筛选

筛选就是从各种新产品构思创意的方案中,挑选出一部分有价值的进行分析、论证,这一过程就叫筛选。筛选的目的是找出最佳创意,进行新产品开发。选择创意除要坚持新产品开发的正确方向外,还要兼顾企业长远发展和当前市场的需要,要有一定的技术储备。创意的筛选是新产品开发过程中的重要决策,企业领导要亲自过问,慎重行事,尽量避免发生两种倾向:

①误舍,就是在筛选过程中误将好的创意舍弃了,失去了成功的机会;

②误选,则是把一个无价值的创意付诸开发,最后导致彻底失败。

误舍、误选均会给企业造成严重的经济损失。企业在对创意取舍之前,必须认真地进行各方面的调查研究和分析,对各种产品的设想方案逐项进行审核,并确定完整、周密的产品成本、销售量与利润的关系模式。建立这些模式的目的就是要淘汰那些没有前途的构思设计,使企业有限的资源能够集中于成功机会较大的产品项目。

(2)新产品构思创意的评价

在新产品构思创意和筛选的基础上,还应进行新产品开发评价。这是不断完善新产品、提高经济效益,使新产品获得成功的重要条件。新产品开发的评价方法有多种,如评分法、经济计算法等。下面介绍评分法。

评分法是对各筛选出来的方案中影响新产品成功的因素给与评定分数,以分数的多少作为决策的依据。常用的评分表法就是对每一个新产品创意或方案填制一张评分表,如表6.4所示。

表中第一列按重要性顺序排列产品的评价项目,可根据企业的实际情况增加或减少。第二列的重要性系数可根据影响评价项目的重要程度来确定。重要性系数之和等于1。表中的评分等级可根据具体情况划分为 $1 \sim 10$ 个等级,也可以分为优、良、中、合格、不合格5个等级。最后依据总得分为新产品开发设想评定优劣。一般认为 $0 \sim 4.0$ 分是不好的创意; $4.1 \sim 7.5$ 分是中等的创意; $7.6 \sim 10$ 分是好的创意。

3.编制新产品计划书

为使新产品开发具有较多成功的把握,需要把初步入选的构思创意同时形成几个新产品开发方案,以便对不同方案进行技术经济论证和比较,以决定取舍。新产品开发方案一旦决定后,就要组织力量编制新产品计划书,具体确定产品开发的各项经济指标、技术性能,以及各种必要的技术要求和参数。它包括产品开发的投资规模、利润分析及市场目标;产品的用途、使用范围、技术指标;产品设计的各项技术规范与原则要求;产品开发的方式和实施方案等。新产品计划书是指导产品设计的基础文件,一般由新产品开发单位自行编制。这是制定新产品

表6.4　新产品构思创意评价表

评价项目	重要性系数(A)	评　分　等　级(B)										得分数 A×B
		1	2	3	4	5	6	7	8	9	10	
销售前景	0.25									√		2.25
盈利性	0.25								√			2.00
竞争能力	0.15						√					1.05
开发能力	0.15					√						0.90
资源保证	0.10					√						0.50
生产能力	0.10					√						0.50
总　计	1.00											7.20

开发计划的决策性工作,是关系全局的工作。

4.新产品的设计

（1）新产品的设计要求

企业的产品价值是满足消费者的需求,也就是说,一个产品的价值是以顾客的需要尺度来衡量的,而不是由生产者决定的,所以产品的整体概念体现着以消费者需求为中心的思想。正因为如此,对新产品的设计应满足以下几方面要求:

①产品功能设计要符合消费者生理要求。

②产品造型设计要符合消费者的审美要求。

③产品结构设计要符合人体工程学的要求。

④产品个性设计要符合消费者不同的个性动机。

⑤善于运用和发现时尚现象,进行时尚商品设计。

（2）新产品的设计程序

有了新产品计划书后就要对新产品进行设计。新产品设计又分为方案设计、技术设计和工作图设计三个阶段。

①方案设计。这一阶段的主要任务是正确进行选型,确定新产品的基本结构和参数。这是产品设计的基础。方案设计的内容及深度,要根据产品的种类及其复杂程度而定。一般应包括这些内容:新产品的用途和使用范围;总体方案设计和外观造型设计;产品的参数及技术性能指标计算;产品的总图、原理图(电气原理图或结构原理图)、传动机构图,对产品设计的关键技术问题要提出解决办法。重要产品的方案设计还要进行必要的技术经济论证,进行方案比较,从中选择最佳方案。

②技术设计。这一阶段的主要任务是在方案设计的基础上,确定产品的具体结构和形式,以确保产品结构的合理性、工艺性和经济性;是将方案设计中已经确定的基本结构和参数具体化,并对新产品进行技术经济分析,并检查其性能、成本是否达到产品方案设计的要求。这是新产品的基本定型阶段。具体应包括这些内容:选择电气元器件,绘制产品总图、部件装配图、主要零部件图、电气元器件布置图,编制详细的设计说明书等。技术设计完成后,必须组织有关部门对产品结构的先进性、工艺性及使用操作性进行审查,改进设计。

③工作图设计。这一阶段的主要任务是绘制新产品试制、生产所需要的全套图样,提供有关制造工艺所需要的全部技术文件,为产品制造、装配、使用提供确切依据。这是技术设计的具体化,也是工艺设计、产品试制生产的依据。具体应包括这些内容:产品总图、零件图、部件图、装配图及电气原理图、电气元器件布置图、电气接线图、安装图,材料明细表、供应明细表,通用件、专用件、标准件、外购件、外协件明细表,产品合格证明,企业标准,编制产品说明书及使用、维护、保养和操作规程等。工作图设计完成后,应按设计标准条例,经有关部门和人员审核批准。

上述新产品的三个设计程序,是在产品设计实践过程中自然形成的经验总结,它从产品的原理、总体布置到零部件结构,直至加工图样的完成,逐步具体化、尺寸化、可加工。前一段设计是后一段设计的基础和依据,后一段设计是前一段设计的发展和完善。当然并不是所有产品都有这样的程序,简单的产品可以简化设计程序。煤矿防爆电气产品设计程序一般为:方案设计—电气原理图设计—选择电气元器件—电气元器件布置设计—电气机芯组装—防爆外壳设计(必须有机电闭锁装置)—工作图设计。

(3)新产品的设计方法

新产品的设计方法,直接影响着新产品的设计质量、设计周期,影响产品的市场竞争能力。因此,必须根据产品的不同要求与特点,运用不同的设计方法。现在,许多企业为了搞好新产品的设计,都十分重视采用现代化的设计方法,如价值工程、可靠性设计、优化设计、计算机辅助设计、正交设计法等。在新产品设计中,较为有效的设计方法有:

①应用价值工程进行产品设计。价值工程即价值分析,它是一种新兴的技术经济分析方法。价值分析中的"价值"是产品或作业评价系统的评价尺度,具体是指投入与产出或效果与费用的比值,它不同于政治经济学中有关价值的概念。价值分析定义是:以最低的寿命周期成本,可靠地实现必要的功能,着重对产品或作业进行功能分析的有组织的活动。提高价值的途径有:

a. 功能不变,成本降低;

b. 功能提高,成本不变;

c. 功能提高,成本降低;

d. 功能大幅度提高,成本略有提高;

e. 功能略有下降,成本大幅度下降。

在新产品设计中进行价值分析,可使新产品达到物美价廉的效果,能使企业以最低的成本,生产出性能上满足用户需求的产品,使新产品的质量与成本相统一。

②采用优化设计。优化设计是使设计的产品在一定条件下达到最理想的目标,使它的质量、功能达到设计要求。这是一种使产品具有竞争力的重要设计方法。

③可靠性设计。可靠性设计是指在规定的条件和时间内,保证产品无故障地发挥其功能。进行可靠性设计,要求设计人员在设计时从各方面考虑可靠性指标,并在设计实践中积累可靠性数据。

④造型设计。造型设计就是注重产品的外观效果和质量,使产品的造型美观、大方,表面光洁、精巧,以满足现代消费者对产品的外观、造型、色彩有较高要求的一种设计。造型设计又称作工业美术设计。

⑤模块化设计。模块化设计是在试验研究的基础上,设计一系列可以互换的模块,然后选用所需要的模块与其他部件组成不同要求、不同规格的产品,它是实现产品的自动化设计、计算机辅助设计的必要手段和方法。

新产品设计要有明确的目的,要为用户考虑,要从掌握竞争优势来考虑,还要考虑本企业

的生产条件,考虑批量生产的要求。从着手设计新产品开始,就要立足于能够顺利投产。

5. 新产品试制

这是按照一定的技术模式实现产品的具体化或样品化的过程。它包括新产品试制的工艺准备、样品试制和小批试制等几方面的工作。

（1）工艺准备

工艺准备就是根据设计图样、技术文件、生产的类型和数量、生产技术条件和水平等情况,具体确定制造方法和加工程序,选定设备与工艺装备。但工艺准备应该力求简化,一般只对样品生产必需的工艺进行准备,例如关键零部件的工艺准备,与样品试制质量有重大关系的工装准备。这样,可以避免因设计的修改或重新设计而造成不必要的损失,使产品生产达到高效率、低消耗的目的。

（2）样品试制

样品试制就是按照设计图样、工艺文件和必要的工艺装备制作1~5台样机。目的是考核产品设计质量,考验产品结构、性能及主要工艺是否达到设计要求,设计图样是否正确,以便肯定或进一步校正产品的设计,提高结构的工艺性。样品试制是产品设计的定型阶段,因此,试制过程中必须严格按照设计图样和试制条件进行,设计人员要认真做好有关样品试制、样机试验的详细记录,包括各项检验记录和试验数据,以及设计、工艺修改的原始记录,要把设计中存在的问题、缺陷和处理经过详细地记录下来,并根据试制和试验结果对原设计进行必要的修改或重新进行设计。

（3）小批试制

小批试制是在样品试制的基础上,制做几台或几十台产品,进一步验证新产品的设计质量,目的是考验工艺规程和工艺装备,对产品图样进行工艺性审查,以便作出必要的校正。小批试制过程中,应对产品设计图样、工艺规程和工艺装备的验证情况作详细的记录,以便能够及时组织修改有关技术文件。小批试制后要做好总结和调整工作,主要内容有:

①进行试制总结。

②对生产线和工装、工艺文件作出鉴定,并根据情况对其作必要的调整。

③修改和补充工艺规程。

④整理出全套工艺文件。

小批试制是实现产品大批量投产的一种准备或实验性的工作,为大批量生产创造条件,因而无论是工艺准备、技术设施、生产组织,都要考虑实行大批量生产的可能性,否则,产品试制出来了,也只能成为样品、展品。同时,新产品试制也是对设计方案可行性的检验,一定要避免设计是一回事,而试制出来的产品又是另一回事。不然就会与新产品开发的目标背道而驰,导致最终的失败。

6. 新产品评定

新产品装配至鉴定前,应进行试车及试验工作,对样品进行全面检查、试验与调整。为了做好这项工作,产品设计部门要制定试验鉴定大纲,工艺部门要编制试验规程,并由车间主任、主任设计师、主任工艺师、技术检查员和装配工人等组成试验小组,从技术、经济上对样品进行全面的试验、检测和鉴定,其主要内容包括:系统模拟实验、主要零部件功能的试验以及环境适应性、可靠性与使用寿命的试验测试,操作、振动、噪音的试验测试等。然后对新产品从技术上、经济上作出全面评价,交企业鉴定委员会进行鉴定。

新产品评价鉴定工作,要根据产品企业标准或产品技术条件规定,将样品送国家或行业管理部门指定的产品检验机构进行型式试验。型式试验合格后,企业应进行总结,整理新产品全部资料,组织产品鉴定委员会,对新产品进行鉴定。新产品的鉴定一般可分为设计定型鉴定和生产定型鉴定,也可搞一次性技术鉴定。新产品评价鉴定的主要内容有:检查产品是否符合已批准的技术文件和国家、部门、企业的技术标准;检查工艺文件、工艺装备是否先进合理;检查产品的加工精度和质量、运转的可靠性、评价产品的一般性能、使用性能、安全性能、可靠性、环保性、工艺性以及对产品进行技术经济分析等。新产品鉴定后,企业应根据批准的鉴定书,消除产品缺陷,做好转入下一段试制或正式生产的准备。有些产品鉴定以后,还需要经过一定范围和一定时间的使用考验,以广泛听取用户意见,进一步发现缺陷,加以改进,最后才能得出全面定型结论,投入正式生产。

7. 新产品试销

试销,实际上是在限定的市场范围内,对新产品的一次市场实验。通过试销,可以了解新产品销售状况;检验产品包装、装潢、广告的效果;发现产品性能适用方面某些缺陷;检验销售组织的完善程度。企业要根据试销中发现的问题,采取改进措施,使上市的新产品和销售组织工作更加完善,为产品正式投放市场打好基础。

8. 产品投放市场

新产品经过鉴定、试销,就可投放到市场上正式销售。企业要把新产品列入其正式产品目录,编制产品性能和使用说明书,安排广告宣传,制定商标,培训销售人员,确定合理价格,安排好零配件供应,组织技术服务工作等,为产品大量销售作好充分准备。

三、相关知识

(一)产品寿命周期及各阶段的特点

1. 产品寿命周期

产品是指能够通过交换满足消费者或用户某一需求和欲望的、有经济价值的任何有形物品和无形服务。产品寿命周期是指该产品从试制成功投入市场开始,到停止生产被淘汰为止的全过程所持续的时间,称为产品的寿命周期。在这个时期内,产品经历投入期、成长期、成熟期和衰退期四个阶段。从投入期到衰退期各阶段产品销售量随时间而变化,形成一条销售量曲线,称为产品寿命周期曲线。如图6.3所示。

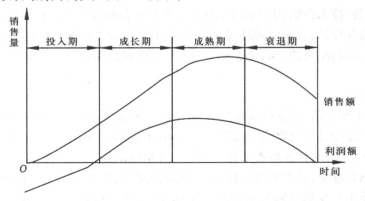

图 6.3　产品寿命周期曲线

2. 产品寿命周期各阶段的特点

（1）投入期

这是由试制转入小批生产并进入市场试销的阶段。这一阶段的特点是产量小、成本高、可能生产亏损。因此，要集中力量抓好产品定型。完善产品性能，做好广告宣传，积极打开销路，提高市场占有率，并扩大生产能力转入成批生产，有效地缩短投入期，使产品尽快进入成长期。

（2）成长期

这个阶段是新产品开始被顾客接受，销售量迅速增长的阶段。这时，产品质量与产量不断上升，工艺稳定，从而成本逐步下降，利润迅速增加，这是决定性阶段。企业务必狠抓产品质量，提高服务水平，努力创名牌，确保产品进入成熟期。

（3）成熟期

这个阶段是产品的主要销售阶段，本阶段经营管理进入理想状态，产品产量、销售量和利润达到最高水平，成本降低到最低点。同时，同类产品进入市场，企业之间的竞争加剧，这时企业应对产品结构进行局部改革，寻求在市场的深度和广度上发展，尽量延长该产品的成熟期。

（4）衰退期

这一时期是指产品销售量锐减，利润迅速下降，产品处于更新换代的阶段。这时产品在技术和款式上已老化陈旧，不能适应市场需求，企业要进行战略上的转换，淘汰旧产品，更换新产品。

一个完整的产品寿命周期包含着上述 4 个阶段，但并非所有的产品都会呈现这 4 种状态，有的产品刚一投入市场，销售量迅速上升直接进入成长期；有的产品在进入成熟期后，由于进行了改进或增加了新的用途，又重新进入第二个成长期。产品这种特殊情况与企业自身的努力和外部环境都有关系，企业应依靠技术进步来延长产品寿命周期，开发出适销对路的新产品求得发展，以保持经营稳定并获得较高的经济收益。产品寿命周期及各阶段特点如表 6.5 所示。

表 6.5　产品寿命周期各阶段的特征

	投入期	成长期	成熟期	衰退期
销售量	低	剧增	最大	衰退
销售速度	缓慢	快速	减慢	负增长
成本	高	一般	低	回升
价格	高	回落	稳定	下降
利润	亏损	提升	最大	减少
顾客	创新者	早期使用者	中间多数	落伍者
竞争	很少	增多	稳中有降	减少
营销目标	建立知名度，鼓励试用	最大限度地占有市场	保护市场，争取最大利润	压缩开支，榨取最后价值

（二）新产品的概念和分类

1. 新产品的概念

新产品是指与老产品相比，在产品结构、材质、工艺等方面或几方面比老产品有明显改善，采用新技术原理、新设计构思,从而显著提高了产品功能或扩大使用功能的产品。新产品是一个相对的概念,在不同的时间、地点、条件下可以有不同的含义。对一个企业或公司而言,只要是本企业以前没有,现在开发出来的产品都可以称为该企业的新产品。

2. 新产品分类

根据新产品的技术性能特征、产品开发的地区范围、产品服务对象的差别,新产品有 3 种分类方法。

(1)按新产品开发的决策方式分

①企业自主开发:指企业通过市场调查,预测出用户需求趋势,并据此来决定开发和销售的新产品。这种新产品的开发是以多数不特定的用户为对象,如通用汽车、机床,以及大多数民用消费品等。

②用户订货开发:这是生产企业根据用户提出的具体产品方案进行开发和生产交货的产品。因此,企业无须自己决定要开发什么样的产品,也无须考虑开发出来的产品销售状况如何。这样的产品开发是以特定的、已知的用户为对象,并多为大型机电产品。

③协作开发:通过与企业、科研机构、开发公司合作开发新产品;或购买他们的新产品专利技术开发新产品,或购买他们的经营特许权销售新产品。

(2)按新产品具备新质的程度分

①全新新产品:指科技发明创新(采用新原理、新结构、新材料、新技术),原来没有而创造出来的产品。

②换代新产品:在产品功能上有很大的改进和创新(基本原理不变,部分地采用新结构、新材料、新技术,使产品的功能、性能或技术指标有显著改变),并完全替代原有产品。

③改进新产品:又称老产品改造。指产品主要功能、价值与原有产品差不多但在功能、形态、质量等方面进行局部改进的产品,包括在基型产品基础上派生出来的变形产品。

④新用途新产品:指为适应新用途或新市场需要而制成的、其性能有特殊要求的产品。

⑤仿制新产品:指对市场上已经出现的产品进行引进或模仿,研制生产出的产品。

(3)按新产品的地域特征分

①国际新产品:是指在世界上其他国家和地区都未曾试制成功,由我国独创的产品。发展这类产品是企业的重要目标,它不仅能更好地满足现代化建设和人民生活需求,而且能提高企业在国际国内市场上的竞争能力。

②国家新产品:指其他国家已有,而我国尚未有过的、填补空白的产品。开发这类产品对于赶上世界先进水平,减少进口,加速经济建设具有重要意义,并能提高企业在国内市场上的竞争能力。

③企业或地区新产品:指国内已有,但在本企业或本地区第一次生产或销售的产品。发展这类产品要根据周密的市场预测,只有在一定时期内外地产品不能满足国内外市场需求,而本企业又有条件生产时才可以试制生产。只有这样,对国家才有所贡献,企业才能收到经济效益。

3. 现代产品发展方向

产品开发与科技进步和社会需求的发展密切相关。科学技术和社会需求相互影响,新的科技产品给人们创造了新的需求,市场需求的变化不断的促使企业开发新的产品。现代产品的发展方向主要有:

（1）个性化发展方向。

（2）美学化发展方向。

（3）高效节能化发展方向。

（4）提高产品质量的发展方向。

（5）绿色环保的发展方向。

（三）新产品开发的意义

新产品开发是满足新的需求,改善消费结构,提高人民生活素质的物质基础,也是企业具有活力和竞争力的表现。具体而言,新产品开发的意义在于:

1. 开发新产品是振兴国民经济的需要

煤炭工业目前的任务是使生产从老的技术基础转到先进的技术基础上,而新技术往往是同采用新的劳动工具、新的劳动对象、新工艺联系在一起的。这就要求煤炭企业不断地提高产品性能、增加产品品种,不断提高质量,调整产品结构、技术结构,使产品"升级换代"、"推陈出新",为国民经济各部门提供各种新材料、新设备、新仪器仪表等,为普遍采用新技术创造必要的条件。

2. 开发新产品是提高人民生活水平的需要

社会主义企业生产的目的,是满足人民日益增长的物质文化生活的需要。企业必须从方便人民生活、适应人民需要的观点出发,积极开发新产品,使产品的品种、规格、花色不断增加,满足广大人民群众不断增长的新需求。这是社会主义基本经济规律的客观要求。

3. 开发新产品是提高企业技术水平的需要

开发新产品,是一个探索过程,具有创新性质。特别是开发高级、精密、尖端新产品,必然会遇到各种各样复杂的科学技术问题,需要开辟新的途径,探索新的技术领域,如果没有一定的科学技术理论指导,不掌握先进科学技术并用以提高企业技术水平,很难实现这一任务。因而新产品开发的过程也是不断提高企业技术水平、促进技术进步的过程。

4. 开发新产品是提高企业竞争能力的需要

随着科学技术的发展,更适合用户需求的新品种总是在不断地研制出来。一个企业如果不积极开发新产品,就不能从根本上提高产品质量,就会逐渐失去其竞争能力,出现生存和发展"危机"。因此,在产品上,要不断地改进老产品、开发新产品;在策略上,要明确产品所在阶段,积极调整营销组合。只有这样,企业在市场竞争中才能力争主动,企业产品才能永葆青春,保障企业的生存和发展。

5. 开发新产品是提高企业经济效益的需要

新产品是新的科学技术知识的物质体现,一般说它比老产品具有更好的结构性能、更高的质量,它不仅给用户带来经济效益,而且也会给生产企业带来明显的经济效益。例如,具有良好工艺性、继承性、高水平的新产品,以及采用先进的工艺、完善合理的工艺装备等,都将直接降低产品制造的劳动量和原材料,改进企业生产能力的利用,提高企业的劳动生产率,降低产品成本,增加利润,提高企业经济效益。而提供适销对路、优质耐用的新产品,会给用户带来节能、减少维护费用、减少停工损失等真正的实惠。

四、任务实施

产品设计是解决企业开发什么样的新产品的问题,而产品工艺管理是解决企业如何生产出合格产品的问题。企业的生产工艺是指工人利用机器设备和工具,对原材料进行加工和处理,最后制成质量合格的产品的过程和方法。产品工艺管理一般是指有关工艺规程、技术操作规程和技术测定等方面的方式方法,也包括新工艺、新设备、新工具及各种新方式方法的运用。产品工艺管理工作的内容包括以下内容:

(一)产品设计的工艺性分析与审查

1.产品设计的工艺性分析和审查的主要内容

(1)产品的零件结构形状是否合理、材料选择是否恰当。

(2)产品的精度、表面粗糙度等技术要求是否符合标准。

(3)产品结构的继承性、标准化程度是否达到要求。

(4)工艺基准面选择是否方便可靠。

(5)产品的加工、装配、拆卸、维修、运输等是否方便,是否符合本企业生产设备条件。

(6)生产工艺和生产组织是否先进。

2.产品设计的工艺性分析和审查的目的

根据工艺技术上的要求、本企业的设备能力及外协的可能性,来评定产品设计是否合理,是否能够保证企业在制造这种产品的时候获得良好的经济效果。所以在产品设计的工艺性分析和审查时,既要考虑设计上的先进性和必要性,也要考虑工艺上的经济性和可能性。应在保证产品结构、性能和精度的前提下,力求通过改善其工艺性来提高企业生产活动的经济效果。

(二)工艺方案的制定与评价

工艺方案是工艺准备的总纲,是工艺设计的准绳。工艺方案提出产品试制中的技术关键及其解决办法,规定各项具体工艺工作应遵循的基本原则和应达到的各项先进合理的技术经济指标,以便于系统地运用先进的技术和经验,制造出符合设计要求和质量标准的产品。

1.工艺方案的内容

(1)编制工艺方案的依据

①产品的设计性质。即产品是创新、改造还是在基型基础上的变型。

②生产的时间性。即产品是长期生产还是临时生产。

③生产类型。产品是大量生产、成批轮番生产还是单件生产。

(2)工艺方案的内容

①工艺方面的内容包括:指出产品在试制中的技术关键和解决方法;生产组织形式和工艺路线安排原则;工艺路线规程制定原则;工艺装备设计原则和工艺装配系数、工艺方案的经济效果分析等。

②技术方面的内容包括:具体地编制工艺方案,制定在加工技术上应遵守的原则,如装配工艺原则、电气工艺原则等。

2.工艺方案的经济评价

在保证技术要求和产品质量的前提下,生产一种产品往往可以采用多种不同的加工方法、不同的工艺路线、不同的工艺装备,这样就有多种不同的工艺方案可供选择。如何选择一个最合理的工艺方案,经济性是一个基本因素。根据经济性因素选择工艺方案,就是对不同的工艺方案进行技术经济综合分析甚至计算,比较出工艺费用(成本)最低的工艺方案。一般采用工艺成本分析法。

工艺成本分析法是通过比较不同工艺方案的工艺成本,对不同工艺方案作出经济评价。

工艺成本是指与工艺过程有关的各项生产费用,它是产品成本的组成部分。对那些不随方案而变化的费用项目,不计入方案的工艺成本。工艺成本按费用与产量的关系,分为固定费用与变动费用。

变动费用:在单位时间内与产量成正比例增长的费用。例如,生产工人工资及附加工资,设备运转费用,通用设备的折旧费用,通用工艺设备的使用费用等。

固定费用:这是与产品产量的变化无关的费用。例如专用设备的折旧费用,专用工艺设备的使用费用,设备的调整费用等。

全年的产品工艺成本可用下式表示

$$C_y = VN + F \qquad (6.11)$$

式中　C_y——年产品工艺成本,元/a;

　　　V——单位产品的变动费用,元/件;

　　　N——产品年产量,件/a;

　　　F——固定费用,元/a。

单件产品工艺成本的计算公式为

$$C = V + \frac{F}{N} \qquad (6.12)$$

式中　C——单件产品工艺成本,元/a。

上述两个公式所表示的工艺成本与年产量的关系,均可用平面坐标图来表示。当有两个或两个以上工艺方案进行比较时,可逐一两两比较,以工艺成本最低的方案为最佳方案。图6.4 中,当产品产量为 N_0 时,则两工艺方案的工艺成本直线相交于 P 点,并且 $C_{y1} = C_{y2}$,即 $V_1N_0+F_1 = V_2N_0+F_2$,此时的 N_0 称为对比工艺方案的临界产量,也可以称为工艺方案 Ⅱ 的最小经济产量。如果 $N > N_0$,则方案 Ⅰ 不如方案 Ⅱ 的经济效益大。如果 $N < N_0$,则方案 Ⅱ 不如方案 Ⅰ 的经济效益大。临界产量 N_0 为

$$N_0 = \frac{F_2 - F_1}{V_1 - V_2} \qquad (6.13)$$

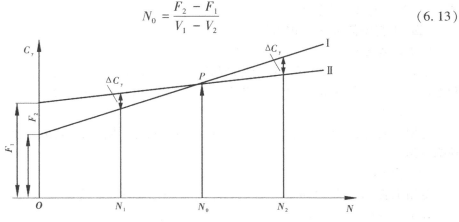

图 6.4 　两个工艺方案年度费用和产量关系图

(三)编制工艺文件

工艺方案决定后就开始编制工艺文件。工艺文件是企业生产必需的基本文件,它是指导每一个生产环节按照工艺技术要求进行工作、安排生产计划、生产调度、技术检查和材料供应的主要技术依据。

1. 工艺文件的主要形式

工艺文件主要形式有：工艺规程、检验规程、劳动定额表、原材料和工具消耗定额表等，其中最主要和最基本的是工艺规程。工艺规程是指导产品加工和工人操作的技术文件，是企业生产的基础资料。

2. 工艺规程的表现形式

（1）工艺线路卡（过程卡）。这是按零件编制的最基本的工艺规程。它规定了零件在整个制造过程中要经过的路线、所在车间、班组和工序的名称，以及使用的设备与工艺装备。

（2）工艺卡。这是按照加工对象的每一个工艺阶段编制的。它规定加工对象在某一车间（或工艺阶段）内要经过的工序名称，以及各工序所用设备、工艺装备和加工规范。工艺卡主要用于指导车间的生产活动。

（3）工序卡（操作卡）。这是按零件的每道工序编制的。它规定了每道工序的操作方法和要求，对工人操作进行具体指导，以保证加工的产品达到技术要求。

（4）工艺守则（操作规程）。这是按同类工艺的操作编制的一种通用性工艺文件。在其中详细规定了操作工人必须遵守的操作要领和注意事项。工艺守则多用于重要工序和关键工序。

3. 编制工艺文件的注意

（1）在工艺规程编制工作中，应实行工艺规程典型化，即将相似零件分档归类，编制其通用的工艺规程。这样可以减少工艺工作量，缩短工艺准备周期，降低工艺准备费用。

（2）工艺规程的不同形式，分别适用于不同的生产类型和技术条件。在一般情况下，单件、小批量生产和样品试制，只编制工艺路线卡，对个别关键件可编制工艺卡；成批生产需要编制工艺卡，对其中较复杂的关键件则要编制工序卡；大量生产时，绝大部分零件都要编制工序卡。

（3）制定工艺规程只是工艺准备工作的开始，重要的是在试制及投产中加强工艺工作管理，严格工艺纪律，认真贯彻工艺规程，并在执行过程中不断调整工艺文件，达到"正确、齐全、统一、清晰"，确保产品合格率。

（四）工艺装备的设计和制造

1. 工艺装备的分类

工艺装备是指按照工艺规程制造产品所需的各种刀具、工具、夹具、模具、检具、辅助工具和工位器具的总称，通常简称为"工装"。工装可分为通用和专用两类。

（1）通用工装

通用工装是已经标准化了的工艺装备，适用于制造不同产品，它由专业厂生产，可以直接外购得到。

（2）专用工装

专用工装只能加工特定的零件，通常由企业自己设计和制造，或者委托其他企业加工。

2. 工艺装备的设计和制造

工艺装备的设计和制造是新产品生产技术准备中工作量最大、周期最长的阶段，如果这方面的工作薄弱，就会成为影响新产品按期、按量投产的主要原因。因此，工艺装备在设计制造阶段，必须注意以下几个关键问题。

（1）认真确定工艺装备系数

工艺装备系数简称工装系数，是为制造某种产品而设计的工艺装备的种数与所制造新产

品的专用零件种数的比值,用下式表示

$$工艺装备系数 = \frac{专用工艺装备种数}{产品专用零件种数} \tag{6.14}$$

工艺装备系数是用来确定必须采用多少专用工艺装备种数的依据。采用专用工艺装备利于保证质量、提高劳动生产率、降低消耗,但却要增加工艺装备的设计、制造费用,并延长了技术准备周期。在产量不多的情况下,将会大大提高产品成本。所以,应多用通用工装,尽可能少用专用工装。一般来说,产品批量大、结构复杂、技术要求高,工装系数应大些;反之则应小些。工业管理部门根据经验统计资料,考虑经济合理性,分别按照各种生产类型、不同的批量或年产量,制定出工艺装备系数表,见表6.6。

表6.6　各种生产类型工艺装备系数表

专用工艺装备系数	生产类型					
	单件生产 1~10 台	小批生产 11~150 台	中批生产 151~400 台	大批生产(年产量)		
				140~1 200 台	1 201~3 600 台	3 600 台以上
夹具	0.08	0.20~0.30	0.4~0.8	1.0~1.4	1.3~2.0	1.6~2.2
刀具	0.04~0.08	0.15~0.25	0.25	0.3~0.5	0.5~0.7	≥0.9
量具	0.08~0.20	0.20~0.35	0.4	0.4~0.8	1.0~1.2	≥1.5
辅助工具	0.20	0.05~0.10	0.15	0.2~0.4	0.5~0.6	≥0.8
模具	—	—	0.10	0.20	0.3~0.4	≥0.5
总装备系数	0.20~0.38	0.60~1.0	1.3~1.7	2.1~3.3	3.6~4.9	≥5.3

(2)提高工艺装备的继承性

在组织工艺装备设计和制造时,应尽可能利用现有的工艺装备,减少新工装设计制造的费用和工作量;尽可能提高工装结构的标准化和通用化程度,使工装的结构典型化、系列化。

(3)抓住关键工序

强化工装设计制造的组织管理,抓好工装结构复杂、工序多、周期长的关键工序。抓好新产品所需各种工装的配套,按试制生产的先后次序组织工装的设计制造。

五、任务考评

有关任务考评的内容见表6.7。

表6.7　任务考评内容及评分标准

序　号	考评内容	考评项目	配　分	评分标准	得　分
1	新产品开发	产品寿命周期各阶段特点	20	错一项扣5分	
2	新产品开发	新产品开发程序	30	错一项扣4分	
3	产品工艺管理	工艺方案的制定与评价	15	错一项扣5分	
4	产品工艺管理	工艺规程的表现形式	20	错一项扣5分	
5	产品工艺管理	工艺装备制造注意的问题	15	错一项扣5分	
合　计					

复习思考题

6.7　什么是"6M"法则?

6.8　产品寿命周期各阶段的特点是什么?

6.9　新产品开发有何意义?应注意哪些问题?

6.10　新产品开发程序包括哪些主要内容?

6.11　什么是工艺文件、工艺规程、工艺装备?

6.12　工艺规程的表现形式有哪些?

6.13　如何对新产品开发方案和工艺方案进行评价?

学习情境 **7**

全面质量管理

任务 1　全面质量管理的内容

> 知识点：◆　质量管理
> 　　　　◆　全面质量管理
> 　　　　◆　全面质量管理的特点
> 技能点：◆　ISO 9000 系列标准
> 　　　　◆　质量管理的统计控制方法

一、任务描述

质量从广义讲，即除了指产品质量外，还包括过程质量、工作质量及服务质量。产品质量：指产品适合一定用途，满足社会和人们一定需要所必备的特性。它包括产品结构、性能、精度、纯度、物理性能和化学成分等内在的质量特性；也包括产品外观、形状、色泽、气味、包装等外在的质量特性。同时还包括经济特性，如成本、价格、使用费用、维修时间和费用；商业特性，如交货期、保修期；其他方面的特性，如安全、环境、美观等。过程质量：是指质量形成的过程，包括设计过程质量，指产品设计符合质量特性要求的程度，一般通过图样和技术文件质量来体现；制造过程质量，指按设计要求，通过生产工序制造而实际达到的实物质量，是制造过程中操作工人、技术装备、原料、工艺方法以及环境条件等因素的综合产物，也称符合性质量；使用过程质量，指在实际使用过程中所表现的质量，它是产品质量与质量管理水平的最终体现；服务过程质量，指产品进入使用过程后，企业对用户的服务要求的满足程度。工作质量和服务质量：工作质量是指企业整个生产经营管理工作、技术工作、组织工作和职业道德教育工作对达到产品质量标准，稳定地出产合格产品，及提高产品质量的保证程度。工作质量包括人的质量意识、业务能力、各项工作标准和规章制度的质量及贯彻执行这些标准、制度的质量。服务质量包括服务态度、服务技能、服务的及时性和服务规划设计等所体现的服务效果。

质量管理。国际标准 ISO 8402—1986 对质量做了如下定义：质量是反映产品、过程或服

205

务满足明确或隐含需要能力的特征和特性的总和。"产品",包括成品、半成品和在制品。"过程",是指若干程序或环节的连贯整体,如施工过程、设计过程、制造过程等。"服务",既包括企业性服务,也包括社会性服务;既有技术性服务,也有其他售前、售后业务性服务。企业性服务是指企业向用户提供的服务;社会性服务是指如第三产业一类以服务为目的的工作。"需要",主要指用户的需要。对于用户的需要应仔细辨别其归属于产品的哪些特征和特性,以便将其转化为设计所需的质量指标。企业质量管理工作的着眼点是产品质量,应建立完善的质量体系,全面提高过程质量和工作质量。人的素质决定着产品质量、过程质量、工作质量和服务质量。提高人的素质,对提高产品质量具有决定性的意义。

全面质量管理是一个组织以质量为中心,以全员参与为基础,目的在于通过让顾客满意和本组织所有成员及社会受益而达到长期成功的管理途径。其中组织是指企事业单位或社团,全员是指企事业单位的组织结构中所有部门和所有层次的人员,涉及产品质量产生、形成和实现的全过程。因此,全面质量管理是指企业所有部门和全体人员都以产品质量为核心,把专业技术、管理技术和数理统计方法结合起来,建立起一套科学、严密、高效的质量保证体系,控制生产全过程影响质量的因素,以优质的工作、最经济的办法,提供满足用户需要的产品(服务)的全部活动。

二、任务分析

(一)全面质量管理的内容和特点

1. 全面质量管理的基本观点

(1)为用户服务的观点

这是全面质量管理思想的精髓。衡量产品质量的好坏,应以用户的评价作为标准。这就要求在全体员工中牢固树立"用户第一"的思想,不仅要求做到质量达标,而且要服务周到。同时还要倡导"下道工序就是用户"的思想,不合格的零部件不能转给下道工序,否则,就是把不合格品卖给了用户。只有这样,用户才能买着放心,用着满意。

(2)以预防为主的观点

全面质量管理要求把质量管理的重点,从"事后把关"转移到事先预防上,实行以预防为主,防检结合,贯彻以预防为主的方针。把设计、工艺、设备、操作、原材料和环境等方面可能出现的不良因素控制起来,发现问题随时解决,把不合格品消灭在它的形成过程中,真正做到"防患于未然"。

(3)以数据说话的观点

用数据说话就是用事实说话,用数据判断问题比单纯以经验判断问题要可靠得多。因此,在企业生产经营过程的各个方面,凡是能用数据说明的质量标准、质量问题,都要用数据加以反映。根据对数据的分析,找出规律,制定对策,解决各种质量问题。

(4)讲究经济效益的观点

1987年第二届世界质量会议提出"质量永远第一",贯彻"质量第一、以质量求生存、以质量求繁荣"就是要求企业全体员工,特别是领导层,要有强烈的质量意识;要求企业在确定经营目标时,首先应根据用户或市场的需求科学地确定质量目标,使企业的产品即要做到价廉物美,又要适销对路。产品质量过高,剩余的产品功能过多,不仅增加了生产成本,对用户也是多余的,而且提高了售价,减少销售量,最终将影响企业的经济效益。因此,在考虑产品质量时,必须考虑用户的要求并与生产成本、销售价格和销售利润等相联系。

2. 全面质量管理的内容

全面质量管理过程的全面性,决定了全面质量管理的内容应当包括设计过程、制造过程、辅助过程、使用过程等四个过程的质量管理。

(1)设计过程质量管理的内容

产品设计过程的质量管理是全面质量管理的首要环节,主要内容包括通过市场调查,根据用户要求、科技情报与企业的经营目标,制定产品质量目标;组织有销售、使用、科研、设计、工艺和质管等多部门参加的审查和验证,确定适合的设计方案;保证技术文件的质量;做好标准化的审查工作;督促遵守设计试制的工作程序等。

(2)制造过程质量管理的内容

制造过程是指对产品直接进行加工的过程。主要内容包括组织工艺、工序的质量控制;组织和促进文明生产;组织质量分析,掌握质量动态;组织质量检验工作,尤其要加强关键产品、关键工序的质量检验。

(3)辅助过程质量管理的内容

辅助过程是指为保证制造过程正常进行而提供各种物资技术条件的过程。主要内容包括做好物资采购供应(包括外协准备)的质量管理,保证采购质量,严格入库物资的检查验收,按质、按量、按期地提供生产所需要的各种物资;做好工具模具制造和供应的质量管理;保持设备良好的技术状态,减少生产停工时间等。

(4)使用过程质量管理的内容

使用过程是考验产品设计质量和制造质量的过程,它即是企业质量管理的归宿点,也是质量管理的出发点。主要内容包括:

①开展技术服务工作。传授安装、使用和维修技术;设立维修网点和技术服务队,做到服务上门;随机供应必要的备品、备件等;

②开展使用效果与用户要求调查。了解产品在实际使用中是否达到规定的质量标准;了解用户的使用要求和改进意见;积累用户来信来访中所提供的质量情况。

3. 全面质量管理的特点

全面质量管理是一项综合性的管理,它和企业的各项工作发生直接的关系,渗透于各项工作的全过程,需要企业的全体人员参与,其特点是:

(1)管理的过程是全面的

产品质量始于设计,成于制造,终于使用。要保证产品质量,必须把产品质量形成的全过程的各个环节的有关因素都有效地控制起来,即从市场调查、产品设计、试制、生产、检验、仓储、销售,到售后服务各个环节都实行严格的质量管理,并形成一个综合的质量管理体系。如煤矿机电设备全面质量管理,包括规划选型→签订合同→设备到位→验收→开始使用→正常维修→定时大修→达到使用寿命→报废处理,矿井机电、通风等辅助工作贯彻于生产过程之中,每个过程、环节间都是互相联系、互相制约和互相依存的,只要其中任何一个过程或环节出现质量问题,就将影响矿井安全生产,影响工程质量和产品质量。要确保产品质量和工程质量,就必须重视全过程的质量管理。

(2)管理的对象是全面的

企业各项工作的质量,最终都会影响到产品质量,全面质量管理,不仅要管理产品质量,而

207

且要管理产品质量赖以形成的工程质量和工作质量,并将三方面的综合作为管理控制的对象,用优质的工作质量和工程质量来保证产品质量。因此,必须实行全厂(矿)性管理,从抓各个部门、各项工作的工作质量入手,在改善工作质量上下功夫,通过各部门工作质量的提高,不仅可以提高产品质量,而且可以降低产品成本,以满足用户对产品的要求。

(3)管理的人员是全面的

全面质量管理的主体是企业的全体职工,而产品质量和工程质量又是工业企业素质的综合反映,这就要求企业的全体职工积极投入到各项活动中来,树立"质量管理,人人有责"的观念,产品质量和工程质量才有可靠的保证。

(4)管理的方法是灵活多样的

全面质量管理是一个综合性的管理,影响产品质量的因素异常复杂,即有生产技术因素,也有组织管理因素;即有物的因素,也有人的因素;即有自然因素,也有人们的心理、环境等社会因素。因此,全面质量管理必须建立在科学的基础上,充分地利用现代科学的一切成就,广泛灵活地运用现代化的管理方法、管理手段和技术手段,促使产品质量长期稳定地提高,以促进经济效益的不断增长。

(二)质量体系

1.质量体系的概念

质量体系是指"实施质量管理的组织机构、职责、程序、过程和资源"。包括领导职责与质量管理职能,质量机构的设置,各机构的质量职能、职责以及它们之间的纵向与横向关系,质量工作网络与质量信息传递与反馈等。质量体系表现为质量管理体系和质量保证体系两种形式。质量管理体系是供方根据本企业质量管理的需要而建立的、用于内部管理的质量体系。它根据企业特点选用若干体系要素加以组合,加强从设计研制、制造检验、销售使用全过程的质量管理活动,并予以制度化、标准化,成为企业内部质量工作的要求和活动程序。质量保证体系是从质量管理体系中根据需要派生出来的,它包括向用户提供必要保证质量的技术和管理证据。这种证据,往往以书面的质量保证文件形式提供,表明该产品或服务是在严格的质量管理中完成的,具有足够的管理和技术上的保证能力。企业为实现其所规定的质量方针和质量目标,就需要分解其产品质量形成过程,设置必要的组织机构,明确责任制度,配备必要的设备和人员,并采取适当的控制办法,使影响产品质量的技术、管理和人员的各项因素都得到控制,以减少、清除、特别是预防质量缺陷的产生,所有这些项目的总和就是质量体系。

2.质量体系标准的应用

ISO 9000 族标准的颁布,使各国的质量管理和质量保证活动统一在 ISO 9000 族标准的基础上。标准总结了工业发达国家先进企业的质量管理的实践经验,统一了质量管理和质量保证的术语和概念,并对推动组织的质量管理,实现组织的质量目标,消除贸易壁垒,提高产品质量和顾客的满意程度等产生了积极的影响,得到了世界各国的普遍关注和采用。迄今为止,它已被全世界 150 多个国家和地区采用为国家标准,并广泛用于工业、经济和政府的管理领域,有 50 多个国家建立了质量管理体系认证制度,世界各国质量管理体系审核员注册的互认和质量管理体系认证的互认制度也在广泛范围内得以建立和实施。ISO 9000 族标准适用于:

(1)通过实施质量管理体系寻求优势的组织;

(2)对能满足其产品要求的供方寻求信任的组织;

(3)产品的使用者;

（4）就质量管理方面所使用的术语需要达成共识的人们；

（5）评价组织的质量管理体系或依据 GB/T 19001 的要求审核其符合性的内部或外部人员和机构；

（6）对组织质量管理体系提出建议或提供培训的内部或外部人员；

（7）制定相关标准的人员。

三、相关知识

（一）质量管理的发展

1. 质量检验阶段（20 世纪 20—30 年代）

这是质量管理的最初阶段。这个阶段主要依靠质量检验的手段对产品进行事后检查，剔出废品，挑出次品，杜绝不合格品流入下道工序或出厂。实行事后检验，不能预防生产过程中废次品的产生。同时，对于破坏性检验和不便全数检验的产品，也无法起到把关作用。

2. 统计质量管理阶段（20 世纪 40—50 年代）

这一阶段主要运用数理统计方法，通过抽样检验手段，从产品生产过程的质量波动中找出规律性，对产生波动的异常原因事先采取预防措施，从而达到在生产工序间进行质量控制的目的。

3. 全面质量管理阶段（20 世纪 60 年代初至今）

由于科学技术的迅速发展，出现了许多大型产品和复杂的系统工程，对质量的要求大大提高，这就要求以系统的观点，全面控制产品质量形成的各个环节、各个阶段。其次，行为科学在质量管理中得到应用，其中主要内容就是重视人的作用，认为人受心理因素、生理因素和社会环境等方面的影响，不重视人的因素，质量管理就搞不好。因而在质量管理中相应地出现了"依靠工人"、"自我控制"、"无缺陷运动"和"QC 小组活动"等。此外，由于"保护消费者利益"运动的发展，迫使政府制定法律，制止企业生产和销售质量低劣、影响安全、危害健康等的劣质品，要求企业提供的产品不仅性能符合质量标准规定，而且在保证产品售后的正常使用过程中，使用效果良好，安全、可靠、经济。于是，在质量管理中提出了质量保证和质量责任问题，这就要求在企业建立全过程的质量保证系统，对企业的产品质量实行全面的管理。

质量管理的三个发展阶段是一个相互联系的发展与提高的过程。质量检查至今仍是杜绝不合格品流入下一工序和用户手中的不可缺少的质量管理环节；统计质量控制方法仍是生产过程质量控制的重要手段。

（二）ISO 9000 族标准

ISO 9000 族标准主要是为了促进国际贸易而发布的，是买卖双方对质量的一种认可，是贸易活动中建立相互信任关系的基石，符合 ISO 9000 族标准已经成为在国际贸易上需方对供方的一种最低限度的要求。我国是国际标准企业化组织的成员国，于 1992 年 5 月等同采用 ISO 9000 系列标准，以双编号的形式发布的 GB/T 19000 ~ ISO 9000 系列标准，已于 1993 年 1 月起实施。可以说，通过 ISO 9000 认证已经成为组织证明自己产品质量、工作质量的一种护照。正是由于上述原因，ISO 9000 族标准一经发布就得到世界工业界的承认，受到各国的普遍重视和欢迎，并被各国标准化机构采纳，成为 ISO 标准中推广最好、最迅速的一个标准。ISO 9000 族标准是达到技术方面世界兼容、便利跨国贸易的途径，该标准的发展为全球贸易提供了技术上的支持。

1. ISO 9000 族标准的构成

国际标准化组织（ISO）于 1987 年发布了 ISO 9000《质量管理和质量保证标准——选择和使用指南》、ISO 9001《质量体系——设计开发、生产、安装和服务的质量保证模式》、ISO 9002《质量体系——生产和安装的质量保证模式》、ISO 9003《质量体系——最终检验和试验的质量保证模式》、ISO 9004《质量管理和质量体系要素——指南》等五项标准。这五项标准的编号和名称分别是：ISO 9000 质量管理体系基础和术语；ISO 9001 质量管理体系要求；ISO 9004 质量管理体系业绩改进指南；ISO 9011 质量和（或）环境管理体系审核指南；ISO 10012 测量控制系统。其中，ISO 9000、ISO 9001、ISO 9004 和 ISO 19011 四项标准共同构成了一组密切相关的质量管理体系标准，称为 2000 年版 ISO 9000 族的核心标准。

ISO 9000 系列标准在一定程度上把全面质量管理的基本内容用标准化的形式反映出来，使之更加系统化、规范化、标准化。按该标准对产品质量进行鉴定考察，不仅要考察产品的技术参数、技术性能，同时还包括产品的生产过程、企业的管理程序、办公室作风、全体员工对工作质量的"承诺"、企业最高管理层对质量所负的全面责任，以及顾客的满意程度等。

2. ISO 9000 族标准简介

（1）GB/T 19000—2000《质量管理体系　基础和术语》（idt ISO 9000：2000）：该标准规定了质量管理体系的术语和基本原理。

（2）GB/T 19001—2000《质量管理体系　要求》（idt ISO 9001：2000）：该标准应用了以过程为基础的质量管理体系模式的结构，鼓励企业在建立、实施和改进质量管理体系及提高其有效性时，采用过程方法，以满足顾客要求，增强顾客满意度。过程方法的优点是对质量管理体系中诸多单个过程之间的联系及过程的组合和相互作用进行连续的控制，以达到质量管理体系的持续改进。

（3）GB/T 19004—2000《质量管理体系　业绩改进指南》（idt ISO 9004：2000）：该标准以八项质量管理原则为导向，帮助企业用有效和高效的方式识别并满足顾客和其他相关方的需求和期望，实现、保持和改进组织的整体业绩，从而使组织获得成功。

标准还给出了自我评定和持续改进过程的示例，用于帮助组织寻找改进的机会；通过五个等级来评价组织质量管理体系的成熟程度；通过给出的持续改进方法，提高组织的总体业绩并使相关方受益。

（4）ISO 19011：2000《质量和（或）环境管理体系审核指南》：该标准为质量和环境管理体系审核的基本原则、审核方案的管理、环境和质量管理体系审核的实施以及对环境和质量管理体系审核员的资格要求提供了指南。它适用于所有运行质量（或）环境管理体系的企业，指导其内审和外审的管理工作。

ISO 9000 质量体系是一个全员参与、全面控制、持续改进的综合性质量管理体系，其核心是以满足客户的明确的或隐含的质量要求为标准。

3. ISO 9000 认证程序

（1）质量认证的含义

国际标准化组织在 ISO 9000：1994 指南中，将"认证"称为合格认证（简称认证），并定义为"为确信产品、过程或服务完全符号有关的标准或技术规范而进行的第三方机构的证明括动"。认证的对象涵盖产品质量认证和质量体系认证两个方面。

①产品质量认证。产品质量认证是由公正的第三方依据产品标准和相应技术要求，对产

品质量进行检验、测试、确认,并通过颁发认证书和准许使用认证标志的方式来证明某产品符号相应标准和相应技术要求的活动。

②质量体系认证。企业质量体系认证是指依据一定的标准和要求,由认证机构对企业质量体系进行审核、评定,确认符合标准和要求时由认证机构向企业颁发认证证书,以证明企业质量体系符号相应要求的活动过程。企业质量体系认证的对象是企业,因而企业质量体系认证的效力仅及于企业,而不是企业的产品。也就是说,获得质量体系认证证书的企业,无权在其产品上使用产品质量认证标志。企业要想在其产品上使用产品质量认证标志,需要申请产品质量认证并获得批准。由于认证制度已在世界上许多国家,尤其是先进发达国家实行,各国的质量认证机构都在努力通过签定双边的认证合作协议,取得彼此之间的相互认可。

（2）ISO 9000 认证程序

为保证质量体系认证的公正性和权威性,国际标准化组织规定了统一标准,用来指导和统一各国认证机构的工作。我国也制定了质量体系认证实施程序规则,对质量体系认证工作做了规定。质量体系认证的一般程序为:

①供方填写质量认证申请表,向认证机构提出认证申请。

②认证机构审阅供方的认证申请资料后,通知供方是接受还是拒绝、推迟申请。如拒绝申请,应讲清理由;若推迟申请应及时通知供方;如接受申请,认证机构就可对供方作出非正式访问,目的在于了解供方的基本情况来确定评审小组的技术专家的类型。

③认证机构提出关于认证费用的估价,这个费用估价供方应考虑能否接受。若不能接受,供方应撤销申请;若能接受,则供方准备质量手册及质量体系补充附件。

④认证机构审查文件,判断是否合格,对不符合要求的,应通知供方进行修正和补充。

⑤供方做好检查准备。

⑥认证机构确定检查时间,按时进行现场评审。

⑦现场评审。现场评审有两种结果,一种是检查合格,认证机构批准注册;另一种是不合格,则供方应调整体系并通知检查机构确定复查时间再进行现场评审。若行,可注册合格;若不行,供方仍要按上述程序调整质量体系,直到合格为止。

⑧批准注册。认证机构根据评审组的推荐,确认供方质量体系满足要求,即可批准注册,并颁发证书或可使用认证规定的标志。

⑨监督。质量认证注册的有效期一般为 3 年,在有效期内认证机构每年应派监督员去供方现场访问,一般 2～4 次,并且供方也必须按期作内部质量体系审核。

⑩注册到期重新评定。每隔 3 年,供方的质量体系应作一次重新评定。

4. 质量体系认证国际承认制度

应发展中国家的要求, ISO 理事会批准建立国际承认体系制度,并为此成立了"质量体系评定和承认特别委员会（QSAR）"。QSAR 国际承认体系的建立,意味着如果一个供应商的质量管理体系在 ISO/IEC—QSAR 系统中的某个认证/注册机构被注册,那么,无论这个注册机构、这个供应商以及其顾客的地理位置是在世界的任何方位,其顾客都要承认这一注册的有效性。我国于1998 年 1 月首批签署 IAF 互认协议后,就已实现与签约国的认证证书互认;1998 年 8 月又签署 IATCA 互认协议,实现了与签约国注册人员的资格互认。此后,一些较有影响的国际机构和外国的认证机构按照自己的认证标准,也对向其申请认证并经认证合格的我国国内生产的产品颁发其认证标志。如国际羊毛局的纯羊毛标志,美国保险商实验室的 UL 标志等。

四、任务实施

（一）质量数据

1. 质量管理中的数据

质量数据是指某质量指标的质量特性值。狭义的质量数据主要是产品质量相关的数据，如不良品数、合格率、直通率、返修率等。广义的质量数据指能反映各项工作质量的数据，如质量成本损失、生产批量、库存积压、无效作业时间等。

2. 质量特性的波动原因及正态分布

（1）质量特性的波动原因

产品加工即使在完全相同的工艺技术条件下，所生产出来的产品也不会是完全一样的，其产品质量总是在一定范围内波动，这就是所谓产品质量特性的波动性。造成产品质量波动的因素很多，如操作者、机器、原材料、方法、环境等，但归纳起来可概括为两类原因，即正常原因和异常原因。

①正常原因。正常原因又称随机原因或偶然原因，是指生产过程中大量存在的且对产品质量经常起作用的固有影响因素。如机床的微小震动，刀具的正常磨损，操作和成分的微小差异，测试手段的微小误差等。这类因素很多，其大小和作用方向是随机的，不易识别，难以控制。它们对质量特性值波动的影响较小，且使质量特性值的波动呈现典型的分布规律（如正态分布、二项分布、泊松分布）。这反映出产品质量特性分布具有规律性，表明生产过程处于控制状态。

②异常原因。异常原因是指生产过程中存在的，对产品质量不经常起作用的影响因素。如刀具过度磨损，材质不符，工人违规操作，夹具严重松动等。这类因素较少，对产品质量影响很大，一旦生产过程中存在这类因素，就必然使产品质量发生显著变化，使质量特性值的波动不呈典型的分布规律，使工序处于失控状态。但在一定的技术条件下，这类原因是可以采取措施加以消除和避免的，所以这类原因又叫可避免的原因或系统性原因。

应该看到，以上两类原因的划分是相对的。随着科学技术的发展，对产品的质量要求日益提高，正常原因也可能转变为异常原因。质量控制的任务就是加强对异常原因的预测和控制并及时加以消除，以保证产品质量提高。

（2）质量特性波动的正态分布

由频数表资料所绘制的直方图7.1（a）可以看出，高峰位于中部，两边低，呈左右基本对称分布，一般表明生产质量处于稳定状态。我们设想，如果观察例数逐渐增多，组段不断分细，直方图顶端的连线就会逐渐形成一条高峰位于中央（均数所在处），两侧逐渐降低且左右对称，不与横轴相交的光滑曲线，如图7.1（c）所示。这条曲线称为频数曲线或频率曲线，由于频率的总和为100%或1，故该曲线下横轴上的面积为100%或1。

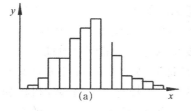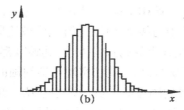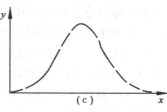

图7.1 频数分布逐渐接近正态分布示意图

为了应用方便,常对正态分布变量 X 作变量变换

$$u = \frac{X - \mu}{\sigma} \tag{7.1}$$

该变换使原来的正态分布转化为标准正态分布,亦称 u 分布。u 被称为标准正态变量或标准正态离差。

(二)质量管理的统计控制方法

质量管理统计控制的方法很多,大致分为 3 类:常用的统计控制方法、中级统计控制方法、高级统计控制方法。如何确定和正确应用现代统计方法,是一项极其重要的工作,应建立选择和应用统计方法的文件程序。在此重点介绍质量控制中常用的几种统计方法。

1. 排列图法

排列图又称主次因素分析图或帕累托图,它是定量找出影响产品质量的主要问题或因素的一种简便有效的方法。意大利经济学家巴雷特用来分析社会财富的分布状况时,发现了"关键的少数和次要的多数"的规律。这一法则后来被广泛应用于各个领域,并被称为 ABC 分析法。美国质量管理专家朱兰博士把这一法则引入质量管理领域,成为寻找影响产品质量主要因素的一种有效工具。

排列图由两个纵坐标、一个横坐标、几个表示影响产品质量大小的直方形和一条累计百分率曲线所组成,如图 7.2 所示。

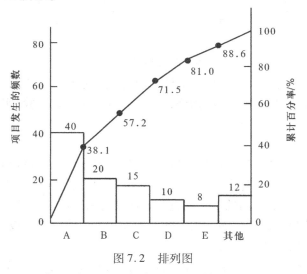

图 7.2　排列图

排列图横坐标表示影响产品质量的因素或项目,按其影响程度由大到小依次排列;左纵坐标表示频数(影响程度)、件数、金额、工时等;右纵坐标表示累计百分率;直方块的高度表示该因素或项目频数,即影响程度;累计百分率曲线表示各影响因素影响程度比重的累计百分率,称为帕累托曲线。分析时,一般把影响因素分为三类:0 ~ 80% 为 A 类因素,称为主要因素;80% ~ 90% 为 B 类因素,称为次要因素,90% ~ 100% 为 C 类因素,称为一般因素。主要因素找到后,影响产品质量的问题即可加以解决。

2. 因果分析图法

因果分析图又称特性因素图、树枝图或鱼刺图,是用来寻找某种质量问题可能原因的一种有效方法。在生产过程中影响产品质量问题的原因大致可分为六个方面:材料、工艺、操作者、

设备、测量和环境。这六大原因又可进一步划分为若干中原因,每个中原因又可分若干小原因。通过层层分析,直到找出最根本的原因并采取措施加以解决。因果分析图由质量问题和影响因素两部分组成,图中主干箭头指向质量问题,主干枝上的大枝表示影响因素的大分类,一般为操作者、设备、物料、方法、环境等因素,中枝、小枝、细枝等表示诸因素的依次展开,构成系统展开图。图 7.3 为某机修厂对机加工产生的废品作出的因果分析图。

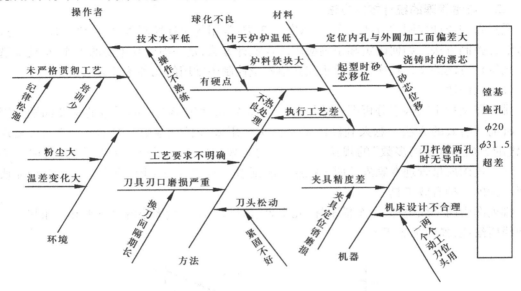

图 7.3　因果分析图

作因果图时应注意,原因的细分应以能够采取措施为原则。主要原因可采用排列图法、评分法确定。找出主要原因后,确定解决措施,措施实施后,应进行实验,实验后仍可继续用排列图法检查结果。

3. 直方图法

直方图又叫质量分析图,是通过对质量数据的加工整理,从而分析和掌握质量数据的分布情况和用于工序质量控制的一种质量数据分析方法。它是把从工序收集来的质量数据分成若干组,以组距为底边,以频数为高的一系列直方形连接起来形成的图形。适用于对大量计量值数据进行整理加工,找出其统计规律。主要图形为直角坐标系中若干按顺序排列的矩形,各矩形底边相等,为数据区间。矩形的高为数据落入各相应区间的频数。

在相同的工艺条件下,加工出来的产品质量不会完全相同,总在一个范围内变动。这样可以将一定的抽样分成若干组,按其顺序分别在坐标上画出一系列的直方形,并将直方形连起来,用来观察图的形状,判断生产过程的质量是否稳定,即通过观察质量数据波动的规律来了解产品总体质量波动的情况。

4. 控制图法

控制图又称管理图,是指用画有控制界限的图表反映生产过程中的运动状况,并据此分析判断生产工序质量是否稳定,有没有异常原因,以预防废、次品产生的一种有效工具,也是工序质量控制的主要手段。

控制图上有三条线,上面一条叫控制上限线,下面一条叫控制下限线,中间一条叫中心线。将被控制的质量特性值变为点描在图上,如果点落在上、下控制界限内,而且点的排列没有异常状况,就判断生产过程处于控制状态;否则,就认为生产过程中存在异常因素,必须查明并予以消除。因此,控制图中的控制界限就是判明生产过程是否存在异常因素的基准。它是根据数理统计学的原理计算出来的,用"比法"或叫"三倍标准偏差法"来确定控制界限,即把中心线描在控制对象的平均值上,然后以中心线为基准向上量三倍标准偏差就确定了控制上限,向下量三倍标准偏差就确定了控制下限,如图7.4所示。

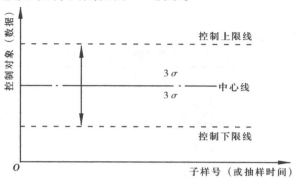

图7.4　三倍标准偏差法控制

5. 相关图法

相关图法又称散布图法或散点图法。在质量控制中它是用来分析研究两种质量数据之间关系的一种图形。质量数据之间的关系多属相关关系,一般有三种类型:一是质量特性和影响因素之间的关系;二是质量特性和质量特性之间的关系;三是影响因素和影响因素之间的关系。

我们可以用 y 和 x 分别表示质量特性值和影响因素,将数据列出,并且用点填在坐标纸上绘制相关图,计算相关系数,分析研究两个变量之间是否存在相关关系,以及这种关系密切程度如何,进而对相关程度密切的两个变量,通过对其中一个变量的观察控制,去估计控制另一个变量的数值,以达到保证产品质量的目的。这种统计分析方法,称为相关图法。相关图法在企业中经常遇到。如磨床砂粒度数与被磨削零件表面光洁度的关系;纱线强力与捻度间的关系;喷漆时漆料粘度与温度的关系等,都可以用相关图来观察和分析。

6. 分层法

分层法又称分类法,就是把收集到的原始质量数据,按照一定的目的和要求加以分类整理,以便分析质量问题及其影响因素的一种方法。分层的目的是通过分组把性质相同、在同一条件下收集的数据归集成一类,从而使数据反映的事实、原因、责任等暴露得很清楚,以便于找出主要问题,采取必要的措施加以解决。因此,在分层时,应使一层内的数据波动幅度尽可能小,而各层之间的差别则尽可能大,这是应用分层法进行质量问题及其影响因素分析的关键。

根据分析的目的不同,分层法通常按以下标志进行分层:按操作人员分层;按不同时间分层;按使用设备分层;按使用原材料分层;按检测方法分层;按生产环境分层;按其他标志分层。

7. 调查表法

调查表又称检查表或统计调查分析表,它是利用统计图表进行数据搜集、记录并归纳、整理,粗略分析影响产品质量原因的一种统计调查方法。具体的做法是,针对具体生产作业现场,事先设计出调查表,每检查一个产品后,在调查表内相应的格子做一标记。调查表的填写者既可以是检查员,也可以是操作员,并与生产过程一起进行,以便及时掌握质量分布状况和不合格品出现的情况,随时调整生产过程,使其处于正常的生产状态。

企业常用的调查分析表有:缺陷部位调查表、不良项目调查表、不良原因调查表、过程分布调查表。它在质量管理中常与分层法配合使用。

五、任务考评

有关任务考评的内容见表7.1。

表7.1 任务考评内容及评分标准

序 号	考评内容	考评项目	配 分	评分标准	得 分
1	质量管理	质量管理的发展	10	错一项扣3分	
2	质量管理	质量管理的统计控制方法	30	错一项扣4分	
3	全面质量管理	全面质量管理的特点	20	错一项扣5分	
4	ISO 9000 族标准	ISO 9000 族标准的构成	20	错一项扣4分	
5	ISO 9000 族标准	ISO 9000 认证程序	20	错一项扣2分	
合 计					

复习思考题

7.1　什么是质量管理和全面质量管理?

7.2　全面质量管理的基本观点是什么?

7.3　全面质量管理的内容和特点是什么?

7.4　ISO 9000 的主要标准有哪些?

7.5　ISO 9000 的认证程序分为哪几个阶段?

7.6　质量特性的波动原因有哪些?

7.7　质量管理常用的统计控制方法有哪几种?

任务 2 矿用产品认证程序及现代设备管理

> 知识点：◆ 矿用产品安全标志
> ◆ 矿用产品取证程序
> ◆ 现代设备管理技术
>
> 技能点：◆ 掌握矿用产品安全标志认证程序
> ◆ 能组织完成现场评审工作

一、任务描述

我国实行煤矿矿用产品安全标志准入制度。1990 年国家安全监管总局、国家煤矿安全监察局的成立，加大了煤矿矿用产品安全标志管理制度的执行力度，安全标志申办单位和发放数量呈逐年增多态势，使游离于国家监管体系之外的无证厂家和产品愈来愈少。目前，安全标志管理制度已经由煤矿延伸到金属与非金属矿山，由矿用产品拓展到劳动保护用品。矿用产品安全标志的取证程序分为四种：即已定型产品、非定型产品、新产品和进口产品。现场评审是矿用产品安全标志取证的主要程序。

二、任务分析

（一）矿用产品安全标志的发展过程

1990 年，原能源部下发了能源技字〔1990〕690 号文《关于煤矿用设备、材料、仪器仪表执行安全标志的通知》，决定对煤矿矿用设备、材料、仪器仪表等产品执行安全标志管理制度，并下发了《煤矿用设备、材料、仪器仪表专用安全标志管理办法》和《煤矿用设备、材料、仪器仪表类产品第一批执行安全标志产品目录》。

1992 年，煤矿矿用产品安全标志管理制度作为煤矿安全管理的一项重要措施写入《煤矿安全规程》，明确规定："涉及煤矿井下安全的产品，必须有安全标志。"

1999 年至 2001 年，原国家经贸委、国家煤矿安全监察局、国家煤炭工业局多次下发文件，重申继续对煤矿矿用产品实施安全标志管理制度，强调煤矿用产品必须实施安全标志管理。

2002 年，安全标志管理制度写入《安全生产法》。《安全生产法》第三十条规定："生产经营单位使用的涉及生命安全、危险性较大的特种设备，以及危险物品的容器、运输工具，必须按照国家有关规定，由专业生产单位生产，并经取得专业资质的检测、检验机构检测。检验合格，取得安全使用证或者安全标志，方可投入使用。"

2003 年，《国务院关于取消第二批行政审批项目和改变一批行政项目管理方式的决定》（国发〔2003〕5 号）将煤矿矿用产品安全标志管理正式作为国家安全生产监督管理局管理的行政审批项目对外予以公告，同时取消了煤矿矿用产品的生产许可证制度。同年，国家安全监管局、国家煤矿安全监察局发布的第 5 号令《煤矿安全生产基本条件规定》中明确规定：属于煤矿安全标志管理目录内的矿用产品应有安全标志。

2004 年，国家安全监管局、国家煤矿安全监察局发布的《煤矿企业安全生产许可证实施办法》将煤矿使用的纳入安全标志管理的矿用产品必须取得安全标志作为煤矿取得安全生产许可证的基本条件之一。《煤矿安全规程(2004版)》进一步强化了安全标志管理制度的重要地位。

2005年,国家安全监管总局、国家煤矿安全监察局下发的《煤矿重大安全生产隐患认定办法(试行)》(安监总煤矿字〔2005〕133号)规定:使用未按规定取得安全标志的矿用产品,认定为重大安全生产隐患,应当立即停止生产。国家安全监管总局《关于金属与非金属矿山实施矿用产品安全标志管理的通知》(安监总规划字〔2005〕83号)正式将矿用产品安全标志管理制度推广到金属与非金属矿山。

2006年9月12日,安标国家矿用产品安全标志中心(以下简称安标国家中心)正式成立。安标国家中心的成立,标志着安全标志工作步入法制化、规范化的新阶段,安全标志管理制度将在安全生产中发挥越来越重要的作用,将极大地推动安全标志事业的发展,将成为安全标志发展历史上的一个重要里程碑。目前,安全标志管理制度已经由煤矿延伸到金属与非金属矿山,由矿用产品拓展到劳动保护用品。安标国家中心(矿用产品安全标志办公室)根据国家安全生产监督管理总局的授权,负责矿用产品安全标志的审核、发放和发放后的监督管理。

(二)矿用产品安全标志取证程序

为科学、有效开展矿用产品安全标志工作,根据生产实际,矿用产品安全标志取证程序分以下四种程序。

1.已定型产品安全标志取证程序

已定型产品或安全标志有效期满需换证的产品取证安全标志的程序,主要包括:申请、技术审查、现场评审、产品抽样检验、综合审查。符合条件的,发放有效期为2~4 a的安全标志证书。

2.未定型产品安全标志取证程序

未定型产品取证安全标志的程序,主要包括:申请、技术审查、定型检验、现场评审、产品抽样检验、综合审查。符合条件的,发放有效期为2~4 a的安全标志证书。

3.新产品安全标志取证程序

采用新材料、新技术和新工艺生产的新产品需进行工业性试验的,取证安全标志的程序,主要包括:申请、技术审查、产品检验、综合审查。符合条件的,针对所检验的产品发放附有产品编号、有效期为6个月的安全标志证书。

4.进口产品安全标志取证程序

详见《进口矿用产品安全标志管理细则》。

三、相关知识

现代设备管理技术包括设备管理系统工程、计算机辅助设备管理及国外先进的设备管理模式。

(一)设备管理系统工程

设备管理系统工程从管理的范围来说,包括机器设备、装置、器械等各类设备的管理,即生产设备的管理;从管理的内容来说,包括从设备的选购、验收、安装调试、使用、维护与修理、更新改造,直到报废等各个环节的管理,即设备的物质形态全过程的技术管理和设备的最初投资,设备的折旧,维修费用的支出,设备更新、改造资金的筹措、积累、支出的管理,即设备的价值运动形态全过程的经济管理。

1.设备管理系统工程的任务

企业设备管理系统工程的主要任务是通过对设备进行综合管理,保持设备完好,不断改善和提高企业技术装备水平,充分发挥设备的效能,取得良好的投资效益。

2.设备管理系统工程的内容

设备管理系统工程本质上是设备寿命运动的全过程管理,即从设备的评价选择、日常管理、使用维护、检查修理到改造更新全过程的管理工作。设备的选择和使用、设备的维护和维修、设备的改造与更新,是设备管理系统工程的主要内容。

（二）计算机辅助设备管理

计算机辅助设备管理是指利用计算机和网络技术,通过建立数据库实现设备寿命周期全过程质量信息的集成化管理。利用这样一个系统,能方便快速地收集、存储和传递设备寿命周期全过程的各种质量信息,能准确高效地应用各种数理统计方法对质量信息进行加工管理,还能使各类人员方便地检索所需要的信息。

1.系统应具备的功能模块

（1）质量计划模块。质量计划模块包括设备质量计划、质量检测计划和质量管理计划。

（2）质量数据采集与管理。该模块包括过程质量检验管理、营销质量管理、外协配套件及外协配套商质量管理,质量成本数据采集等子功能模块。

（3）质量评价与控制。该模块包括过程质量分析与控制、外协质量评价与控制、营销质量评价与控制、工作质量评价与控制的子功能模块。

（4）设备管理。该模块包括质量体系管理、质量分析工具管理、市场及技术信息管理、计量器具及人员管理和设备质量管理等子功能模块。

（5）系统总控制模块。系统总控制模块包括用户帮助、数据备份与恢复、用户权限管理、用户口令更改控制、CIMS接口及基础信息管理等功能模块。

2.系统的开发

质量信息系统开发的方法很多,比如生命周期开发方法、模型驱动开发方法、快速原型开发方法、商业软件包法以及综合开发方法等。下面仅简要介绍生命周期开发方法。

（1）生命周期法的开发阶段

①项目开发准备阶段。这一阶段主要是对当前存在问题的分析,提出应该采取的解决措施和系统要达到的目标;

②需求分析与决策分析阶段。这一阶段是要确定新系统要实现的功能,开发这样的系统是否有必要以及企业是否有能力开发,并最终做出开发与否的决策;

③设计阶段。设计阶段是按照给定的信息系统方案,设计目标系统;

④系统构造阶段。这一阶段是按照已设计好的目标系统创建并测试信息系统;

⑤实现阶段。实现阶段是把创建好的信息系统在企业中实际运行;

⑥运行维护阶段。是指对实际运行的系统进行维护,如修复系统中出现的问题、执行数据的备份和恢复等。

（2）生命周期法的主要特点

①自顶向下的设计,强调系统的整体性;

②严格按阶段进行,各阶段前后衔接,前一个阶段的结束就是后一个阶段的开始;

③工作文档规范、标准,可以作为开发人员和用户共同的语言和依据;

④系统模块化,对需求分析特别重视,强调阶段成果的审定。

(三)国外设备管理模式简介

1.后勤工程学

美国于 20 世纪 60 年代首先提出了后勤工程学的观点,并定义为:涉及保障目标、计划、设计和设施的各项要求,以及与资源供应与维持等相关的管理、工程与技术的艺术与科学。强调对设备的系统管理,同时提出设备寿命周期费用最经济的目标及可靠性、维修性设计的问题,后勤工程学中阐述的观念已超出传统设备管理的范畴,开始把设备的寿命周期作为研究和管理的对象,是现代设备管理理论的萌芽。

2.设备综合工程学

设备综合工程学又称设备综合管理学,是在 1971 年由英国人戴尼斯·巴库斯提出的一门新兴的设备综合管理学科。它是从系统观点出发,对设备实行全面管理,以降低设备寿命周期费用为目的的综合性科学。它有 5 个基本要点:

(1)把设备寿命周期费用作为评价设备管理效果的重要经济指标,追求最低的设备寿命周期费用。

(2)把设备的技术、经济、管理等方面的因素综合起来进行全面的研究。

(3)它强调设备的可靠性、可修性设计分析。

(4)把设备作为一个整体系统来研究,对设备实行全过程的管理,即将系统中的方案研究、设计、制造、安装、调试、使用、维修、改造、更新等各个环节作为子系统,运用系统的观点和方法对设备整个寿命周期进行研究。

(5)加强关于设计、使用和费用的信息反馈的管理。

3.全员生产维修

(1)全员生产维修的概念

全员生产维修简称 TPM。它是日本以美国的预防维修为维修业务主体,吸取英国设备综合工程学的主要观点,学习我国《鞍钢宪法》"两参一改三结合"这一群众参加的管理办法,总结本国全面质量管理(TQC)和无缺陷运动(ZD)等实践经验,逐步发展完善起来的设备管理和维修制度。从 1971 年起,日本设备工程协会对 TPM 下的定义是:

①以把设备的综合效率(全效率)提到最高为目标;

②建立以设备一生为对象的设备维修系统(全系统);

③涉及到设备的计划、使用、维修等所有部门;

④从最高领导到第一线工人全体成员都参加;

⑤加强设备维修思想教育,开展小团体自主活动。

(2)全员生产维修的特点

TPM 的定义包括三方面的含义,即全效率、全系统、全员参加,简称"三全"。

(3)全员生产维修的内容:

①划分重点设备、进行重点维护和修理;

②重点设备也不是"终身制",可根据生产任务、产品性能、设备效率、维修费用等因素的变动情况,每年在适当时候进行调整;

③狠抓故障修理,减少设备停歇时间;

④以点检为重点,以预防性检查为核心进行设备维修工作;

⑤制定维修标准,健全维修记录,开展平均故障间隔分析;

⑥明确维修目标,加强维修工作的经济评价;

⑦推行6S现场管理法。6S是指"整理、整顿、清扫、清洁、素养、安全",这6个词的英文开头都是"S",故简称6S。开展好6S活动即是搞好全员设备维修的重要保证,也是搞好企业管理的一项十分重要的基础工作。

4.设备综合管理

德国的设备综合管理以"一体化"和"综合"的观点研究设备寿命周期中的经济问题。从财务管理及投资分析的目的出发,综合管理强调对设备费用的构成研究,并应用盈亏分析、投资收益分析以及投资经济计算法对相关费用进行分析、计算。

在德国的设备综合管理中包括前期和实物管理及资产和信息管理两部分内容。前者涉及设备的筹措、使用、维修、技改、退役及再利用、更新;后者则与设备的投资核算、设备核算、资料及数据管理等内容有关。

四、任务实施

(一)矿用产品安全标志取证工作流程

1.已定型产品安全标志取证工作流程

(1)申请材料。填写《矿用产品安全标志申请书》,并附下列材料:营业执照复印件;产品技术文件,包括标准、图纸、主要零部件(元)及重要原材料明细表、使用说明书等;产品照片等其他相关文件。

(2)初审。矿用产品安全标志办公室(以下简称安标办)对申请材料进行初审,对申请材料齐全,符合初审要求的,向申请单位发出《矿用产品安全标志受理通知书》。

工作期限:5个工作日内完成。

(3)技术审查。安标办组织技术审查专家依据《矿用产品安全标志技术审查细则》的要求,对产品进行技术审查,并出具《技术审查报告》。技术审查不合格的应按要求进行整改。

工作期限:自发受理通知书之日起20个工作日内,完成技术审查工作。对技术审查合格的,向申请单位提供经确认的技术文件,并向申请单位发出《矿用产品安全标志现场评审通知书》;技术审查不合格的限60 d内完成整改,逾期未完成整改或整改后仍不合格的终止本次安全标志取证。

(4)申请单位消化技术文件。根据安标办确认的技术文件及要求,申请单位应消化技术文件,并按确认的技术文件组织生产。

工作期限:申请单位自收到确认的技术文件后,15 d内完成技术文件消化。

(5)现场评审。安标办依据《矿用产品安全标志现场评审细则》的要求,组织安全标志评审组对申请单位的主体资格、技术力量、生产设备、检测设备和管理体系等进行现场评审。评审结束后,评审组向安标办提交《安全标志现场评审报告》。

工作期限:安标办自下发《矿用产品安全标志现场评审通知书》之日起15 d内,制订现场评审计划,下发《矿用产品安全标志现场评审任务书》。评审组自接到《矿用产品安全标志现场评审任务书》之日起30个工作日内完成现场评审任务。现场评审不合格的,限90 d内完成整改,逾期未完成整改或整改后仍不合格的,终止本次安全标志的取证。现场评审结束后7 d

内,评审组向安标办寄送《安全标志现场评审报告》。

(6)产品抽样、检验。安标办依据《矿用产品安全标志抽样检验细则》的要求,发出《矿用产品安全标志抽样检验通知书》,组织人员对申请安全标志的矿用产品进行抽样;向检测检验机构发出《矿用产品安全标志抽样检验委托书》,委托国家安全生产监督管理总局(国家煤矿安全监察局)授权的安全生产检测检验机构对抽样产品进行检验。检验结束后,检验机构向安标办提交《检验报告》。

工作期限:自产品封样之日起 15 d 内,申请单位应向检验机构寄送样品。检验机构自收到样品之日起 45 个工作日内完成样品检验。产品检验不合格的,限 90 d 内完成整改,逾期未完成整改或整改后仍不合格的,终止本次安全标志的取证。检验机构自完成检验之日起 5 个工作日内,向安标办寄送《检验报告》及相关技术文件。

(7)综合审查、发放安全标志证书、公告。安标办在初审、技术审查、现场评审、产品抽样检验的基础上,对产品进行综合审查。符合条件的,发放安全标志证书,报国家安全生产监督管理总局、国家煤矿安全监察局和申请单位所属地区省级安全生产监督管理局或煤矿安全监察机构备案,并予以公告。

工作期限:自收到《安全标志现场评审报告》(包括整改报告)及《检验报告》之日起 5 个工作日内完成综合审查。

(8)省局备案。申请单位取得煤矿矿用产品安全标志后,应向所属地区省级煤矿安全监察机构备案;取得其他矿用产品安全标志或未设省级煤矿安全监察机构的地区取得煤矿矿用产品安全标志的申请单位应向省级安全生产监督管理局负责部门备案。备案应提交申请单位营业执照复印件、取得的安全标志证书复印件、获证产品汇总表、产品标准、产品使用说明书、产品照片等相关技术材料。

工作期限:申请单位取得安全标志后的 30 d 内。

2. 未定型产品安全标志取证工作流程

与已定型产品取证工作流程相同。

3. 新产品安全标志取证工作流程

(1)申请材料。填写《矿用产品安全标志申请书》,并附下列材料:营业执照复印件;产品技术文件,包括标准、图纸、主要零部件(元)及重要原材料明细表、使用说明书等;产品照片等其他相关文件。

(2)初审。安标办对申请材料进行初审,对申请材料齐全,符合初审要求的,向申请单位发出《矿用产品安全标志受理通知书》。

工作期限:5 个工作日内完成。

(3)技术审查与产品检验。安标办组织技术审查专家依据《矿用产品安全标志技术审查细则》的要求,对产品进行技术审查。委托国家安全生产监督管理总局、国家煤矿安全监察局授权的安全生产检测检验机构,依据《矿用产品安全标志抽样检验细则》的要求,对申请产品逐批(台)进行检验。对技术审查和检验结果出具《技术审查报告》和新产品《检验报告》。技术审查或产品检验不合格的应按要求进行整改,并重新进行审查或检验。

工作期限:自发出《矿用产品安全标志受理通知书》之日起 10 个工作日内完成技术文件的初审,向相关检测检验机构发出《矿用产品安全标志技术审查及检验委托书》,向申请单位发出《矿用产品安全标志技术审查及样品检验通知书》。申请单位自收到《矿用产品安全标技术审查及样品检验通知书》之日起 15 d 内寄出样品。检验机构自收到样品之日起 45 个工作日内完成相关技术审查与样品检验。技术审查及样品检验合格的,检验机构自完成检验之日起 5 个工作日内向安标办寄送《检验报告》及相关技术文件;对于技术审查或检验不合格的应进行整改,自发出《矿用产品安全标志受理通知书》之日起 180 d 内未完成整改或整改后仍不合格的,终止本次安全标志的取证。

（4）综合审查、发放安全标志证书、公告。安标办在初审、技术审查、产品检验的基础上,对产品进行综合审查,符合条件的发放安全标志证书,报国家安全生产监督管理总局、国家煤矿安全监察局和申请单位所属地区省级安全生产监督管理局或煤矿安全监察机构备案,并予以公告。

工作期限:自完成《技术审查报告》并收到《检验报告》之日起 5 个工作日内完成综合审查。

（二）矿用产品安全标志现场评审

现场评审是指通过对申请单位的生产过程和生产管理的检查、取证、考核,确认申请单位是否具备生产安全标志管理产品资格的活动。重点评审申请单位生产所申请的产品能否持续、稳定地符合现行国家标准、行业标准及矿山安全有关规定的能力。

1. 现场评审的组织工作

现场评审工作由安标办负责。评审组由在安标办注册的评审员及聘用的技术专家组成,实行组长负责制。评审组原则上应在接到安标办下达的现场评审任务书之日起的 30 个工作日内完成评审工作。评审单一品种产品时,评审组一般为 2 ~ 3 人;多个品种时,根据实际情况确定。评审工作时间一般为 2 ~ 3 d。省级安全生产监督管理局或省级煤矿安全监察机构负责部门可派 1 名监察员,监督现场评审工作。

2. 现场评审的主要内容

（1）主体资格（注册资金、生产场所、技术力量等）。

（2）技术文件（产品标准、图纸、设计文件、工艺文件等）。

（3）生产设备（生产能力、设备状况、工艺装备等是否合格）。

（4）计量器具（配置及管理状况等）。

（5）检验设备（入厂检验、生产过程检验、出厂检验等）。

（6）管理体系及制度（采购、生产、技术、检验、产品安全性能控制等）。

（7）产品主要零（元）部件及重要原材料的控制与管理。

（8）其他涉及产品安全性能的影响因素。

五、任务考评

有关任务考评的内容见表7.2。

表7.2　任务考评内容及评分标准

序　号	考评内容	考评项目	配　分	评分标准	得　分
1	现代设备管理技术	全员生产维修的内容	20	错一项扣3分	
2	现代设备管理技术	设备管理系统工程的任务与内容	10	错一项扣5分	
3	矿用产品安全标志	矿用产品安全标志取证程序	20	错一项扣5分	
4	矿用产品安全标志	新产品安全标志取证工作流程	20	错一项扣5分	
5	矿用产品安全标志	矿用产品安全标志现场评审的主要内容	30	错一项扣4分	
合　计					

复习思考题

7.8　矿用产品安全标志取证程序有哪些种类?

7.9　已定型产品安全标志取证程序有哪些工作流程?

7.10　矿用产品安全标志现场评审有哪些主要内容?

7.11　设备管理系统工程有哪些主要内容?

7.12　全员生产维修有哪些主要内容?

7.13　计算机辅助设备管理系统应具备哪些功能模块?

学习情境 8
技能实训

技能实训 1　设备资产管理

一、实训目的

1. 了解设备资产编号的有关规定。
2. 掌握设备资产分账与总账制表格式。
3. 探讨设备资产管理的有效措施。

二、实训要求

1. 在矿山机械实训基地、学校实习工厂或模拟矿井进行。
2. 了解设备编号的标准、格式及资产统计要求。
3. 会建立设备资产分账与总账。
4. 会编制设备资产管理措施。
5. 编写实训报告。

三、实训内容

1. 统计设备型号、技术参数及数量。
2. 建立标准设备编号。
3. 建立设备资产分账与总账。
4. 探讨设备资产的管理措施。

四、实训考核

表8.1　建立设备资产台账实训考核表

序　号	实训内容	考核标准	实际得分	备　注
1	设备型号、技术参数及数量	10		
2	建立标准设备编号	10		
3	设备资产分账与总账的制表	10		
4	建立设备资产分账	20		
5	建立设备资产总账	20		
6	编制设备资产管理措施	15		
7	编写实训报告	10		
8	遵守劳动纪律	5		
小计		100		
成绩				

技能实训2　设计及制作设备图牌板

一、实训目的

1. 掌握设备图牌板的作用、更迭与制作要求。
2. 学会设备图牌板的设计与布局。
3. 探讨设备图牌板的管理措施。

二、实训要求

1. 在矿山机械实训基地和模拟矿井进行。
2. 掌握设备分布图的绘制方法。
3. 设计设备标盘样式及规格图案。
4. 制作设备图牌板,做到图牌板上账、卡、物、图等四对应。
5. 编写实训报告。

三、实训内容

1. 绘制设备分布图。
2. 核实设备编号及技术参数,并在图上做标记。
3. 设计与布局设备图牌板。

四、实训考核

表 8.2　设计及制作设备图牌板实训考核表

序　号	实训内容	考核标准	实际得分	备　注
1	图牌板的作用及技术要求	5		
2	设备分布图的绘制方法	10		
3	设计设备标牌样式及规格图案	15		
4	设计与布局设备图牌板	20		
5	图牌板上账、卡、物、图等四对应	20		
6	编制设备图牌板的管理措施	15		
7	编写实训报告	10		
8	遵守劳动纪律	5		
小计		100		
成绩				

技能实训 3　设备安装工程费用预算

一、实训目的

1. 了解设备安装计划安排及技术要求。
2. 掌握设备安装工程施工方法及工程费用预算。
3. 学会指导设备安装工程的实施与管理。

二、实训要求

1. 以 1.2 m 绞车的安装为例。
2. 掌握施工组织结构、项目费用及影响因素。
3. 掌握设备安装项目工程费用预算、管理费用及总费用。
4. 探讨设备安装工程的施工管理和突发因素对施工费用的影响。
5. 编写实训报告。

三、实训内容

1. 工程施工计划。
2. 各工序施工的材料费用。
3. 各工序施工的工时费用。
4. 其他费用。

5.施工技术、施工组织、施工物资及施工安全管理。

四、实训考核

表8.3 设备安装工程费用预算实训考核表

序　号	实训内容	考核标准	实际得分	备　注
1	施工计划安排	15		
2	施工技术管理措施	15		
3	施工安全管理措施	10		
4	各项目施工费用	10		
5	施工总费用	15		
6	汇编工程竣工报告	20		
7	编写实训报告	10		
8	遵守劳动纪律	5		
小计		100		
成绩				

技能实训4　编制设备检修计划

一、实训目的

1.了解设备安全运行技术要求。

2.了解设备常见故障。

3.掌握设备故障诊断方法。

4.会制定设备检修计划并组织实施。

二、实训要求

1.了解设备常见故障现象及故障分析。

2.掌握设备故障诊断方法及检修措施。

3.结合矿山机械实训基地和模拟矿井的实际设备,编制设备检修计划。

4.编写实训报告。

三、实训内容

1.根据设备的故障现象确定零部件的检测方法。

2.根据检测结果确定设备的检修项目及解决措施。

3.设备检修工作量及费用。

4. 设备检修材料及费用。

5. 编写检修计划文件。

四、实训考核

表 8.4　编制设备检修计划实训考核表

序　号	实训内容	考核标准	实际得分	备　注
1	编制设备检修计划	15		
2	检修计划安全操作规程	5		
3	检修工具及材料准备	5		
4	故障检测、修理、质量标准	10		
5	检修工程技术管理措施	15		
6	检修工程安全管理措施	15		
7	汇编检修工程竣工报告	20		
8	编写实训报告	10		
9	遵守劳动纪律	5		
小计		100		
成绩				

技能实训 5　仓库备件管理

一、实训目的

1. 了解煤矿机电设备备件的种类。

2. 掌握备件管理的程序及 ABC 分类管理。

3. 掌握备件分类码放、四号定位、五五摆放等方法。

4. 会制定备件管理的技术文件。

二、实训要求

1. 结合学校实习工厂的库房,制定仓库管理措施。

2. 认知备件种类及相应的管理要求。

3. 掌握备件的存放、领出手续。

4. 会制定备件管理的技术措施。

5. 编写实训报告。

三、实训内容

1. 仓库存放的备件种类。
2. 备件进货、领出的手续。
3. 建立备件分账、总账的规格与要求。
4. 制定备件各环节的管理文件。

四、实训考核

表 8.5　库房备件管理实训考核表

序　号	实训内容	考核标准	实际得分	备　注
1	备件的种类及管理方法	5		
2	备件存放、领出手续	10		
3	建立备件分账	15		
4	建立备件总账	20		
5	汇编备件管理技术文件	20		
6	总结备件管理的有效措施	15		
7	编写实训报告	10		
8	遵守劳动纪律	5		
小计		100		
成绩				

附　录

附录一
《煤矿安全生产标准化考核定级办法》
（试行）

第一条　为深入推进全国煤矿安全生产标准化工作,持续提升煤矿安全保障能力,根据《安全生产法》关于"生产经营单位必须推进安全生产标准化建设"的规定,制定本办法。

第二条　本办法适用于全国所有合法的生产煤矿。

第三条　考核定级标准执行《煤矿安全生产标准化基本要求及评分方法》(以下简称《评分方法》)。

第四条　申报安全生产标准化等级的煤矿必须同时具备《评分方法》设定的基本条件,有任一条基本条件不能满足的,不得参与考核定级。

第五条　煤矿安全生产标准化等级分为一级、二级、三级3个等次,所应达到的标准为:

一级:煤矿安全生产标准化考核评分90分以上(含,以下同),井工煤矿安全风险分级管控、事故隐患排查治理、通风、地质灾害防治与测量、采煤、掘进、机电、运输部分的单项考核评分均不低于90分,其他部分的考核评分均不低于80分,正常工作时单班入井人数不超过1 000人、生产能力在30万吨/年以下的矿井单班入井人数不超过100人;露天煤矿安全风险分级管控、事故隐患排查治理、钻孔、爆破、边坡、采装、运输、排土、机电部分的考核评分均不低于90分,其他部分的考核评分均不低于80分。

二级:煤矿安全生产标准化考核评分80分以上,井工煤矿安全风险分级管控、事故隐患排查治理、通风、地质灾害防治与测量、采煤、掘进、机电、运输部分的单项考核评分均不低于80分,其他部分的考核评分均不低于70分;露天煤矿安全风险分级管控、事故隐患排查治理、钻孔、爆破、边坡、采装、运输、排土、机电部分的考核评分均不低于80分,其他部分的考核评分均不低于70分。

三级:煤矿安全生产标准化考核评分70分以上,井工煤矿事故隐患排查治理、通风、地质灾害防治与测量、采煤、掘进、机电、运输部分的单项考核评分均不低于70分,其他部分的考核评分均不低于60分;露天煤矿安全风险分级管控、事故隐患排查治理、钻孔、爆破、边坡、采装、运输、排土、机电部分的考核评分均不低于70分,其他部分的考核评分均不低于60分。

第六条 煤矿安全生产标准化等级实行分级考核定级。

一级标准化申报煤矿由省级煤矿安全生产标准化工作主管部门组织初审,国家煤矿安全监察局组织考核定级。二级、三级标准化申报煤矿的初审和考核定级部门由省级煤矿安全生产标准化工作主管部门确定。

第七条 煤矿安全生产标准化考核定级按照企业自评申报、检查初审、组织考核、公示监督、公告认定的程序进行。煤矿安全生产标准化考核定级部门原则上应在收到煤矿企业申请后的 60 个工作日内完成考核定级。

1. 自评申报。煤矿对照《评分方法》全面自评,形成自评报告,填写煤矿安全生产标准化等级申报表,依拟申报的等级自行或由隶属的煤矿企业向负责初审的煤矿安全生产标准化工作主管部门提出申请。

2. 检查初审。负责初审的煤矿安全生产标准化工作主管部门收到企业申请后,应及时进行材料审查和现场检查,经初审合格后上报负责考核定级的部门。

3. 组织考核。考核定级部门在收到经初审合格的煤矿企业安全生产

标准化等级申请后,应及时组织对上报的材料进行审核,并在审核合格后,

进行现场检查或抽查,对申报煤矿进行考核定级。

对自评材料弄虚作假的煤矿,煤矿安全生产标准化工作主管部门应取消其申报安全生产标准化等级的资格,认定其不达标。煤矿整改完成后方可重新申报。

4. 公示监督。对考核合格的煤矿,煤矿安全生产标准化考核定级部门应在本单位或本级政府的官方网站向社会公示,接受社会监督。公示时间不少于 5 个工作日。

对考核不合格的煤矿,考核定级部门应书面通知初审部门按下一个标准化等级进行考核。

5. 公告认定。对公示无异议的煤矿,煤矿安全生产标准化考核定级部门应确认其等级,并予以公告。

第八条 煤矿安全生产标准化等级实行有效期管理。一级、二级、三级的有效期均为 3 年。

第九条 安全生产标准化达标煤矿的监管。

1. 对取得安全生产标准化等级的煤矿应加强动态监管。各级煤矿安全生产标准化工作主管部门应结合属地监管原则,每年按照检查计划按一定比例对达标煤矿进行抽查。对工作中发现已不具备原有标准化水平的煤矿应降低或撤消其取得的安全生产标准化等级;对发现存在重大事故隐患的煤矿应撤消其取得的安全生产标准化等级。

2. 对发生生产安全死亡事故的煤矿,各级煤矿安全生产标准化工作主管部门应立即降低或撤消其取得的安全生产标准化等级。一级、二级煤矿发生一般事故时降为三级,发生较大及以上事故时撤消其等级;三级煤矿发生一般及以上事故时,撤消其等级。

3. 降低或撤消煤矿所取得的安全生产标准化等级时,应及时将相关情况报送原等级考核定级部门,并由原等级考核定级部门进行公告确认。

4. 对安全生产标准化等级被撤消的煤矿,实施撤消决定的标准化工作主管部门应依法责令其立即停止生产、进行整改,待整改合格后、重新提出申请。

因发生生产安全事故被撤消等级的煤矿原则上 1 年内不得申报二级及以上安全生产标准化等级(省级安全生产标准化主管部门另有规定的除外)。

5. 安全生产标准化达标煤矿应加强日常检查,每月至少组织开展 1 次全面的自查,并在等

级有效期内每年由隶属的煤矿企业组织开展 1 次全面自查(企业和煤矿一体的由煤矿组织),形成自查报告,并依煤矿安全生产标准化等级向相应的考核定级部门报送自查结果。一级安全生产标准化煤矿的自评结果报送省级煤矿安全生产标准化工作主管部门,由其汇总并于每年年底向国家煤矿安全监察局报送 1 次。

6.各级煤矿安全生产标准化主管部门应按照职责分工每年至少通报一次辖区内煤矿安全生产标准化考核定级情况,以及等级被降低和撤消的情况,并报送有关部门。

第十条　煤矿企业采用《煤矿安全风险预控管理体系规范》(AQ/T 1093—2011)开展安全生产标准化创建工作的,可依据其相应的评分方法进行考核定级,考核等级与安全生产标准化相应等级对等,其考核定级工作按照本办法执行。

第十一条　各级煤矿安全生产标准化工作主管部门和煤矿企业应建立安全生产标准化激励政策,对被评为一级、二级安全生产标准化的煤矿给予鼓励。

第十二条　省级煤矿安全生产标准化工作主管部门可根据本办法和本地区工作实际制定实施细则,并及时报送国家煤矿安全监察局。

第十三条　本办法自 2017 年 7 月 1 日起试行,2013 年颁布的《煤矿安全质量标准化考核评级办法(试行)》同时废止。

注:1. 附录一,代替教材 P_{231} 的内容;

　　2. 附录二和附表代替教材 $P_{232-238}$ 的内容。

附录二
《煤矿安全生产标准化基本要求及评分方法》
(机电)

一、工作要求(风险管控)

1.设备与指标

(1)煤矿各类产品合格证、矿用产品安全标志、防爆合格证等证标齐全;

(2)设备综合完好率、小型电器合格率、矿灯完好率、设备待修率和事故率等达到规定要求。

2.煤矿机械

(1)机械设备及系统能力满足矿井安全生产需要;

(2)机械设备完好,各类保护、保险装置齐全可靠;

(3)积极采用新工艺、新技术、新装备,推进煤矿机械化、自动化、信息化、智能化建设。

3.煤矿电气

(1)供电设计、供用电设备选型合理;

(2)矿井主要通风机、提升人员的绞车、抽采瓦斯泵等主要设备,以及井下变(配)电所、主排水泵房和下山开采的采区排水泵房的供电线路符合《煤矿安全规程》要求;

(3)防爆电气设备无失爆;

(4)电气设备完好,各种保护设置齐全、定值合理、动作可靠。

4. 基础管理

(1)机电管理机构健全,制度完善,责任落实;

(2)机电技术管理规范、有效,机电设备选型论证、购置、安装、使用、维护、检修、更新改造、报废等综合管理程序规范,设备台账、技术图纸等资料齐全,业务保安工作持续、有效;

(3)机电设备设施安全技术性能测试、检验及探伤等及时有效。

5. 岗位规范

(1)建立并执行本岗位安全生产责任制;

(2)管理、技术以及作业人员掌握相应的岗位技能;

(3)规范作业,无违章指挥、违章作业和违反劳动纪律(以下简称"三违")行为;

(4)作业前进行安全确认。

6. 文明生产

(1)现场设备设置规范、标识齐全,设备整洁;

(2)管网设置规范,无跑、冒、滴、漏;

(3)机房、硐室以及设备周围卫生清洁;

(4)机房、硐室以及巷道照明符合要求;

(5)消防器材、绝缘用具齐全有效。

二、重大事故隐患判定

本部分重大事故隐患:

(1)使用被列入国家应予淘汰的煤矿机电设备和工艺目录的产品或者工艺的;

(2)井下电气设备未取得煤矿矿用产品安全标志,或者防爆等级与矿井瓦斯等级不符的;

(3)单回路供电的(对于边远地区煤矿另有规定的除外);

(4)矿井供电有两个回路但取自一个区域变电所同一母线端的;

(5)没有配备分管机电的副矿长以及负责机电工作的专业技术人员的。

三、评分方法

1. 按附表《煤矿机电标准化评分表》评分,总分为 100 分。按照所检查存在的问题进行扣分,各小项分数扣完为止。

2. 项目内容中有缺项时按下式进行折算:

$$A = \frac{100}{100 - B} \times C$$

式中　A——实得分数;

B——缺项标准分数;

C——检查得分。

附表　煤矿机电标准化评分表

项目	项目内容	基本要求	标准分值	项目内容	得分
一、设备与指标（15分）	设备证标	1.机电设备有产品合格证； 2.纳入安标管理的产品有煤矿矿用产品安全标志,使用地点符合规定； 3.防爆设备有防爆合格证	4	查现场和资料。1台不符合要求不得分	
	设备完好	机电设备综合完好率不低于90%	3	查现场和资料。每降低1个百分点扣0.5分	
	固定设备	大型在用固定设备完好	2	查现场和资料。一台不完好不得分	
	小型电器	小型电器设备完好率不低于95%	1.5	查现场和资料。每降低1个百分点扣0.5分	
	矿灯	在用矿灯完好率100%,使用合格的双光源矿灯。完好矿灯总数应多出常用矿灯人数的10%以上	1.5	查现场和资料。井下发现1盏红灯扣0.3分,1盏灭灯、不合格灯不得分,完好矿灯总数未满足要求不得分	
	机电事故率	机电事故率不高于1%	1	查资料。机电事故率达不到要求不得分	
	设备待修率	设备待修率不高于5%	1	查现场和资料。设备待修率每增加1个百分点扣0.5分	
	设备大修改造	设备更新改造按计划执行,设备大修计划应完成90%以上	1	无更新改造年度计划或未完成不得分;无大修计划或计划完成率全年低于90%,上半年低于30%不得分	

续表

项目	项目内容	基本要求	标准分值	项目内容	得分
二、煤矿机械（20分）	主提升（立斜井绞车）系统	1.提升系统能力满足矿井安全生产需要； 2.各种安全保护装置符合《煤矿安全规程》规定； 3.立井提升装置的过卷过放、提升容器和载荷等符合《煤矿安全规程》规定； 4.提升装置、连接装置及提升钢丝绳符合《煤矿安全规程》规定； 5.制动装置可靠,副井及负力提升的系统使用可靠的电气制动； 6.立井井口及各水平阻车器、安全门、摇台等与提升信号闭锁； 7.提升速度大于 3 m/s 的立井提升系统内,安设有防撞梁和缓冲托罐装置；单绳缠绕式双滚筒绞车安设有地锁和离合器闭锁； 8.斜井提升制动减速度达不到要求时应设二级制动装置； 9.提升系统通信、信号装置完善,主副井绞车房有能与矿调度室直通电话； 10.上、下井口及各水平安设有摄像头,机房有视频监视器； 11.机房安设有应急照明装置； 12.使用低耗、先进、可靠的电控装置； 13.主井提升宜采用集中远程监控,可不配司机值守,但应设图像监视,并定时巡检	5	查现场和资料。第 1～9 项提人绞车 1 处不符合要求"煤矿机械"大项不得分,其他绞车不符合要求 1 处扣 1 分,第 10、11 项不符合要求 1 处扣 0.5 分,其他项不符合要求 1 处扣 0.1 分	
	主提升（带式输送机）系统	1.钢丝绳牵引带式输送机 (1)运输能力满足矿井、采区安全生产需要,人货不混乘,不超速运人； (2)各种保护装置符合《煤矿安全规程》规定； (3)在输送机全长任何地点装设便于搭乘人员或其他人员操作的紧急停车装置；			

项目	项目内容	基本要求	标准分值	项目内容	得分
二、煤矿机械（20分）	主提升（带式输送机）系统	（4）上、下人地点设声光信号、语音提示和自动停车装置,卸煤口及终点下人处设有防止人员坠入及进入机尾的安全设施和保护; （5）上、下人和装、卸载处装设有摄像头,机房有视频监视器; （6）输送带、滚筒、托辊等材质符合规定,滚筒、托辊转动灵活,带面无损坏、漏钢丝等现象; （7）机房安设有与矿调度室直通电话; （8）使用低耗、先进、可靠的电控装置; （9）采用集中远程监控,实现无人值守 2.滚筒驱动带式输送机: （1）运输能力满足矿井、采区安全生产需要; （2）电动机保护齐全可靠; （3）装设有防滑、防跑偏、防堆煤、防撕裂和输送带张紧力下降保护装置,以及温度、烟雾监测和自动洒水装置; （4）上运运输机装设防逆转和制动装置,下运运输机装设有软制动装置且装设防超速装置; （5）减速器与电动机采用软连接或采用软启动控制,液力偶合器不使用可燃性传动介质(调速型液力偶合器不受此限); （6）输送带、滚筒、托辊等材质符合规定,滚筒、托辊转动灵活,带面无损坏、漏钢丝等现象; （7）倾斜井巷使用的钢丝绳芯输送机有钢丝绳芯及接头状态检测装备; （8）钢丝绳芯输送机设有沿线紧急停车、闭锁装置,装、卸载处设有摄像头; （9）机头、机尾及搭接处设有照明,转动部位设有防护栏和警示牌,行人跨越处设有过桥; （10）连续运输系统安设有连锁、闭锁控制装置,沿线安设有通信和信号装置; （11）集中控制硐室安设有与矿调度室直通电话; （12）使用低耗、先进、可靠的电控装置; （13）采用集中远程监控,实现无人值守	4	查现场和资料。第（1）~（5）项提人带式输送机1处不符合要求扣4分,其他带式输送机1处不符合要求扣1分,第（6）、（7）项1处不符合要求扣0.5分,其他项1处不符合要求扣0.1分	
				查现场和资料。第（1）~（8）项不符合要求1处扣1分,第（9）~（11）项不符合要求1处扣0.5分,其他项不符合要求1处扣0.1分	

续表

项目	项目内容	基本要求	标准分值	项目内容	得分
二、煤矿机械（20分）	主通风机系统	1. 主要通风机性能满足矿井通风安全需要； 2. 电动机保护齐全、可靠； 3. 使用在线监测装置，并且具备通风机轴承、电动机轴承、电动机定子绕组温度检测和超温报警功能，具备振动监测及报警功能； 4. 每月倒机、检查1次； 5. 安设有与矿调度室直通的电话； 6. 机房设有水柱计、电流表、电压表等仪表，并定期校准； 7. 机房安设应急照明装置； 8. 使用低耗、先进、可靠的电控装置	2	查现场和资料。第1～6项不符合要求1处扣1分，第7项不符合要求扣0.5分，其他项不符合要求1处扣0.1分	
	压风系统	1. 供风能力满足矿井安全生产需要； 2. 压缩机、储气罐及管路设置符合《煤矿安全规程》和《特种设备安全法》等规定； 3. 电动机保护齐全可靠； 4. 压力表、安全阀、释压阀设置齐全有效，定期校准； 5. 油质符合规定，有可靠的断油保护； 6. 水冷压缩机水质符合要求，有可靠断水保护； 7. 风冷压缩机冷却系统及环境符合规定； 8. 温度保护齐全、可靠，定值准确； 9. 井下压缩机运转时有人监护； 10. 机房安设有应急照明装置； 11. 使用低耗、先进、可靠的电控装置； 12. 地面压缩机采用集中远程监控，实现无人值守	2	查现场和资料。第1～9项不符合要求1处扣1分，第10项不符合要求1处扣0.5分，其他项不符合要求1处扣0.1分	

项目	项目内容	基本要求	标准分值	项目内容	得分
二、煤矿机械（20分）	排水系统	1.矿井及采区主排水系统： （1）排水能力满足矿井、采区安全生产需要； （2）泵房及出口，水泵、管路及配电、控制设备，水仓蓄水能力等符合《煤矿安全规程》规定； （3）有可靠的引水装置； （4）设有高、低水位声光报警装置； （5）电动机保护装置齐全、可靠； （6）排水设施、水泵联合试运转、水仓清理等符合《煤矿安全规程》规定； （7）水泵房安设有与矿调度室直通电话； （8）各种仪表齐全，及时校准； （9）使用低耗、先进、可靠的电控装置； （10）采用集中远程监控，实现无人值。 2.其他排水地点： （1）排水设备及管路符合规定要求； （2）设备完好，保护齐全、可靠； （3）排水能力满足安全生产需要； （4）使用小型自动排水装置	4	查现场和资料。第1项中的第（1）～（7）小项不符合要求1处扣1分，其他项不符合要求1处扣0.1分；第2项中的第（1）～（3）项不符合要求1处扣0.5分，第（4）项不符合要求扣0.1分	
	瓦斯发电系统	1.抽采泵出气侧管路系统装设防回火、防回气、防爆炸的安全装置； 2.根据输送方式的不同，设置甲烷、流量、压力、温度、一氧化碳等各种监测传感器； 3.超温、断水等保护齐全、可靠； 4.压力表、水位计、温度表等仪器仪表齐全、有效； 5.机房安设有应急照明； 6.电气设备防爆性能符合要求，保护齐全可靠； 7.阀门装置灵活； 8.机房有防烟火、防静电、防雷电措施	1.5	查现场，不符合要求1处扣0.5分	

续表

项目	项目内容	基本要求	标准分值	项目内容	得分
二、煤矿机械（20分）	地面供热降温系统	1.热水锅炉： (1)安设有温度计、安全阀、压力表、排污阀； (2)按规定安设可靠的超温报警和自动补水装置； (3)系统中有减压阀，热水循环系统定压措施和循环水膨胀装置可靠，有高低压报警和连锁保护； (4)停电保护、电动机及其他各种保护灵敏可靠； (5)有特种设备使用登记证和年检报告； (6)安全阀、仪器仪表按规定检验，有检验报告； (7)水质合格，有检验报告 2.蒸汽锅炉： (1)安设有双色水位计或两个独立的水位表； (2)按规定安设可靠的高低水位报警和自动补水装置； (3)按规定安设压力表、安全阀、排污阀； (4)按规定安设可靠的超压报警器和连锁保护装置； (5)温度保护、熄火保护、停电自锁保护以及电动机和其他各种保护灵敏、可靠； (6)有特种设备使用登记证和年检报告； (7)安全阀、仪器仪表按规定检验，有检验报告。 (8)水质合格，有检验报告 3.热风炉： (1)安设有防火门和栅栏，有防烟、防火、超温安全连锁保护装置，有CO检测和洒水装置； (2)电动机及其他各种保护灵敏、可靠； (3)出风口处电缆有防护措施； (4)锅炉距离入风井口不少于20米； (5)有国家或者当地煤炭安全监察部门颁发的安全性能合格证 4.地面降温系统： (1)设备完好； (2)各类保护齐全可靠； (3)各种阀门、安全阀灵活可靠； (4)仪表正常，有检验报告； (5)水质合格，有化验记录	1.5	查现场和资料。不符合要求1处扣0.5分	

项目	项目内容	基本要求	标准分值	项目内容	得分
三、煤矿电气（30分）	地面供电系统	1.有供电设计及供电系统图,供电能力满足矿井安全生产需要; 2.矿井供电主变压器运行方式符合规定; 3.主要通风机、提升人员的绞车、抽采瓦斯泵、压风机以及地面安全监控中心等主要设备供电符合《煤矿安全规程》规定; 4.各种保护设置齐全、定值准确、动作灵敏可靠,高压配出侧装设有选择性的接地保护; 5.变电所有可靠的操作电源; 6.直供电机开关或带有电容器的开关有欠压保护; 7.高压开关柜具有防止带电合闸、防止带接地合闸、防止误入带电间隔、防止带电合接地线、防止带负荷拉刀闸和通信功能; 8.反送电开关柜加锁且有明显标志; 9.矿井6 000 V及以上电网单相接地电容电流符合《煤矿安全规程》规定; 10.电气工作票、操作票符合《电力安全工作规程》的要求; 11.防雷设施齐全、可靠; 12.供电电压、功率因数、谐波参数符合规定; 13.矿井主要变电所实现综合自动化保护和控制,实现无人值守; 14.变电所有应急照明装置; 15.矿井变电所安设有与电力调度及矿调度室直通电话,并有录音功能	5	查现场和资料。第1项1处不符合要求不得分,第2、3项不符合要求1项扣3分,第4~10项不符合要求1处扣1分,第11~15项不符合要求1处扣0.5分	

续表

项目	项目内容	基本要求	标准分值	项目内容	得分
三、煤矿电气（30分）	井下供电系统	1. 井下供配电网络： （1）各水平中央变电所、采区变电所、主排水泵房和下山开采的采区泵房供电线路符合《煤矿安全规程》规定，运行方式合理； （2）各级变电所运行管理符合规定； （3）矿井、采区及采掘工作面等供电地点均有合格的供电系统设计，符合现场实际； （4）按规定进行继电保护核算、检查和整定； （5）中央变电所安装有选择性接地保护装置； （6）配电网路开关分断能力、可靠动作系数和动、热稳定性以及电缆的热稳定性符合规定； （7）实行停送电审批和工作票制度； （8）井下变电所、配电点悬挂与实际相符的供电系统图； （9）调度室、变电所有停送电记录； （10）变电所及高压配电点设有与矿调度室直通电话； （11）变电所设置符合《煤矿安全规程》规定； （12）采区变电所专人值班或关门加锁并定期巡检； （13）采用集中远程监控，实现无人值守	4	查现场和资料。第（1）项1处不符合要求不得分，第（2）~（12）不符合要求1处扣0.5分，其他项不符合要求1处扣0.1分	
		2. 防爆电气设备及小型电器防爆合格率100%	4	查现场和资料。高瓦斯、突出矿井中，以及低瓦斯矿井主要进风巷以外区域出现1处失爆"煤矿电气"大项不得分，其他区域发现1处失爆扣4分	

242

项目	项目内容	基本要求	标准分值	项目内容	得分
三、煤矿电气（30分）	井下供电系统	3.采掘工作面供电： (1)配电点设置符合《煤矿安全规程》规定； (2)掘进工作面"三专两闭锁"设置齐全、灵敏可靠； (3)采煤工作面瓦斯电闭锁设置齐全、灵敏可靠； (4)按要求试验，有试验记录	2	查现场和资料。第(1)～(3)项1处不符合要求不得分；第(4)项不符合要求1处扣0.5分	
		4.高压供电装备： (1)高压控制设备装有短路、过负荷、接地和欠压释放保护； (2)向移动变电站和高压电动机供电的馈电线上装有有选择性的动作于跳闸的单相接地保护； (3)真空高压隔爆开关装设有过电压保护； (4)推广设有通信功能的装备	2	查现场和资料。不符合要求1处扣0.5分	
		5.低压供电装备： (1)采区变电所、移动变电站或者配电点引出的馈电线上有短路、过负荷和漏电保护； (2)有检漏或选择性的漏电保护； (3)按要求试验，有试验记录； (4)推广设有通信功能的装备	3	查现场或资料。不符合要求1处扣0.5分	
		6.变压器及电动机控制设备： (1)40 kW及以上电动机使用真空磁力启动器控制； (2)干式变压器、移动变电站过负荷、短路等保护齐全可靠； (3)低压电动机控制设备有短路、过负荷、单相断线、漏电闭锁保护及远程控制功能	3	查现场和资料。甩保护、铜铁保险、开关前盘带电1处扣1分，其他1处不符合要求扣0.5分	

续表

项目	项目内容	基本要求	标准分值	项目内容	得分
三、煤矿电气（30分）	井下供电系统	7.保护接地符合《煤矿井下保护接地装置的安装、检查、测定工作细则》的要求	2	查现场或资料。不符合要求1处扣0.5分	
		8.信号照明系统： (1)井下信号、照明等其他220 V单相供电系统使用综合保护装置； (2)保护齐全、可靠	1	查现场或资料。不符合要求1处扣0.5分	
		9.电缆及接线工艺： (1)动力电缆和各种信号、监控监测电缆使用煤矿用电缆； (2)电缆接头及接线方式和工艺符合要求，无"羊尾巴"、"鸡爪子"、明接头； (3)各种电缆按规定敷设(吊挂)，合格率不低于95%； (4)各种电气设备接线工艺符合要求	3	查现场和资料。高瓦斯、突出矿井井下全范围以及低瓦斯矿井采区石门以里出现1处动力电缆不符合要求"煤矿电气"大项不得分；其他区域发现1处不符合要求扣3分；36 V以上信号电缆不符合要求1处扣0.5分；本安电缆及电气设备接线工艺不符合要求1处扣0.2分；电缆合格率每降低1个百分点扣0.5分	
		10.井上下防雷电装置符合《煤矿安全规程》规定	1	查现场或资料。不符合要求1处扣0.5分	
四、基础管理（23分）	组织保障	1.有负责机电管理工作的职能机构，有负责供电、电缆、小型电器、防爆、设备、配件、油脂、输送带、钢丝绳等日常管理工作职能部门	1.5	查资料。未配备人员不得分，其他1处不符合要求扣0.5分	
		2.矿及生产区队配有机电管理和技术人员，责任、分工明确	1.5	查资料。未配备人员不得分，其他1处不符合要求扣0.5分	

项目	项目内容	基本要求	标准分值	项目内容	得分
四、基础管理（23分）	管理制度	1.矿、专业管理部门建有以下制度（规程）：岗位安全生产责任制，操作规程，停送电管理、设备定期检修、电气试验测试、干部上岗检查、设备管理、机电事故统计分析、防爆设备入井安装验收、电缆管理、小型电器管理、油脂管理、配件管理、阻燃胶带管理、杂散电流管理以及钢丝绳管理等制度	1.5	查资料。内容不全，每缺1种制度（规程）扣0.5分，制度（规程）执行不到位1处扣0.5分	
		2.机房、硐室有以下制度、图纸和记录： (1)有操作规程、岗位责任、设备包机、交接班、巡回检查、保护试验、设备检修以及要害场所管理等制度； (2)有设备技术特征、设备电气系统图、液压（制动）系统图、润滑系统图； (3)有设备运转、检修、保护试验、干部上岗、交接班、事故、外来人员、钢丝绳检查（或其他专项检查）等记录	1.5	查现场和资料。内容不全，每缺1种扣0.5分，执行不到位1处扣0.5分	
	技术管理	1.机电设备选型论证、购置、安装、使用、维护、检修、更新改造、报废等综合管理及程序符合相关规定，档案资料齐全	1	查现场和资料。不符合要求1处扣0.5分	
		2.设备技术信息档案齐全，管理人员明确；主变压器、主要通风机、提升机、压风机、主排水泵、锅炉等大型主要设备做到一台一档	3	查资料。无电子档案或无具体人员管理档案不得分，其他1处不符合要求扣0.5分	
		3.矿井主提升、排水、压风、供热、供水、通讯、井上下供电等系统和井下电气设备布置等图纸齐全，并及时更新	2	查资料。缺1种图不得分，图纸与实际不相符1处扣0.5分	
		4.各岗位操作规程、措施及保护试验要求等与实际运行的设备相符	1	查现场和资料。不符合要求1处扣0.5分	
		5.持续有效地开展全矿机电专业技术专项检查与分析工作	3	查资料。未开展工作不得分，工作开展效果不好1次扣1分	

续表

项目	项目内容	基本要求	标准分值	项目内容	得分
四、基础管理(23分)	设备技术性能测试	1. 大型固定设备更新改造有设计,有验收测试结果和联合验收报告	1	查资料。没有或不符合要求不得分	
		2. 主提升设备、主排水泵、主要通风机、压风机及锅炉、瓦斯抽采泵等按《煤矿安全规程》检测;检测周期符合《煤矿在用安全设备检测检验目录(第一批)》或其他规定要求	2	查资料。不符合要求1处扣0.5分	
		3. 主绞车的主轴、制动杆件、天轮轴、连接装置以及主要通风机的主轴、叶片等主要设备的关键零部件探伤符合规定	2	查资料。不符合要求1处扣0.5分	
		4. 按规定进行防坠器试验、电气试验、防雷设施及接地电阻等测试	2	查资料。1处不符合要求不得分	
五、岗位规范(5分)	专业技能	1. 管理和技术人员掌握相关的岗位职责、规程、设计、措施; 2. 作业人员掌握本岗位相应的操作规程和安全措施	2	查资料和现场。不符合要求1处扣0.5分	
	规范作业	1. 严格执行岗位安全生产责任制; 2. 无"三违"行为; 3. 作业前进行安全确认	3	查现场。发现"三违"不得分;不执行岗位责任制、未进行安全确认1人次扣1分	
六、文明生产(7分)	设备设置	1. 井下移动电气设备上架,小型电器设置规范、可靠; 2. 标志牌内容齐全; 3. 防爆电气设备和小型防爆电器有防爆入井检查合格证; 4. 各种设备表面清洁,无锈蚀	1.5	查现场。不符合要求1处扣0.2分	
	管网	1. 各种管路应每100 m设置标识,标明管路规格、用途、长度、管路编号等; 2. 管路敷设(吊挂)符合要求,稳固; 3. 无锈蚀,无跑、冒、滴、漏	2	查现场。不符合要求1处扣0.5分	
	机房卫生	1. 机房硐室、机道和电缆沟内外卫生清洁; 2. 无积水,无油垢,无杂物; 3. 电缆、管路排列整齐	1.5	查现场。卫生不好或电缆排列不整齐1处扣0.2分,其他1处不符合要求扣0.5分	
	照明	机房、硐室以及巷道等照明符合《煤矿安全规程》要求	1	查现场。不符合要求1处扣0.5分	
	器材工具	消防器材、电工操作绝缘用具齐全合格	1	查现场。消防器材、绝缘用具欠缺、失效或无合格证1处扣0.5分	

参考文献

［1］张春河.新编工业企业管理学［M］.北京:企业管理出版社,2000.

［2］陈则钧,龚雯.机电设备故障诊断与修理［M］.北京:高等教育出版社,2004.

［3］周心权.煤矿主要负责人安全培训教材［M］.徐州:中国矿业大学出版社,2004.

［4］徐景德.煤矿安全生产管理人员安全培训教材［M］.徐州:中国矿业大学出版社,2004.

［5］吴拓.现代企业管理［M］.北京:机械工业出版社,2005.

［6］郭雨.煤矿机电设备［M］.徐州:中国矿业大学出版社,2005.

［7］王树刚.矿山采掘安全便携手册［M］.徐州:中国矿业大学出版社,2006.

［8］杨庚宇,段绪华.煤矿主要负责人和安全生产管理人员培训教材:上册［M］.徐州:中国矿业大学出版社,2006.

［9］徐帮学.最新煤矿机电岗位安全生产标准化通用标准与作业标准实施手册:上、下卷［M］.北京:煤炭工业出版社,2007.

［10］顾文卿.煤矿矿井支护新技术与支护设计计算及支护设备选型、设计、维护实用手册:一——五卷［M］.北京:煤炭工业出版社,2007.

［11］李德俊.煤矿机电设备管理［M］.北京:煤炭工业出版社,2008.

［12］由建勋.现代企业管理［M］.北京:高等教育出版社,2008.

［13］矿山固定设备专家组.现代矿山设备选型、运行管理、操作与维护技术实用手册:一——四册［M］.北京:煤炭工业出版社,2008.

［14］高正军.矿山工程安全员一本通［M］.武汉:华中科技大学出版社,2008.

［15］冯文轶.采掘电工维修手册［M］.徐州:中国矿业大学出版社,2008.